U0354606

光电测量技术

颜树华　朱凌晓　王国超　杨　俊　编著

国防工业出版社
·北京·

内 容 简 介

本书较为系统地介绍了主要光电测量技术的基本概念、基础理论、测量方法、系统组成及技术特点，内容包括光电探测、激光干涉测量、激光衍射测量、光纤传感测量、视觉测量、飞秒光频梳精密测量及其他激光测量技术，既注重基础理论性，更关注先进性和实用性。本书可供光电工程、测试计量、光学工程、精密仪器、精密制造、航空航天及测绘等领域的相关科技人员参考，对就读于高等院校相关专业的高年级本科学生和研究生，也是一本很好的教材和参考书。

图书在版编目(CIP)数据

光电测量技术/颜树华等编著. —北京:国防工业出版社,2024. 9. —ISBN 978 -7 -118 -13418 -6

Ⅰ. TN2

中国国家版本馆 CIP 数据核字第 2024PK2843 号

※

国防工業出版社出版发行

(北京市海淀区紫竹院南路 23 号 邮政编码 100048)

北京虎彩文化传播有限公司印刷

新华书店经售

*

开本 710 × 1000 1/16 **插页** 1 **印张** 17¼ **字数** 317 千字

2024 年 9 月第 1 版第 1 次印刷 **印数** 1—1200 册 **定价** 96.00 元

(本书如有印装错误,我社负责调换)

国防书店:(010)88540777 书店传真:(010)88540776

发行业务:(010)88540717 发行传真:(010)88540762

前　言

光电测量技术的突出特征是以光波作为基本的信息载体，被测信息与光波的光子数、波长、相位、振幅和强度、偏振态、速度等参数联系在一起，具有测量灵敏度高、精确度高、速度快、频宽和信息容量大、信息效率高以及自动化程度高等突出特点。自20世纪以来，由于激光技术、光波导技术、光电子技术、光纤技术、计算机技术、测控技术及量子信息技术的发展，光电测量技术无论从方法、原理、手段、准确度和效率，还是适用的领域范围都获得了巨大进展，并广泛地应用于工业、农业、文教、医疗卫生、国防军事、科学研究和家庭生活等各个领域。

本书是作者结合自己多年来从事光电精密测量的教学和科研实践，综合国内外最新研究进展，认真总结并撰写而成。全书共包括8章：第1章介绍光电测量的基本概念、系统组成和技术特点；第2章介绍光电探测器的物理效应、性能和噪声参数，以及常用的光电探测器；第3章介绍激光干涉测量的基本概念、技术基础和典型系统，以及外差干涉和波面干涉测量技术；第4章介绍激光衍射的基本原理、激光衍射测量方法及光电探测误差修正技术；第5章介绍多种光纤传感器（包括强度调制、相位调制、偏振调制和频率调制），以及分布式光纤传感器；第6章介绍视觉测量的传感器件、技术基础和摄像机标定方法，以及双目视觉测量技术；第7章介绍基于飞秒光梳的绝对距离测量、激光频率标尺和精密光谱测量技术；第8章介绍激光测距、激光三角法测量、激光多普勒测速、激光准直、激光扫描测径等测量技术。

在编著本书时，参阅了国内外许多的文献资料，在此向所有原作者表示感谢！书中错误和不妥之处在所难免，敬请各位专家、学者和读者批评指正。

作者

2023年12月

目　　录

第1章　绪　　论

1.1　光电测量基本概念

光电技术是在迅猛发展的信息科学与技术基础上发展起来的跨学科技术,是将光学技术、电子技术、精密机械和计算机技术有机结合并孕育而成的新技术。光电测量技术是指被研究信息通过各种物理效应(光、机、热、声、电、磁)调制到光载波上,并把信息光波通过光电探测器转换成电信号,再对电信号进行调理,或再经模/数转换接口输入计算机进行运算处理,使光波携带的信息转换成可以理解的信号(如电信号、图像信号等),实现对目标参数的在线、自动测量。

光电信息系统的突出特征是以光波作为基本的信息载体,信息的传输以光为媒介,被测信息与光波的光子数、波长、相位、振幅和强度、偏振态、速度等参数联系在一起,故应用范围极其广泛,属于非接触测量,具有测量灵敏度高、精确度高、速度极快、频宽和信息容量极大、信息效率极高,以及自动化程度高等突出特点。

利用光学原理进行精密测试,一直是计量测试技术领域中的主要方法,自20世纪开始,由于激光技术、光波导技术、光电子技术、光纤技术、计算机技术的发展,以及傅里叶光学、现代光学、二元光学和微光学的出现和发展,光电测试技术无论从测试方法、原理、准确度、效率,还是适用的领域范围都获得了巨大发展,并广泛地应用于工业、农业、文教、医疗卫生、国防军事、科学研究和家庭生活等各个领域。

在工业生产领域,光电测量技术凭借其探测灵敏度和精度、控制的灵活性和准确性等特性而在现代工业(微电子、汽车、机器制造、冶金、石化、建材、建筑等)生产中广泛应用。例如,自动流水生产线上采用光电监控和检测装置以监控零件尺寸(长度、宽度、厚度、直径等)、工作温度、液面高度、浓度、流速等重要参数,保证产品质量,对产品等级自动分类并剔除不合格产品。用光电检测技术对材料和零部件进行无损探伤，利用视觉检测技术在线测量汽车车身三维尺寸、微电子器件封装共面性及实体的表面形貌等，利用双频激光干涉仪可对超精密加工机床进行线性定位、对角定位、角位移、角度定位、直线度、垂直度、平行度、平面度等校准。

在科学研究领域，科学研究的发展要求越来越精密的测量技术，而光电技术正好能够提供最精密、最灵敏、最快速的测量手段，为当代天文学、物理学、化学、生物学、计量科学和材料科学的发展做出了贡献。例如，1983 年第 17 届国际计量大会利用基本物理常数定义长度量子基准——“米是光在真空中 1/299792458 秒的时间间隔内飞行的距离”，而作为复现米定义的标准辐射谱线就是稳频的激光辐射谱线。以高亮度激光器作光源的激光光谱学大大提高了光谱分析的灵敏度、分辨力和响应速度，把对物质微观结构的认识提高到了一个新水平。目前美国、德国的科学家正在建造以高度稳定的高功率单谱线激光器作为光源的臂长数千米的干涉仪，来探测爱因斯坦广义相对论早就预言但迄今尚未被探测到的引力波。

在空间光学领域，光电测量技术是在高层大气和大气外层空间，利用光学仪器和设备对空间和地球进行观测与研究的一个应用学科分支。对地球观测，主要是利用光电测试仪器通过可见光和红外大气窗口探测并记录云层、大气、陆地和海洋的一些物理特征，从而研究它们的状况和变化规律。在民用上解决资源勘查、气象、地理、测绘、地质的科学问题；在军事上为侦察、空间防御等服务。对空间观测和研究，主要是利用不同波段及不同类型的光学仪器和设备，接收来自天体的可见光、红外线、紫外线和软 X 射线，探测空间天体的存在和测定位置，研究其结构，探索其运动和演化规律。常用的空间光电测试仪器包括航天相机、成像光谱仪、光谱辐射计、激光主动遥感系统、星敏感器，以及辐射定标系统等。

在军事应用领域，光电测量技术在侦察、遥感、观瞄、跟踪、目标探测、精确制导、惯性导航、激光探潜、激光雷达、风洞试验测量、靶场试验测量等军事领域得到了广泛应用。如装有 CCD 相机和红外热像仪的机载光电侦察设备，可获得 1m 甚至 0.1m 的高清晰地面图像。光纤水听器通过接收水中声波对目标进行探测、定位与识别，具有极高的灵敏度，且已应用于潜艇、水面舰艇和鱼雷等军事目标的探测，并在海洋水声物理研究、石油勘探、海洋渔业等方面发挥了重要的作用。利用被动式红外探测仪或差分吸收激光雷达探测大气中的微量化学战剂，其灵敏度可达百万分之一以下，作用距离至 10km。此外，激光陀螺和光纤陀螺具有结构简单、可靠性高、耐冲击和振动、启动快、灵敏度高、动态范围大、线性度好、直接数字输出、体积小等一系列优点，已广泛应用于飞机、导弹、舰船和航天器的惯性导航系统。

1.2　光电测量系统的组成和特点

1.2.1　系统组成

光电测量系统的基本组成如图1－1所示。

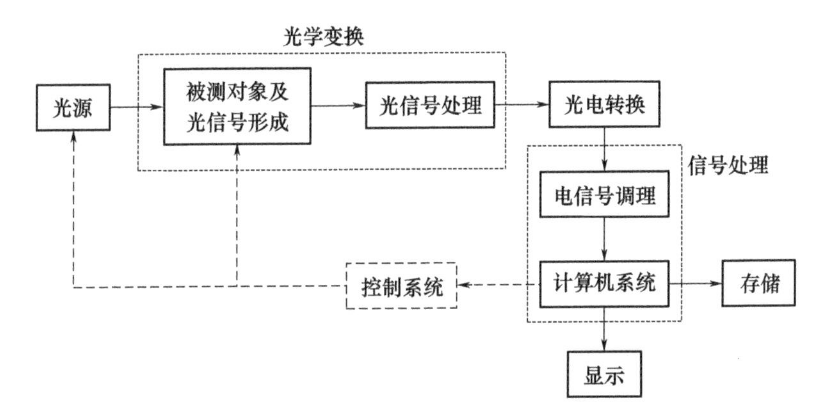

图1－1　光电测量系统的组成框图

1. 光源

光源是光电测量系统中必不可少的部分。在许多光学测量系统中需要选择一定辐射功率、一定光谱范围和一定发光空间分布的光源，以此发出的光束作为被测信息的载体。不同光电系统对光源的基本要求主要体现在光谱特性（如线状光谱、带状光谱、连续光谱或混合光谱等）、发光强度及其稳定性、光束质量（如方向性、亮度、相干性等）以及其他方面（如灯丝结构和形状、发光面积大小和构成、灯泡玻壳的材料和形状、发光效率和空间分布等）。光源可以是人工光源，如LED、LD、白光光源等，也可以是自然光源，如太阳光、人体辐射光等，还可以是其他非光物理量通过某些效应转换出来的发光体，如荧光质等。

2. 光学变换

光学变换包括被测对象及光信号形成、光信号处理两部分。光信号形成部分是指光载波与被测对象相互作用，利用反射、吸收、折射、干涉、衍射、偏振等光学效应，将被测物理量转换为光波的参量（振幅、频率、相位、偏振态、脉宽、传播方向等),光载波携带被检测对象的特征信息,形成待检测的光信号。

要使光源发出的光或产生携带各种待测信号的光波与光电探测器形成良好的匹配,经常需要对光信号进行必要的处理。根据实际需要,光信号处理部分可以设置在被检测对象的前面,也可设置在其后面。例如,利用光电探测器进行光度检测时需要对探测器的光谱特性按人眼视见函数进行校正:当光信号过强时,需要进行中性减光处理;当入射信号光束不均匀时,需要进行均匀化处理;当进行交流检测时,需要对信号光束进行调制处理等。归纳起来,光信号处理的主要目的是形成能被光电探测器接收、便于后续电学处理的光学信息。

光学变换通常是利用各种光学元件和光学系统来实现的,如平面镜、狭缝、透镜、角锥棱镜、偏振片、波片、滤波片、码盘、光栅、调制器、光成像系统、光干涉系统、光衍射系统等。

3. 光电转换

光电转换是实现光电检测的核心部分,通常利用光电/热电器件、变换电路、前置放大等将光信息变为能够驱动后续电路处理系统的电信息。

4. 信号处理

电信号调理是指运用各种电路处理方法,实现对电信号的放大、滤波、解调、整形、判向、细分等;还可将调理后的电信号经 A/D 转换成数字信号,采用计算机来处理、分析、存储和显示各种信息,也可通过计算机形成闭环测量系统,对某些影响测量结果的参数进行控制,减小系统各环节的漂移,提高系统的环境适应性,并实现自动化测量。

1.2.2 技术特点及发展趋势

光电测量技术将光学技术与电子技术相结合,实现对各种量的测量,概括起来具有如下特点:

(1)高灵敏度、高精度。光电测量的灵敏度和精度是各种测量技术中最高的一类。例如,用激光测距法测量地球与月球之间距离的分辨率可达到 1m;普通激光干涉仪可实现 1m 范围内 50nm 的测量精度;外差激光干涉仪可实现 0.1nm 的测量精度;X 射线干涉仪的测量分辨率可达 0.005nm,测量精度可达 0.01nm;F-P标准具的理论分辨率可达 0.001nm。

(2)高速度。光电测量以光为媒介,而光是各种物质中传播速度最快的,无疑用光学的方法获取和传递信息是最快的。

(3)远距离、大量程。光是最佳的远距离传播介质,尤其适用于遥控和遥测,如武器制导、光电跟踪、电视遥测等。

(4)非接触测量。光照到被测物体上宏观上可以认为是没有测量力和无摩擦的,因此可以实现动态测量,是各种测量方法中效率最高的一种。

(5)寿命长。理论上光波是永不磨损的,只要复现性做得好,可以永久地使用。

(6)信息处理和运算能力很强,可将复杂信息并行处理。用光电方法还便于信息的控制和存储,易于实现自动化,易于与计算机连接,易于实现智能化等。

科学技术的进步推动了光电测量技术的发展,而新型光电测量系统的出现无疑又给科学技术的发展注入了新鲜血液。光电测量技术的发展趋势如下:

(1)发展纳米、亚纳米高精度的光电测量新技术。

(2)发展小型的、快速的微型光机电测量系统。

(3)非接触式、快速在线测量技术,以满足快速增长的商品经济的需要。

(4)快速、高效三维测量技术将取得突破,发展带有存储功能的全场动态测量仪器。

(5)发展闭环控制的光电测量系统,实现光电测量与控制的一体化、自动化和智能化。

(6)发展光学诊断和光学无损检测技术,以替代常规的无损检测手段。

(7)发展光电跟踪与光电扫描技术,如远距离的遥控、遥测技术、激光制导、飞行物自动跟踪、复杂形体自动扫描测量等。

(8)量子精密测量技术将取得突破,量子计量基准的稳定性和准确度将达到空前的高度,并可实现对基本物理常数(例如牛顿万有引力常数、精细结构常数、普朗克常数、阿伏加德罗常数、玻尔兹曼常数等)的精确测量。

光电测量技术是现代科学、国家现代化建设和人们生活中不可缺少的新技术,是光、机、电、计算机相结合的新技术,是最具有潜力的信息技术之一。本书旨在使大家熟悉并理解光电传感与测量的基本理论、各种新型光电测量技术和方法,掌握光电测量系统的设计理论和基本设计方法,为从事光电测量技术以及相关领域的研究、开发和应用打下坚实的基础。

第2章　光电探测技术

2.1　光电探测器的物理效应

在光电检测技术中,通常将光辐射量转换成电量来实现对光辐射的探测。即便直接转换量不是电量,考虑到电子技术已十分成熟及电量测量的高精度,也总是将非电量(如温度、体积等)再转换成电量来实施测量。从此意义上说,凡是将光辐射量直接或间接转换成电量(电流或电压)的器件都称为光电探测器。显然,了解光辐射对光电探测器产生的物理效应是理解光电探测技术的基础。

光电探测器的物理效应通常分为两大类:光电效应和光热效应。

2.1.1　光电效应

物质受到辐射光的照射后,材料的电学性质发生变化的现象称为光电效应。入射光的光子与物质中的电子相互作用,直接引起物质内原子或分子内部电子状态的改变,故又称光子效应。且光子能量的大小将直接影响电子状态改变的程度。由于光子的能量为 $h\nu$(h 为普朗克常量,ν 为光波频率),故光子效应对光波频率表现出选择性。

光电效应分为外光电效应(光电发射效应)和内光电效应,而内光电效应又分为光电导效应和光伏效应。

1. 光电发射效应

在光照下,物体向表面以外的空间发射电子(光电子)的现象称为光电发射效应。能产生光电发射效应的物体称为光电发射体,在光电管中又称光阴极。光电发射效应遵从以下定律:

(1)斯托列托夫定律。

斯托列托夫定律又称光电发射第一定律。当照射到光阴极上的入射光频率或频谱成分不变时,光电阴极的饱和光电流 I_k(单位时间内发射的光电子数目)与

被阴极吸收的光通量 Φ_k 成正比,即

$$I_k = S_k \Phi_k \tag{2-1}$$

式中:S_k 是表征光电发射灵敏度的系数,即光阴极的灵敏度。式(2-1)是光电探测器进行光度测量、光电转换的一个最重要的依据。

(2)爱因斯坦方程。

爱因斯坦方程又称光电发射第二定律。发射出光电子的最大动能随入射光频率的增高而线性地增大,而与入射光的强度无关。即光电子发射的能量关系符合爱因斯坦方程:

$$E_{max} = h\nu - \phi_0 \tag{2-2}$$

式中:E_{max}为光电子的最大动能;ϕ_0 为光阴极的逸出功,表示产生一个光电子必须克服材料表面对其束缚的能量,是与材料有关的常数。

爱因斯坦方程表明,光电子的动能与入射光的强度无关,随入射光的频率增高而增大。且入射光子的能量至少要等于逸出功时,才能发生光电发射现象。此时,光电子的最大动能 $E_{max}=0$,对应的截止频率 $\nu_c=\phi_0/h$,称为光电发射效应的低频极限值,对应的截止波长为

$$\lambda_c = \frac{c}{\nu_c} = \frac{hc}{\phi_0} = \frac{1.24}{\phi_0} \tag{2-3}$$

称为长波阈值(或长波极限值),λ_c 的单位为μm,ϕ_0 的单位为 eV,c 表示光速。

须说明的是,光电发射的瞬时性是光电发射效应的一个重要特性。实验证明,光电发射延迟时间不超过 3×10^{-3}s 数量级,故外光电效应器件具有很高的频响。基于外光电效应的光电探测器主要有光电管、光电倍增管和像增强器等。

2. 内光电效应

1)光电导效应

光照变化引起半导体材料电导变化的现象称为光电导效应。当光照射到半导体材料时,材料吸收光子的能量产生新的载流子(电子和空穴),此处称为光生载流子,引起载流子浓度增大,导致材料电导率增大。

光电导效应可分为本征型和杂质型两类,如图2-1所示。本征型光电导效应是指能量足够大的光子使电子离开价带跃入导带,价带中由于电子离开而产生空穴,在外电场作用下,电子和空穴参与导电,使电导增加,此时长波极限值由禁带宽度 E_g 决定,即

$$\lambda_c = \frac{hc}{E_g} = \frac{1.24}{E_g} \tag{2-4}$$

式中：λ_c 的单位为μm；E_g 的单位为 eV。

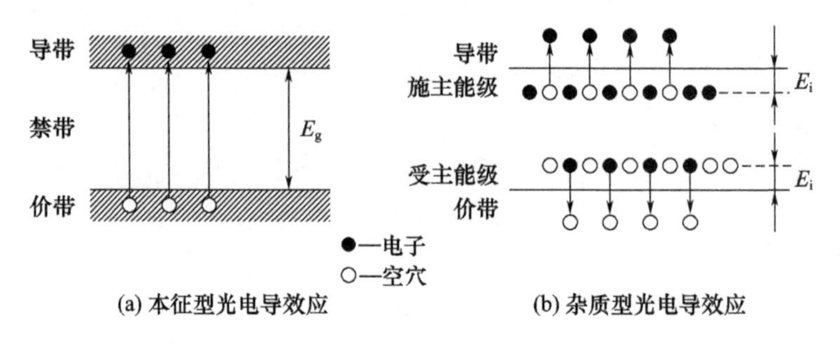

(a) 本征型光电导效应　　(b) 杂质型光电导效应

图 2-1　半导体光电导效应原理

杂质型光电导效应则是指能量足够大的光子使施主能级中的电子或受主能级中的空穴迁到导带或价带，从而使电导增加，此时长波极限值由杂质的电离能 E_i 决定，即

$$\lambda_c = \frac{hc}{E_i} = \frac{1.24}{E_i} \tag{2-5}$$

式中：λ_c 的单位为μm；E_i 的单位为 eV。因为 $E_i \ll E_g$，所以杂质型光电导的长波极限值比本征型光电导的要长得多。

由光照引起的电导率增量为

$$\Delta\sigma = e(\Delta n\mu_n + \Delta p\mu_p) \tag{2-6}$$

式中：e 为电子电荷；Δn、Δp 分别为电子和空穴浓度的增量，即光生载流子浓度；μ_n、μ_p 分别为电子和空穴载流子的迁移率。

光电导材料从光照开始到获得稳定的光电流要经过一定时间，同样光照停止后光电流也是逐渐消失的，这些现象称为光电导的弛豫过程。基于光电导效应的光电探测器主要有光导管和光敏电阻。

2）光伏效应

光照使不均匀半导体或均匀半导体中光生电子和空穴在空间分开而产生电位差的现象称为光伏效应，又称光生伏特效应。实现光伏效应需要有内部电势垒，当照射光激发出电子-空穴对时，电势垒的内建电场将把电子-空穴对分开，从而在势垒两侧产生电荷堆积，形成光生伏特效应。

图 2-2 给出了光伏效应原理。P 型半导体和 N 型半导体相接触时形成 PN 结，在结区内存在一个从 N 区指向 P 区的内建电场，如图 2-2(a)所示。在热平衡时，多数载流子（N 区的电子和 P 区的空穴）的扩散作用与少数载流子

（N 区的空穴和 P 区的电子）因内建电场的漂移作用相互抵消，没有净电流通过 PN 结。PN 结两端无电压，称为零偏状态。在零偏状态下，若用光照射 P 区，只要照射光的波长满足 $\lambda < \lambda_c$，就会激发出光生电子 – 空穴对。如图 2 – 2(b) 所示，由于 P 区的多数载流子是空穴，光照前热平衡空穴浓度本来就比较大，因此光生空穴对 P 区空穴浓度影响很小。相反，光生电子对 P 区的电子浓度影响很大，从 P 区表面向区内自然形成扩散趋势。若 P 区厚度小于电子扩散长度，那么大部分光生电子都能扩散进入 PN 结，一进入 PN 结，就被内建电场拉向 N 区。这样，光生电子 – 空穴对就被内建电场分离开，空穴留在 P 区，电子通过扩散流向 N 区。同样若用光照射 N 区，则电子留在 N 区，空穴被内建电场拉向 P 区。若外电路处于开路状态，P 区将获得附加正电荷，N 区获得附加负电荷，使 PN 结获得一个光生电动势，在结两端可测出开路电压。若 PN 结外接负载形成回路，则电流从 N 区到 P 区流经 PN 结；若负载为 0，测出电流即为短路电流。

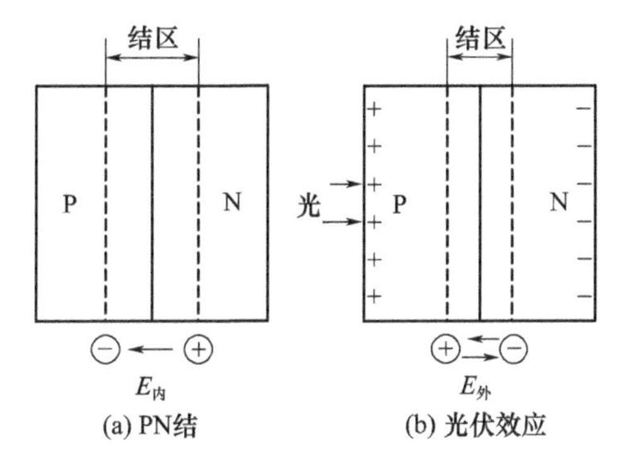

图 2 – 2　光伏效应原理

根据选用材料不同，可分为半导体 PN 结、PIN 结、肖特基结以及异质结势垒等多种结构的光伏效应。基于该效应的光电探测器主要有光电二极管、光电三极管和光电池等。因少数载流子的寿命很短，故光伏效应器件比光电导效应器件有更快的响应速度。

2.1.2 光热效应

物质受到光照射后，由于温度变化使材料性质发生变化的现象称为光热效应。在光电效应中，光子的能量直接变为光电子的能量；而在光热效应中，光能量与晶格相互作用，使其振动加剧，造成温度升高，使材料的电学性质或其他物理性质发生变化。光热效应与单光子能量的大小没有直接关系，原则上光热效应对光波频率没有选择性。只是在红外波段上,材料吸收率高,光热效应也就更强烈,所以广泛用于红外辐射探测。因为温度升高是热累积作用,故光热效应的响应速度一般较慢,且容易受环境温度变化的影响。

根据光与不同材料、不同结构的光热器件相互作用所引起的物质有关特性变化的情况,可将光热效应分为温差电效应、热释电效应和测辐射热计效应。

1. 温差电效应

当两种不同的导体或半导体材料两端并联熔接时,如果两个接点的温度不同,并联回路中就会产生电动势,回路中就有电流流通,这种电动势称为温差电动势,该现象称为温差电效应,又称塞贝克效应。图 2 -3(a)中,温差电动势为

$$\Delta U = M \cdot \Delta T \tag{2-7}$$

式中:ΔT 为温度增量;M 为塞贝克系数,又称温差电势率。

通常由铋和锑组成的一对金属有最大的温差电势率,$M \approx 100\mu V/℃$;半导体材料的温差电势率最高可达 $500\mu V/℃$。由铂铑合金组成的热电偶,其测温范围约为 $-200 \sim 1000℃$,测量准确度可高达 0.001℃。

利用温差电效应测量辐射能的原理如图 2 -3(b)所示,被涂黑的金箔吸收入射的辐射量,温度升高,形成热端,产生温差电动势。用检流计 G 测量回路中的电流 I,即可测量温度差和辐射量。实际应用中,为提高测量灵敏度,常将若干热电偶串联起来使用,称为热电堆。

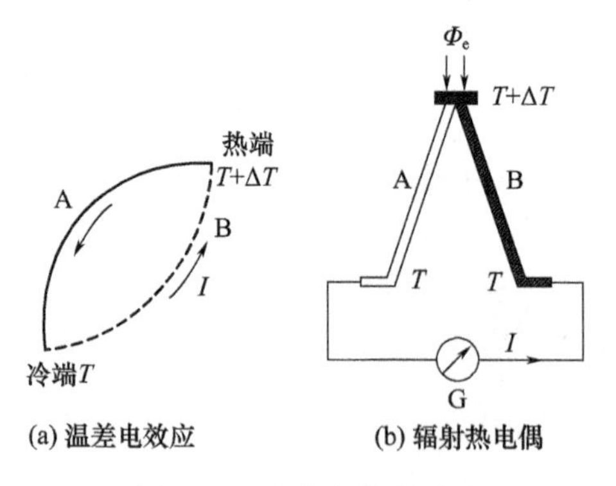

图 2 -3　温差电效应原理

2. 热释电效应

热电晶体的极化强度随温度的变化而变化,引起表面电荷变化的现象称为热释电效应。热电晶体是一种结晶对称性很差的晶体材料,在常态下某个

方向上正负电荷中心不重合，使晶体表面存在着一定量的极化电荷，称为自极化。晶体温度变化引起正负电荷中心发生位移，从而引起表面极化电荷变化。

温度恒定时，因晶体表面吸附有来自周围空气的异性电荷，因而观察不到自极化现象；温度变化时，晶体表面的极化电荷发生变化，而表面附近的自由电荷对面电荷的中和作用十分缓慢，一般在1～1000s量级，难以跟上温度变化导致的极化电荷变化速度，热电晶体表面呈现出相应于温度变化的面电荷变化，这就是热释电现象。

热释电效应的原理如图2－4所示，图中T_c为热电体的居里温度。由图可知，晶体的自发极化矢量$\boldsymbol{P}_s$随温度T的升高而减少，且当$T>T_c$时，自极化现象消失，即只有在居里温度以下才存在热释电现象。

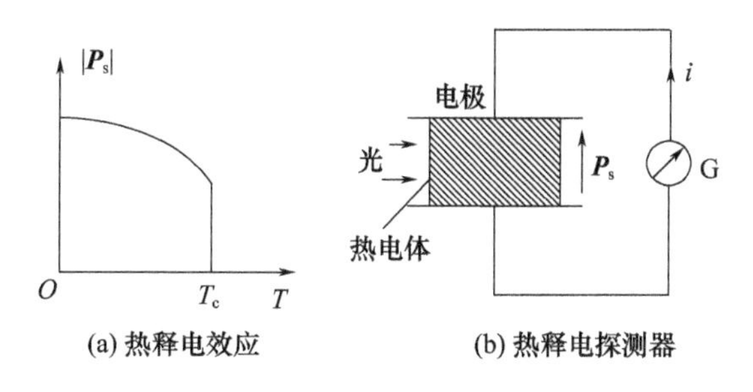

(a) 热释电效应　　(b) 热释电探测器

图2－4　热释电效应原理

设晶体的自发极化矢量$\boldsymbol{P}_s$的方向垂直晶体表面，并将热电体放入一个电容器极板之间，把一个电流表与电容相接，如图2－4(b)所示。由辐射引起的表面极化电荷变化为

$$\Delta Q = A\Delta \boldsymbol{P}_s = \mathrm{A}\frac{\Delta \boldsymbol{P}_s}{\Delta \mathrm{T}}\Delta \mathrm{T} = \mathrm{A}\beta\Delta T \tag{2-8}$$

式中：A为极板面积；ΔT为辐射引起的晶体温度变化；$\beta = \Delta \boldsymbol{P}_s/\Delta T$为热释电系数。短路热释电流为

$$i = \frac{\mathrm{d}Q}{\mathrm{d}t} = A\beta\frac{\mathrm{d}T}{\mathrm{d}t} \tag{2-9}$$

显然，当照射光恒定不变时，$\boldsymbol{P}_s$和T均为恒定值，热释电流为零，故热释电探测器是一种交流或瞬时响应器件。

3. 测辐射热计效应

入射光的照射使材料由于受热而造成电阻率变化的现象称为测辐射热计效应，又称辐射热计效应。阻值变化量ΔR与温度变化量ΔT的关系为

$$\Delta R = \alpha_T R \Delta T \tag{2-10}$$

式中:α_T 为电阻温度系数。当温度变化足够小时,有

$$\alpha_T = \frac{1}{R}\frac{dR}{dT} \tag{2-11}$$

对于金属材料制成的热敏电阻,电阻值与温度成正比,即 $R = AT$,式(2-11)变为

$$\alpha_T = \frac{1}{T} \tag{2-12}$$

即电阻温度系数与温度成反比。

半导体材料制成的热敏电阻,电阻值与温度成指数关系,即

$$R = R_0 e^{B\left(\frac{1}{T} - \frac{1}{T_0}\right)} \tag{2-13}$$

式中:B 为材料常数,典型值为 3000K。将式(2-13)代入式(2-11),有

$$\alpha_T = -\frac{B}{T^2} \tag{2-14}$$

式(2-14)表明温度越高,半导体材料的电阻温度系数越小。

2.2 光电探测器的性能和噪声参数

2.2.1 光电探测器的性能参数

根据光电探测器的性能参数,可正确评价探测器性能的优劣,比较不同探测器之间的差异,并根据需要合理选择和正确使用光电探测器,其主要的参数介绍如下。

1. 特性曲线

光电探测器输出的光电流是探测器外偏置电压 U、入射光功率 P、光波波长 λ 和光强调制频率 f 的函数,即

$$i = F(U, P, \lambda, f) \tag{2-15}$$

以 U、P、λ 为参变量,$i = F(f)$ 的关系称为光电频率特性,相应的曲线称为频率特性曲线。同理,$i = F(P)$ 对应的曲线称为光电特性曲线,$i = F(\lambda)$ 对应的曲线称为光谱特性曲线,$i = F(U)$ 对应的曲线称为伏安特性曲线。

2. 灵敏度

灵敏度也称为响应度,是光电探测器的光电转换特性、光电转换的光谱特性及频率特性的度量,相应的分别有积分(电流、电压)灵敏度、光谱灵敏度和频

率灵敏度。

(1)积分灵敏度。

光电特性曲线 $i=F(P)$ 的斜率定义为电流灵敏度 R_i 和电压灵敏度 R_u，即

$$R_i=\frac{di}{dP} \tag{2-16}$$

$$R_u=\frac{du}{dP} \tag{2-17}$$

式中：i 和 u 均为有效值，且 u 为负载电阻上的输出电压，光功率 P 是指分布在一定光谱范围内的总功率。

(2)光谱灵敏度。

在其他条件不变的情况下，由于光电探测器的光谱选择性，不同波长的光功率谱密度 P_λ 产生的光电流 i 是波长的函数，记为 i_λ，定义光谱灵敏度为

$$R_\lambda=\frac{di_\lambda}{dP_\lambda} \tag{2-18}$$

通常给出的是相对光谱灵敏度，其定义为

$$S_\lambda=\frac{R_\lambda}{R_{\lambda max}} \tag{2-19}$$

式中：$R_{\lambda max}$ 是 R_λ 的最大值，相应的波长称为峰值波长。S_λ 随 λ 变化的曲线称为探测器的光谱灵敏度曲线。

引入相对光功率谱密度函数 f_λ，定义为

$$f_\lambda=\frac{P_\lambda}{P_{\lambda max}} \tag{2-20}$$

式中：$P_{\lambda max}$ 是 P_λ 的最大值。

光电探测器和入射光功率的光谱匹配是选择光电探测器时需要考虑的重要因素，如图2-5所示，定义光谱匹配系数为

$$K=\frac{\int_0^\infty S_\lambda f_\lambda d\lambda}{\int_0^\infty f_\lambda d\lambda} \tag{2-21}$$

为提高光谱利用率，应使 S_λ 曲线和 f_λ 曲线尽可能重合，即做到光谱匹配。

(3)频率灵敏度。

频率灵敏度描述光电探测器的灵敏度在入射光波长不变时随入射光调制频率变化的特性，其定义为

$$R_f=\frac{i_f}{P}=\frac{R_0}{\sqrt{1+(2\pi f\tau)^2}} \tag{2-22}$$

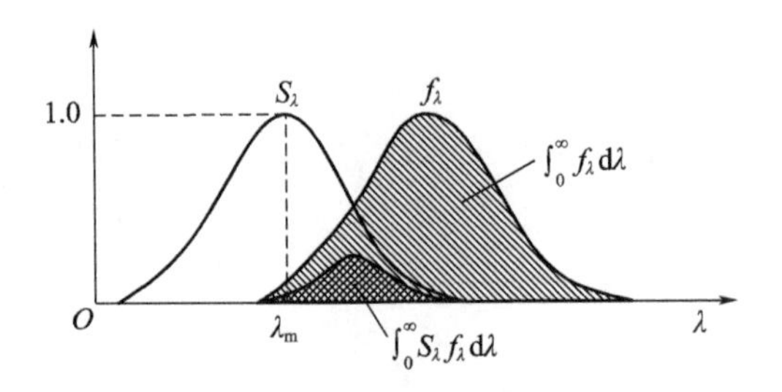

图 2-5　光谱匹配系数

式中：i_f 是光电流时变函数的傅里叶变换；R_0 为频率 $f=0$ 时的灵敏度；τ 为光电探测器的响应时间或时间常数，由材料、结构和外电路决定。一般规定 R_f 下降到 $R_0/\sqrt{2}$（$0.707R_0$）时的频率称为探测器的截止响应频率，显然有

$$f_c=\frac{1}{2\pi\tau} \tag{2-23}$$

如果入射光是脉冲形式，则常采用响应时间来度量。探测器对突然光照的输出电流，要经过一定时间才能上升到与这一辐射功率相应的稳定电流。当光辐射突然去除后，输出电流也需要一定时间才能下降到零。把输出电流从 10% 上升到 90% 峰值所需的时间称为探测器的上升时间，而把从 90% 下降到 10% 峰值所需的时间称为下降时间。一般情况下，上升时间和下降时间相等。

3. 量子效率

量子效率表示单位时间内产生的光电子数与入射光子数之比，探测器吸收的光子数和激发的电子数之比。若 P 是入射光功率，I 是入射光产生的光电流，则 $P/h\nu$ 表示单位时间入射光子平均数，I/e 表示单位时间产生的光电子平均数，故量子效率为

$$\eta=\frac{I/e}{P/h\nu}=\frac{h\nu}{e}R_i \tag{2-24}$$

式中：R_i 是积分电流灵敏度。与光谱电流灵敏度 $R_{i\lambda}$ 对应的光谱量子效率为

$$\eta_\lambda=\frac{hc}{e\lambda}R_{i\lambda} \tag{2-25}$$

式中：c 是材料中的光速。

实际光电探测器的量子效率 $\eta<1$，但对于光电倍增管、雪崩光电二极管等具有内增益机制的光电探测器，量子效率可大于 1。

4. 噪声等效功率

在实际应用中，当 $P=0$ 时，光电探测器的输出电流并不为 0，该电流称为暗

电流或噪声电流 I_n,是瞬时噪声电流的有效值。由于噪声的存在,限制了探测器探测微弱信号的能力。通常认为,如果信号光功率产生的信号电流等于噪声电流,那么就认为刚刚能探测到光信号的存在。依照该判据,引入噪声等效功率 NEP 来表征探测器的最小可探测功率,其定义为单位信噪比时的信号光功率。考虑电流信噪比的定义:

$$\mathrm{SNR_i} = \frac{i_s}{I_n} \tag{2-26}$$

利用式(2-16),有

$$\mathrm{NEP} = P_s \Big|_{\mathrm{SNR_i}=1} = \frac{P_s}{\mathrm{SNR_i}} = \frac{i_s}{R_i} \times \frac{I_n}{i_s} = \frac{I_n}{R_i} \tag{2-27}$$

式中:各量均取有效值,NEP 的单位为 W。NEP 越小,探测器探测微弱信号的能力越强。

实际探测过程中噪声频谱很宽,噪声功率与带宽成正比,为减少噪声的影响,一般将探测器后面的放大器做成窄带通的,而信号不受损失。在此情况下,通常将噪声等效功率定义为

$$\mathrm{NEP} = \frac{I_n}{i_s} \times \frac{P_s}{\sqrt{\Delta f}} = \frac{I_n}{R_i\sqrt{\Delta f}} \tag{2-28}$$

式中:Δf 为放大器带宽,此时 NEP 的单位为 $\mathrm{W/Hz^{1/2}}$。

5. 归一化探测度

将 NEP 的倒数定义为探测度 D,即

$$D = \frac{1}{\mathrm{NEP}} \tag{2-29}$$

实际使用时,对同类型的不同探测器进行比较时,发现"D 值大的探测器探测能力一定好"的结论并不充分,原因在于探测器光敏面积 A 和测量带宽 Δf 对 D 值影响很大。考虑到噪声功率与 A 和 Δf 成正比,故 D 与 $(A\Delta f)^{1/2}$ 成反比,为消除该项影响,定义:

$$D^* = D\,(A\Delta f)^{1/2}\,(\mathrm{cm \cdot Hz^{1/2}/W}) \tag{2-30}$$

称为归一化探测度,且 D^* 越大,探测器探测能力越好。

6. 其他参数

在选择和使用光电探测器时,还需注意其他一些参数,如光敏面积、探测器电阻和电容、工作电压和电流、线性度、光照功率范围、工作温度、储存温度等。

2.2.2 光电探测器的噪声参数

光电探测器的噪声是由于探测器中光子和带电粒子不规则运动的起伏所造成的。依据噪声产生的物理机制,大致可分为散粒噪声、产生－复合噪声、光子噪声、热噪声和 $1/f$ 噪声等。

1. 散粒噪声

散粒噪声是指在无光照的条件下,由于热激发作用,随机地产生电子所引起的起伏,起伏单元是电子电荷量。理论计算给出的热激发散粒噪声电流和电压有效值为

$$I_{\mathrm{n}} = \sqrt{2ei_{\mathrm{d}}\Delta f} \tag{2-31}$$

$$U_{\mathrm{n}} = \sqrt{2ei_{\mathrm{d}}R^2\Delta f} \tag{2-32}$$

式中:i_{d} 为探测器的暗电流;Δf 是测量带宽;R 是探测器电阻。如果探测器具有内增益 M,则式(2－31),式(2－32)还应乘以 M。

2. 产生－复合噪声

光电导探测器光电转换产生的载流子是电子－空穴对,电子－空穴存在严重的复合过程且是随机的。这种由探测器内的光生载流子随机产生和复合过程引起的噪声称为产生－复合噪声,本质也是散粒噪声。其噪声电流和电压为

$$I_{\mathrm{g-r}} = \sqrt{4ei_{\mathrm{d}}M^2\Delta f} \tag{2-33}$$

$$U_{\mathrm{g-r}} = \sqrt{4ei_{\mathrm{d}}M^2R^2\Delta f} \tag{2-34}$$

式中:M 为光电导探测器的内增益。

3. 光子噪声

当用功率恒定的光照射探测器时,由于光功率实际上是光子数的统计平均值,每一瞬时到达探测器的光子数是随机的。光子数的起伏将导致光激发的载流子的起伏,从而引起的散粒噪声称为光子噪声。不管是信号光还是背景光都伴随着光子噪声,且光功率越大,光子噪声也越大。

对于光电发射或光伏器件,光子噪声电流的表达式为

$$I_{\mathrm{nb}} = \sqrt{2ei_{\mathrm{b}}\Delta f} \tag{2-35}$$

$$I_{\mathrm{ns}} = \sqrt{2ei_{\mathrm{s}}\Delta f} \tag{2-36}$$

式中:i_{b} 为背景光电流;i_{s} 为信号光电流。

对于光电导器件,考虑到内增益 M,光子噪声电流的表达式为

$$I_{\mathrm{nb,g-r}} = \sqrt{4ei_{\mathrm{b}}M^2\Delta f} \tag{2-37}$$

$$I_{ns,g-r}=\sqrt{4ei_sM^2\Delta f} \tag{2-38}$$

若考虑热激发暗电流 i_d、背景光电流 i_b 和信号光电流 i_s 的共同作用，光电探测器总散粒噪声可统一表示为

$$I_n=[Se(i_d+i_b+i_s)M^2\Delta f]^{1/2} \tag{2-39}$$

式中：光电发射和光伏器件 $S=2$，光电导器件 $S=4$；无内增益时，$M=1$。

4. 热噪声

由于光电探测器有一个等效电阻 R，电阻中自由电子的随机运动将引起电压起伏，即为热噪声。理论计算给出的有效热噪声电压和电流为

$$U_n=\sqrt{4kTR\Delta f} \tag{2-40}$$

$$I_n=\sqrt{4kT\Delta f/R} \tag{2-41}$$

式中：k 为玻尔兹曼常数；T 为热力学温度。

5. $1/f$ 噪声

几乎所有的探测器均存在这种噪声，主要出现在大约 1kHz 以下的低频频域，且与光辐射的调制频率 f 成反比，故称为低频噪声或 $1/f$ 噪声。该噪声产生的原因目前还不十分清楚，但实验发现，探测器表面的工艺状态（缺陷或不均匀等）对其影响很大，故又称为表面噪声或过剩噪声。其经验公式为

$$I_n=(Ai^{\alpha}\Delta f/f^{\beta})^{1/2} \tag{2-42}$$

式中：A 是与探测器有关的系数；i 为流过探测器的总直流电流。

当 $\alpha\approx2$、$\beta\approx1$ 时：

$$I_n=\sqrt{Ai^2\Delta f/f} \tag{2-43}$$

一般地，只要限制低频调制频率不低于 1kHz，即可防止该噪声。

2.3　常用的光电探测器

2.3.1　光电倍增管

光电倍增管（Photon Multiplier Tube，PMT）是典型的光电发射效应探测器，其主要特点是灵敏度高、稳定性好、响应速度快和噪声小，光电特性的线性关系好，但其结构复杂、工作电压高、体积大、抗震性差、价格较贵。光电倍增管为电流放大器件，具有较高的电流增益，非常适用于微弱光信号的探测。根据所选用的光电阴极材料不同，其光谱范围可覆盖从紫外到近红外的整个波段。

1. 工作原理

光电倍增管是由光电阴极 K、聚焦电极、倍增极 D、阳极 A 和真空管壳等组成的光电器件，管内抽成约 10^{-4}Pa 的真空，如图 2－6 所示。U_i 是极间电压，称为分级电压。分级电压为百伏量级，阴极与阳极之间的总电压为千伏量级。从阴极到阳极，各极间形成逐级递增的加速电场。

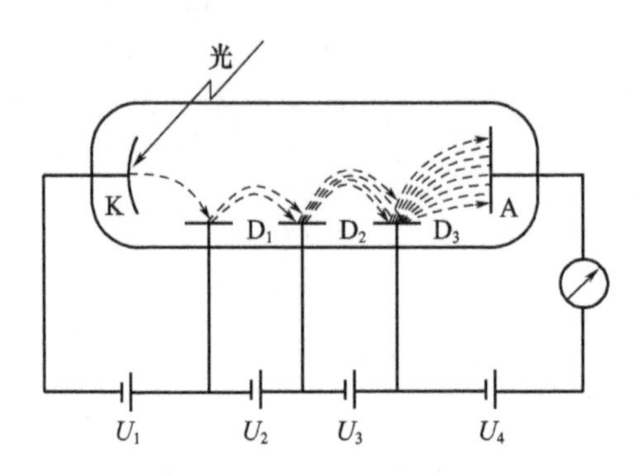

图 2－6　光电倍增管工作原理

光照射在光电阴极上，因外光电效应而从阴极上激发出光电子，光电子受到电极间电场作用而获得较大的能量。当电子以足够高的速度打到倍增电极上时，倍增电极便会产生二次电子发射，使得向阳极方向运动的电子数成倍地增加，经过多级倍增，最后到达阳极被收集而形成阳极电流。

2. 基本结构

光电倍增管是由光窗、光电阴极、电子光学系统、电子倍增系统和阳极五个主要部分组成。

(1)光窗。

光窗分侧窗式和端窗式两种，它是入射光的通道。常用的光窗材料有钠钙玻璃、硼硅玻璃、紫外玻璃、熔凝石英和氟镁玻璃等。光窗是对光吸收较多的部分，且波长越短吸收越多，所以光电倍增管光谱特性的短波阈值一般取决于光窗材料。

(2)光电阴极。

光电阴极多是由化合物半导体材料制作，其作用是接收入射光，向外发射光电子。故光电倍增管光谱特性的长波阈值取决于光电阴极材料，同时对整管灵敏度也起着决定性作用。

(3)电子光学系统。

通过对电极结构的适当设计，使前一级发射出来的电子尽可能没有散失地落到下一个倍增极上，使下一级的收集率接近于1。并使前一级各部分发射出来的电子落到后一级上所经历的时间尽可能相同，即使渡越时间零散最小。

(4)电子倍增系统。

倍增系统是由许多倍增极组成的综合体，每个倍增极都是由二次电子倍增材料构成的，具有使一次电子倍增的能力，因此倍增系统是决定整管灵敏度最关键的部分。倍增极的二次电子发射特性用二次电子发射系数 σ 表示，其定义为单个入射电子所产生的平均二次电子数，通常与材料性质、电极结构和形状以及极间电压有关。

(5)阳极。

阳极用来收集最末一级倍增极发射出来的电子，现在普遍采用金属网做的栅网状结构，并置于靠近最末一级倍增极附近。

3. 供电电路

光电倍增管各电极要求直流供电，从阴极开始至各级的电压要依次升高，一般多采用电阻链分压办法来供电，如图2－7所示。常采用均匀分压，即各级电压均相等，约80～100V，总电压约1000～1300V。在较精密测量时，通常要求电源电压的稳定度为0.01%～0.05%。为使各级间电压稳定，要求流过分压电阻链的电流 I_R 大于阳极电流 i_A 的10倍；但 I_R 也不能过大，否则分压电阻链功耗将增大。

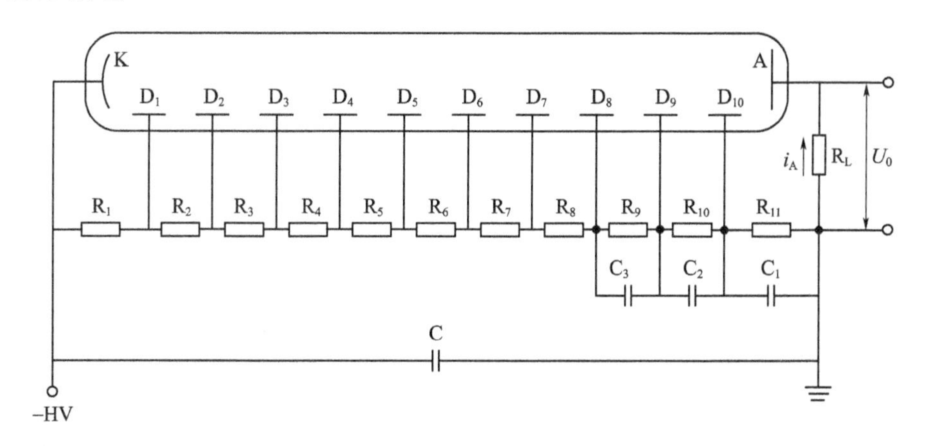

图2－7　光电倍增管的供电电路

光电倍增管高压电源有两种接法：一是如图2－7所示的阳极接地的负高压法（－HV表示负高压），阳极信号输出方便，可以直流输出，但由于阴极屏蔽困难,阳极输出暗电流和噪声较大;二是阴极接地的正高压法,此时阳极信号输出必须通过耐高压、噪声小的隔直电容,只能输出交变信号,但在输出端可得到较低的暗电流和噪声。

在探测脉冲光时,为了不使阳极脉动电流引起极间电压发生大的变化,常在最后几级的分压电阻上并联电容器,见图2-7中的C_1、C_2和C_3。图中电容C作为储能元件,通过电容器C放电来维持分压电阻上电压不变。

图2-7是光电倍增管的负载电阻输出,也可采用运算放大器输出,如图2-8所示。阴极与第一个倍增极之间、最末一级倍增极与阳极之间的电压可独立于总电压,用稳压管进行单独稳压。输出电压为

$$U_0 = -i_A R_f \tag{2-44}$$

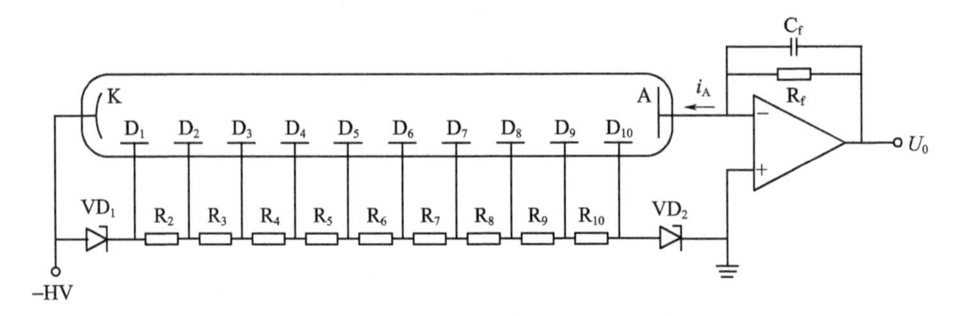

图2-8 光电倍增管的运算放大器输出电路

4. 主要特性参数

(1)灵敏度和光谱响应。

光电倍增管的灵敏度一般分为阴极灵敏度S_K和阳极灵敏度S_A,有时还需标出阴极的蓝光、红光或红外灵敏度。灵敏度还可分为积分灵敏度和光谱灵敏度。

光电倍增管的光谱响应曲线就是光电阴极的光谱响应曲线。

(2)电流增益。

光电倍增管的阳极电流与阴极电流之比称为电流增益,或放大倍数。若光电倍增管共有n级倍增极,且各级性能相同,考虑到电子的传输损失,其电流增益为

$$M = \frac{i_A}{i_K} = f(g\sigma)^n \tag{2-45}$$

式中:i_A为阳极电流;i_K为阴极电流;f为第一倍增极对阴极发射电子的收集效

率;g 为各倍增极之间的电子传递效率。良好的电子光学设计可使 f、g 值在 0.9 以上。通常,σ 值为 3 ~ 6,n 取 9 ~ 14 级,增益 M 为 10^5 ~ 10^7。

(3)暗电流。

光电倍增管的暗电流是指加有电源无光照时的输出电流,暗电流对测量缓变弱信号不利。产生暗电流的主要因素有阴极和靠近阴极的倍增极的热电子发射、极间漏电流、极间电压过高而引起的场致发射、离子和光的反馈作用、放射性同位素和宇宙射线等。

(4)光电特性和伏安特性。

光电倍增管的光电特性是指阳极光电流与入射到光电阴极的光功率(光通量)的关系,如图 2 - 9(a)所示。光电倍增管的伏安特性包括阴极伏安特性和阳极伏安特性。阴极电流与阴极同第一级倍增极之间电压的关系称为阴极伏安特性,阳极电流与阳极同最末一级倍增极之间电压的关系称为阳极伏安特性,如图 2 - 9(b)所示。电路设计时,一般使用阳极伏安特性曲线来进行负载电阻、输出电流、输出电压的计算。

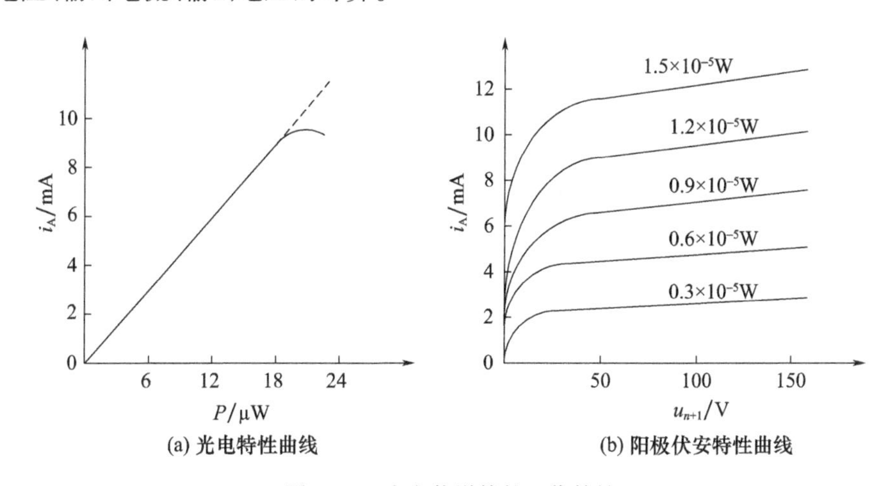

(a) 光电特性曲线　　(b) 阳极伏安特性曲线

图 2 - 9　光电倍增管的工作特性

(5)时间特性。

描述光电倍增管的时间特性有三个参数,即响应时间、渡越时间和渡越时间分散(离散)。阳极电流脉冲幅度从最大值的 10% 上升到 90% 所经历的时间定义为响应时间(阳极脉冲上升时间)。从δ函数光脉冲的顶点到阳极电流输出最大值所经历的时间定义为渡越时间。从光电阴极不同部位发射的光电子到达阳极的渡越时间会有差别,该时间差称为渡越时间分散。

表 2 - 1 给出了滨松公司两种光电倍增管的主要特性参数。

表 2-1　滨松公司两种光电倍增管的主要特性参数

型号	级数	光谱响应/nm		阴极灵敏度/(μA/Lm)		阳极灵敏度/(A/Lm)		电流增益	暗电流/(nA,1000V)		时间特性/ns		总电压(DC)/V	平均阳极电流/mA
		响应范围	峰值波长	最小	典型	最小	典型	典型	典型	最大	响应时间	渡越时间		
CR114	9	185~870	400	80	150	150	200	1.33×10^6	5	50	2.2	22	1250	0.1
CR115	10	300~650	420	70	105	10	500	4.76×10^6	2	20	2.2	27	1250	0.1

2.3.2　光敏电阻

利用具有光电导效应的半导体材料制成的光电探测器称为光电导器件，该类探测器在光照下会改变自身的电阻率，且光照越强，器件电阻越小，故又称为光敏电阻。本征型光敏电阻一般在室温下工作，适用于可见光和近红外辐射探测；非本征型光敏电阻通常必须在低温条件下工作，常用于中、远红外辐射探测。光敏电阻具有灵敏度高、工作电流大（可达数毫安）、光谱响应范围宽、所测光强范围宽、无极性而使用方便等优点；但缺点是强光线性差、响应时间长、频率特性差、受温度影响大，且进行动态设计时须考虑其前历效应。

1. 结构及原理

光敏电阻是在一块均质光电导体两端连上欧姆接触的电极，贴在硬质玻璃、云母、高频瓷或其他绝缘材料基板上，封装在带有窗口的金属或塑料外壳内而制成的。

由光电导效应可知，光敏电阻的光电导灵敏度 S_g 与光敏电阻两极间距离 l 的平方成反比，为提高其灵敏度，应尽可能地缩短光敏电阻两极间的距离。根据该设计原则，光敏电阻常设计成梳状式、刻线式和夹层式等结构，如图 2-10 所示。

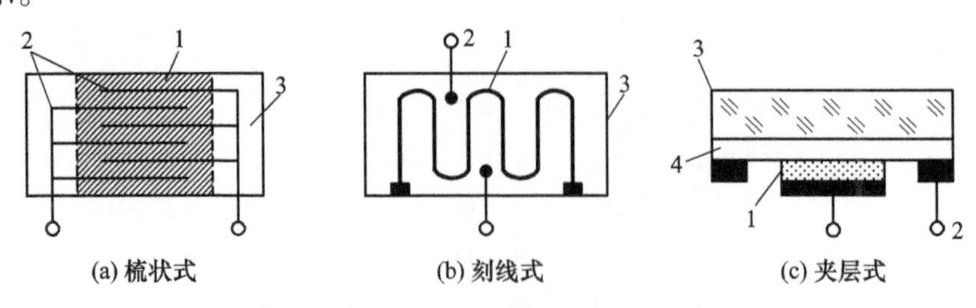

1—光电导体；2—电极；3—绝缘基底；4—导电层。

图 2-10　光敏电阻的结构

光敏电阻的原理及符号如图 2－11 所示。当光敏电阻的两端加上适当的偏置电压 U_{bb}后，便有电流 I_P 流过。改变入射到光敏电阻上的光照度，流过光敏电阻的电流 I_P 将发生变化，说明光敏电阻的阻值随照度变化。入射光消失，电子－空穴对逐渐复合，电阻逐渐恢复原值，电流也逐渐减小。

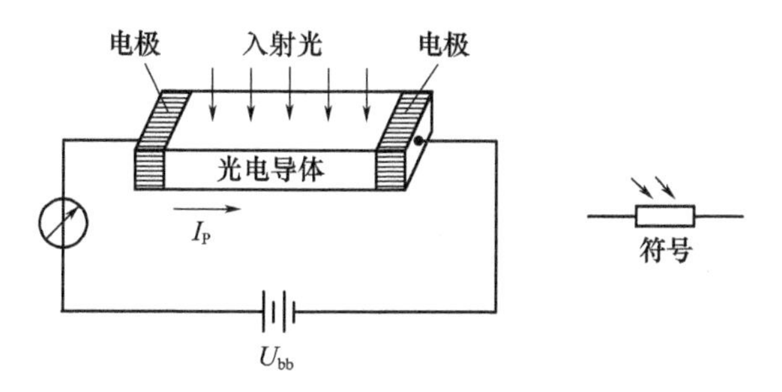

图 2－11　光敏电阻的原理及符号

无光照时流过器件的电流称为暗电流 I_d，有光照时流过器件的电流称为亮电流 I_L，由入射光引起的光电流 I_P：

$$I_P = I_L - I_d \tag{2-46}$$

光敏电阻在黑暗时的阻值称为暗阻，一般情况下，暗阻都大于 10M Ω，受光照时的阻值称为亮阻。暗阻与亮阻的比值也可用于衡量灵敏度的高低，比值越大，灵敏度越高。

2. 主要特性参数

1）灵敏度

光敏电阻的光电导灵敏度：

$$S_g = \frac{\mathrm{d}g_P}{\mathrm{d}E} = \frac{g_P}{E}(\text{线性}) \tag{2-47}$$

式中：g_P 为光电导，单位为西门子（S，Ω^{-1}）；E 为照度，单位为勒克斯（lx）；S_g 单位为西门子每勒克斯（S/lx 或 $\mathrm{Sm^2/W}$）。

2）光电特性

光敏电阻的光电流与照度的关系称为光电特性，且

$$I_P = S_g E^{\gamma} U^{\alpha} \tag{2-48}$$

式中：γ 为光照指数；U 为光敏电阻两端所加的电压；α 为电压指数。光照指数与材料和入射光强弱有关，对于硫化镉（CdS）光电导体，在弱光照时 $\gamma = 1$，在强光照时 $\gamma = 0.5$，一般时 $\gamma = 0.5 \sim 1$。α 与光电导体和电极材料之间的接触有关，欧姆接触时 $\alpha = 1$，非欧姆接触时 $\alpha = 1.1 \sim 1.2$。当弱光照且为欧姆

接触时：

$$I_P = S_g E U \tag{2-49}$$

图 2-12 给出了硫化镉光敏电阻的光电特性曲线。由图可知，在弱光照时光电流 I_P 与 E 具有良好的线性关系，在强光照时为非线性关系，其他光敏电阻也有类似性质。

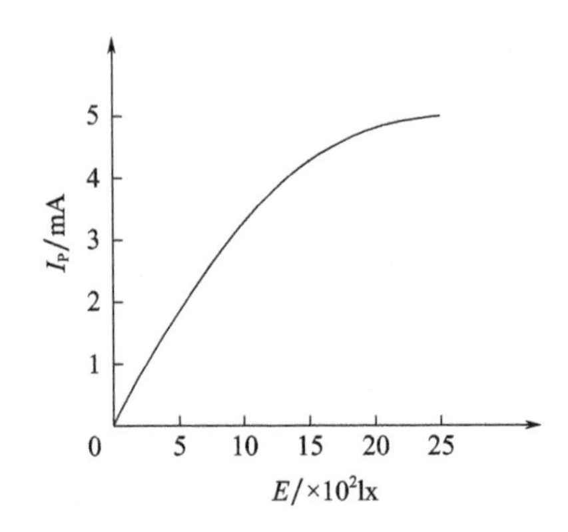

图 2-12　硫化镉光敏电阻的光电特性曲线

3）光谱特性

图 2-13 和图 2-14 分别给出了在可见光区和红外光区灵敏的几种光敏电阻的光谱特性曲线。

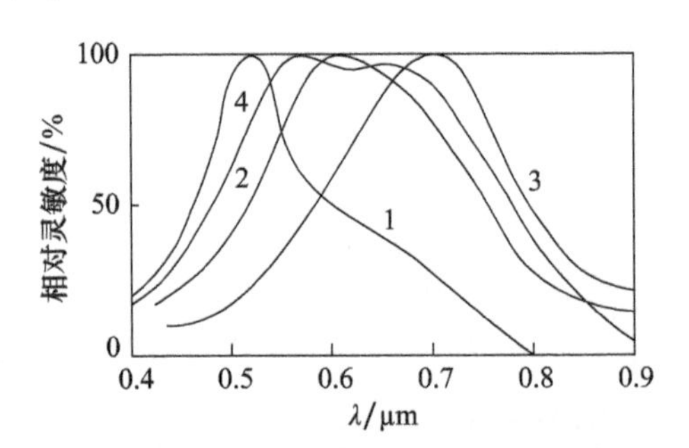

1—硫化镉单晶；2—硫化镉多晶；3—硒化镉(CdSe)多晶；4—硫化镉与硒化镉混合多晶。

图 2-13　在可见光区灵敏的几种光敏电阻的光谱特性曲线

4）伏安特性

光敏电阻是一个纯电阻，具有与普通电阻相似的伏安特性，如图 2-15 所示。图中虚线为额定功耗线，使用时，应不使光敏电阻的实际功耗超过额定功耗，即光敏电阻的工作电压、电流控制在额定功耗线之内。

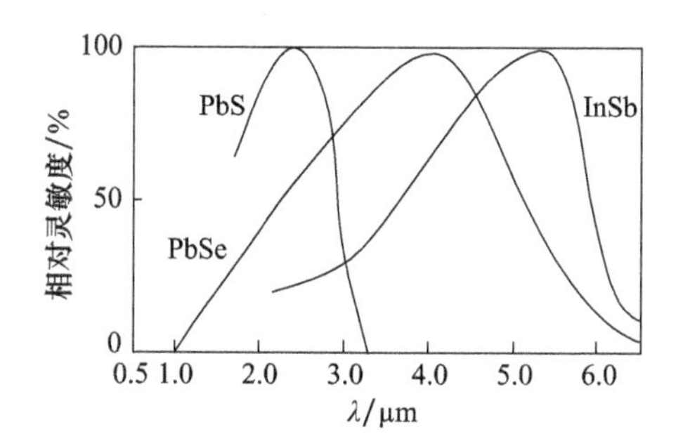

图2－14　在红外光区灵敏的几种光敏电阻的光谱特性曲线

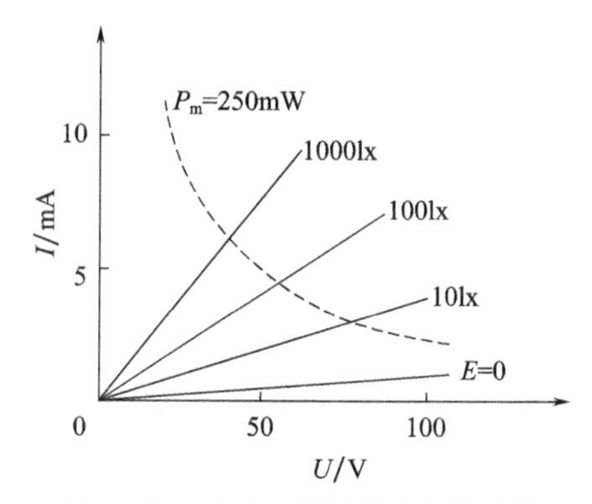

图2－15　光敏电阻的伏安特性曲线

5)频率特性

由于光电导效应的弛豫时间长,故光敏电阻的时间常数比较大,上限截止频率低。图2－16给出了几种光敏电阻的频率特性曲线,其中频率特性最好的

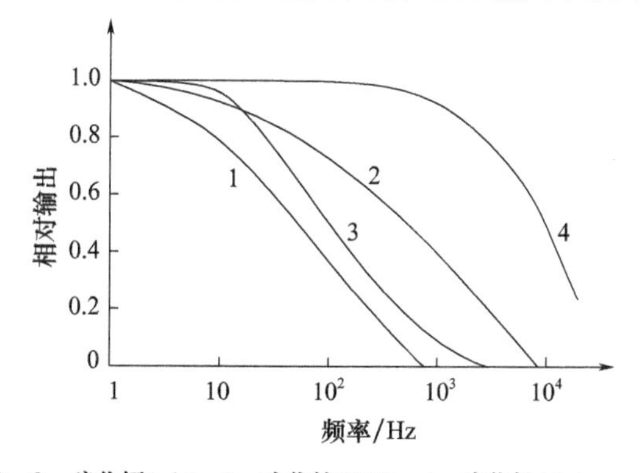

1—硒(Se)；2—硫化镉(cds)；3—硫化铊(TL_2S)；4—硫化铅(pbs)。

图2－16　光敏电阻的频率特性曲线

PbS 光敏电阻的截止频率也不超过 10kHz。

6)温度特性

光敏电阻的温度特性很复杂,在一定的照度下,不同材料的亮电阻的温度系数β有正有负,且

$$\beta=\frac{R_2-R_1}{R_2(T_2-T_1)} \tag{2-50}$$

式中:R_1、R_2 分别为与温度 T_1、T_2 相对应的亮电阻。

温度对光谱响应有影响,为提高稳定性、降低噪声、提高灵敏度,采用冷却装置冷却光敏面是十分必要的。

3. 典型光敏电阻

典型光敏电阻有硫化镉、硒化镉、硫化铅、硒化铅、碲化铅(PbTe)、锑化铟、碲镉汞(HgCdTe)系列、碲锡铅(PbSnTe)系列光敏电阻。其中硫化铅是一种性能优良的近红外辐射探测器,波长响应范围 1~3.4μm,广泛应用于遥感技术和武器红外制导技术。$Hg_{1-x}Cd_xTe$ 系列光敏电阻是性能最优良、最有前途的化合物本征型光电导探测器,是由 HgTe 和 CdTe 两种材料混合制备的固溶体,其中,x 是 Cd 含量的组分比例。$Hg_{0.8}Cd_{0.2}Te$ 的波长响应范围为 8~14μm,工作温度为 77K,广泛应用于 10.6μm 的 CO_2激光探测。

4. 典型偏置电路

1)基本偏置电路

基本偏置电路如图 2-17 所示,R_P 为光敏电阻,R_L 为负载电阻,U_{bb}为偏置电压,U_0 为负载电阻两端电压。

在一定光照范围内光敏电阻阻值不随外电压改变,忽略暗电流,弱光照条件下,由式(2-49)可得:

$$\frac{1}{R_P}=g_P=S_gE \tag{2-51}$$

对式(2-51)求微分,有

$$-\frac{dR_P}{R_P^2}=S_g dE \tag{2-52}$$

所以

$$\Delta R_P=-R_P^2 S_g \Delta E \tag{2-53}$$

式中:负号的物理意义是指电阻值随光照度的增加而减少。

图 2-17 中流过负载电阻的输出电流为

$$I_L = \frac{U_{bb}}{R_L + R_P} \tag{2-54}$$

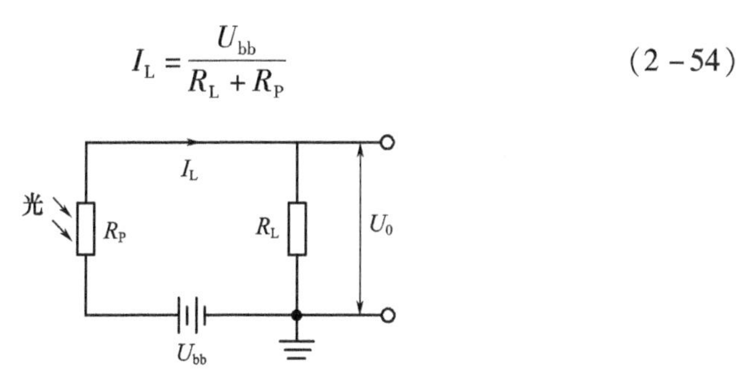

图2-17 基本偏置电路

对式(2-54)求微分,有

$$dI_L = -\frac{U_{bb}dR_P}{(R_L + R_P)^2} \tag{2-55}$$

故光照度变化 ΔE 时,引起输出电流的变化为

$$\Delta I_L = -\frac{U_{bb}\Delta R_P}{(R_L + R_P)^2} \tag{2-56}$$

考虑到式(2-53),输出电压的变化为

$$\Delta U_0 = \Delta I_L R_L = \frac{U_{bb}R_P^2 S_g}{(R_L + R_P)^2} R_L \Delta E \tag{2-57}$$

负载电阻 R_L 的确定有以下两种情况。

(1)检测光照度。

光照度变化 ΔE 一定,使输出电压的变化 ΔU_0 最大,求式(2-57)对 R_L 的一阶导数:

$$\frac{d(\Delta U_0)}{dR_L} = \frac{U_{bb}R_P^2 S_g \Delta E}{(R_L + R_P)^2}\left(1 - \frac{2R_L}{R_L + R_P}\right) \tag{2-58}$$

令 $d(\Delta U_0)/dR_L = 0$,于是有

$$R_L = R_P \tag{2-59}$$

(2)光照度跳跃变化。

光敏电阻在两个工作状态下跳跃,对应阻值为 R_{P1} 和 R_{P2},对应输出电流变化为

$$I_{L1} - I_{L2} = \frac{U_{bb}}{R_L + R_{P1}} - \frac{U_{bb}}{R_L + R_{P2}} = \frac{(R_{P2} - R_{P1})U_{bb}}{(R_L + R_{P1})(R_L + R_{P2})} \tag{2-60}$$

对应输出电压变化为

$$U_1 - U_2 = (I_{L1} - I_{L2})R_L = \frac{(R_{P2} - R_{P1})R_L U_{bb}}{(R_L + R_{P1})(R_L + R_{P2})} \tag{2-61}$$

希望输出电压变化最大，求式(2－61)对 R_L 的一阶导数：

$$\frac{d(U_1-U_2)}{dR_L}=\frac{(R_{P2}-R_{P1})U_{bb}}{(R_L+R_{P2})^2(R_L+R_{P1})^2}(R_{P1}R_{P2}-R_L^2) \tag{2-62}$$

令 $d(U_1-U_2)/dR_L=0$，于是有

$$R_L=\sqrt{R_{P1}R_{P2}} \tag{2-63}$$

2）恒流偏置电路

如图2－18(a)所示，稳压管 VD 使晶体管 VT 的基极电压 U_b不变，进而使基极电流 I_b不变和集电极电流 I_c不变，即光敏电阻被恒流偏置。光照度的变化仅引起电压 U_0的变化，且

$$\Delta U_0=-I_c\Delta R_P \tag{2-64}$$

考虑到 $I_c\approx U_b/R_e$ 及式(2－54)，有

$$\Delta U_0=\frac{U_b}{R_e}R_p^2S_g\Delta E \tag{2-65}$$

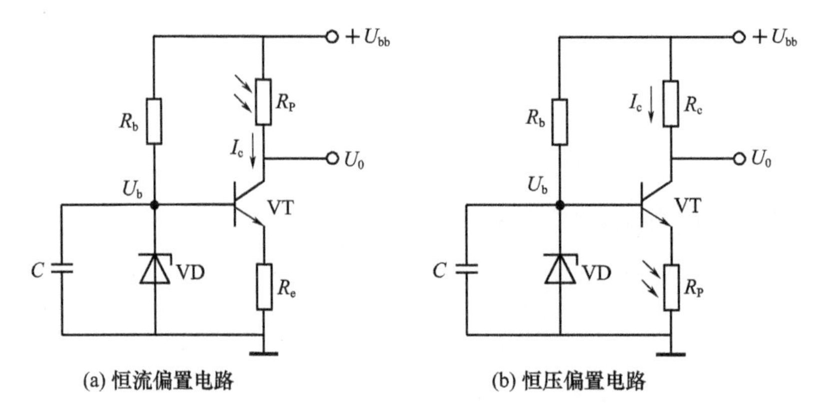

图2－18　晶体管恒流和恒压偏置电路

3）恒压偏置电路

如图2－18(b)所示，稳压管 VD 使晶体管 VT 的基极电压 U_b 不变，光敏电阻被恒压偏置。光照度的变化仅引起 I_c 的变化，且

$$\Delta U_0=-\Delta I_cR_c \tag{2-66}$$

忽略晶体管发射结(基射结)压降时，考虑到 $I_c\approx S_gEU_b$，有

$$\Delta U_0=-S_gU_bR_c\Delta E \tag{2-67}$$

由式(2－67)知，恒压偏置电路的输出电压信号与光敏电阻的阻值大小无关，即电压灵敏度 $\Delta U_0/\Delta E$ 与光敏电阻的阻值 R_P 无关。也就是说，不因探测器阻值变化而影响系统的标定值，故检测系统中常采用恒压偏置电路。

须说明的是，恒流和恒压偏置电路中，电容 C 是滤波电容以消除交流干扰。

2.3.3　光伏探测器的工作模式

一个 PN 结光伏探测器等效为一个普通的二极管和恒流源（光电流源）的并联，如图 2－19（a）所示，其工作模式由外偏压回路决定。图 2－19（b）所示的零偏压方式称为光伏工作模式，图 2－19（c）所示的反偏压方式，即外加偏压 P 端为负、N 端为正，称为光导工作模式。

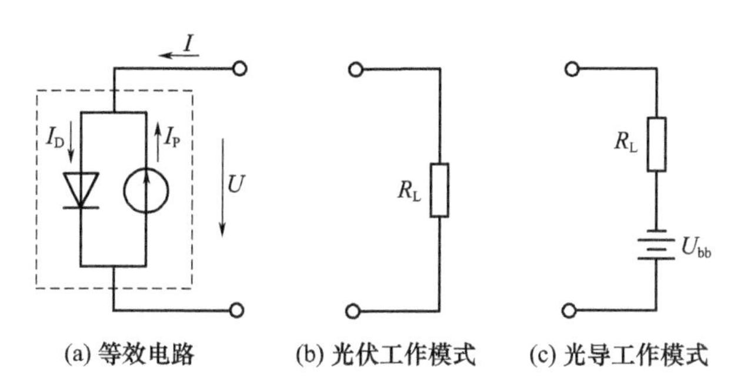

图 2－19　光伏探测器的等效电路和工作模式

设 P 区流向 N 区的电流为正，普通二极管的伏安特性为

$$I_D = I_s\left[\exp\left(\frac{qU}{kT}\right) - 1\right] \tag{2-68}$$

光伏探测器的总电流为

$$I = I_D - I_P = I_s\left[\exp\left(\frac{qU}{kT}\right) - 1\right] - I_P \tag{2-69}$$

式中：I_s 为器件不受光照时的反向饱和电流；I_P 为光电流；q 为电子电荷；U 为探测器两端电压；k 为玻尔兹曼常量；T 为热力学温度。

根据式（2－69），可得到光伏探测器的伏安特性曲线如图 2－20 所示。

由图可知，第一象限是正偏压状态，I_D 很大，光电流 I_P 不起重要作用，光伏探测器相当于普通的光电二极管。第三象限是反偏压状态，I_D 的流向和光电流 I_P 相同，大小等于普通二极管的反向饱和电流 I_s，现称为暗电流（对应于光照度 $E=0$），但数值很小。此时，流过探测器的总电流为 $I = I_s + I_P$，且为反向电流，其中光电流占主要部分，可实现光电探测。由于该情况下的外回路特性与光电导探测器十分相似，故称为光导工作模式，对应的光伏探测器称为光电二极管。在第四象限中外偏压为零，流过探测器的电流仍为反向光电流，随着光照度的不同呈现明显的非线性。此时探测器的输出是通过负载电阻 R_L 上的电压或电流来体现的，故称为光伏工作模式，对应的光伏探测器称为光电池。应特别注意，光电流在 R_L 上的电压降对探测器产生正向偏置称为自偏置，当然要产生正向电流，最终与反向光电流抵消，伏安特性曲线止于横轴。

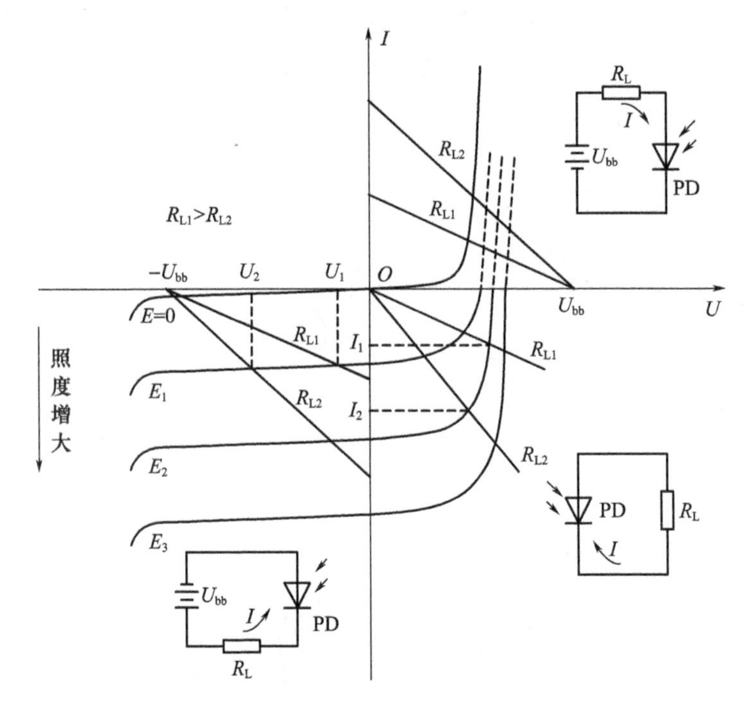

PD—光伏探测器； U_{bb}—电源电压;R_L—负载电阻。

图 2-20　光伏探测器的伏安特性曲线

伏安特性曲线与电压轴的交点称为开路电压 U_{oc}，令 $I=0$，由式(2-69)可知：

$$U_{\infty}=\frac{kT}{q}\ln\left(\frac{I_P}{I_s}+1\right)\approx\frac{kT}{q}\ln\left(\frac{I_P}{I_s}\right) \tag{2-70}$$

伏安特性曲线与电流轴的交点称为短路电流 I_{sc}，令 $U=0$，由式(2-69)可知：

$$I_{sc}=-I_P=-S_E E \tag{2-71}$$

式中：S_E 为光照灵敏度；E 为照度。

开路电压 U_{∞} 和短路电流 I_{sc} 是光伏探测器的两个重要参数，在一定温度下，U_{∞} 与光照度 E 成对数关系，但其最大值不超过 PN 结接触电势差；弱光照射下，I_{sc} 与光照度 E 有线性关系。

2.3.4　光电池

光电池是一种利用光生伏特效应制成的不需加偏压就能将光能转化成电能的光电器件，其本质就是一个PN结。光电池的种类很多，如硅光电池、硒光电池、锗光电池、氧化亚铜光电池、砷化镓光电池和硫化镉光电池等。其中硅光电池光电转换效率高、光谱响应宽（非常适合近红外探测）、稳定性好、寿命长、价格低且能耐高能辐射，是目前应用最广的光伏探测器。

1. 结构及原理

按照基片材料不同，硅光电池可分为2DR型和2CR型两种。2DR型光电池是以P型硅为基片（衬底），在基片上扩散磷形成N型薄膜，构成PN结，受光面是N型层。2CR型是N型硅片上扩散硼，形成薄P型层，构成PN结，受光面是P型层。2DR型光电池结构如图2-21所示。受光面上的电极称为前极或上电极，大面积光敏面采用栅状电极，以减少遮光，减少表面接触电阻。基片电极称为后极或下电极。在受光面上涂有SiO_2、MgF_2、Si_3N_4和SiO_2-MgF_2等增透膜，以减少反射光，增加透射光，同时也可以起到防潮、防腐蚀的保护作用。

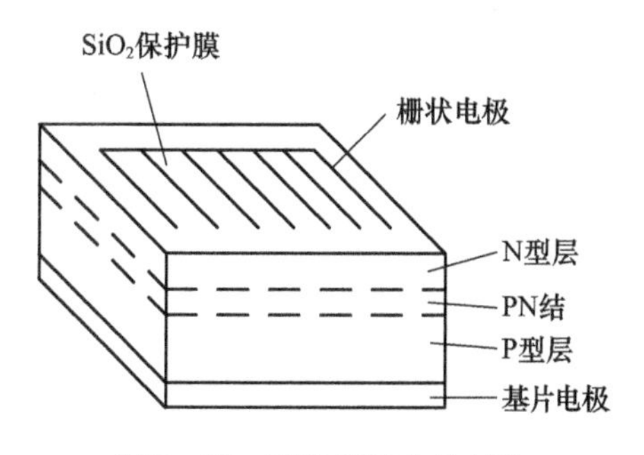

图2-21　2DR型光电池结构

光电池在光照下能够产生光生电动势，光电流在结内的流动方向为从N指向P，在结外的流动方向为从P端流出，经过外电路，流入N端。光电池的等效电路如图2-22所示。图中：I_P为等效恒流源的光电流，I_D为流过等效二极管的电流，C_j为结电容，R_{sh}为泄漏电阻（结电阻），R_s为引出电极-管芯接触电阻，R_L为负载电阻。考虑到R_{sh}很大、R_s很小，忽略二者的影响，可得到其简化等效电路。

2. 主要特性参数

1）光电特性

由式（2.70）、式（2.71）可知，光电池的开路电压与光电流的对数成正比；当受光面积一定时,光电池的开路电压 U_{oc} 与入射光照度 E 的对数成正比,短路电流 I_{sc} 与入射光照度 E 成线性关系,如图 2-23 所示。同样当光照度一定时,U_{oc} 与受光面积的对数成正比,I_{sc} 与受光面积成线性关系。

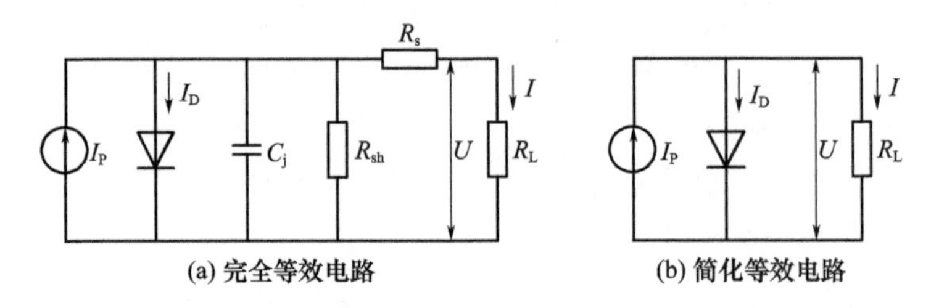

图 2-22　光电池的等效电路

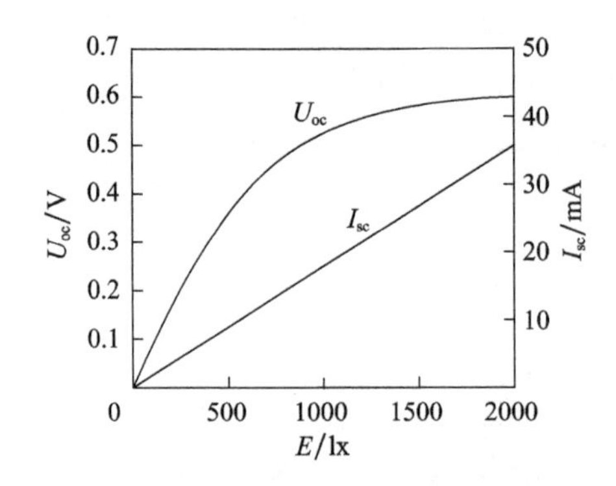

图 2-23　光电池的 U_{oc}、I_{sc} 与照度 E 的关系

硅光电池的开路电压一般为 0.45~0.6V,最大不超过 0.756V,因为它不能大于 PN 结热平衡时的接触电势差。硅光电池的短路电流可达 35~40mA/cm^2。光电池在不同负载下的光电特性如图 2-24 所示,光电流在弱光照射下与光

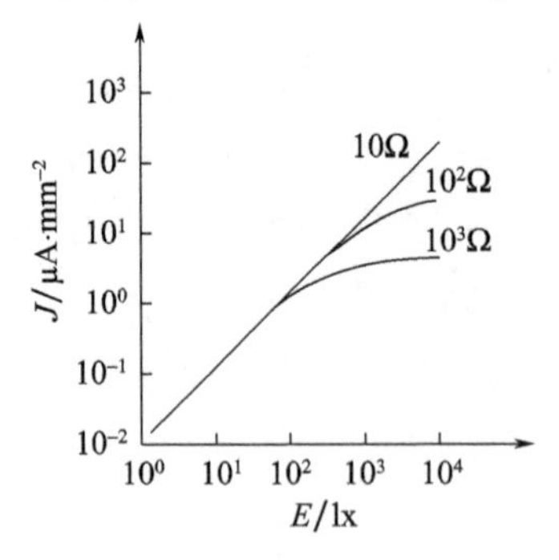

图 2-24　光电池在不同负载电阻下的光电特性(对数坐标)

照度成线性关系，在光照度增加到一定程度后，输出电流出现饱和。且负载电阻大时，容易出现饱和；负载电阻小时，能够在较宽的范围内保持线性关系。

2）伏安特性

图2－25给出了不同照度时的伏安特性曲线，光电池一般工作在第四象限。当光照度一定时，光电池两端接负载电阻R_L，若希望获得最大功率，即电流I和电压U的乘积取最大值，应适当选取负载电阻值。如图2－25所示，过与照度对应的伏安特性曲线的开路电压（$U_{\infty 4}$）和短路电流（I_{sc4}）作特性曲线的切线，其交点Q与原点O的连线即为最佳负载线。该直线与特性曲线交于点P_M，对应的输出电流和电压分别为I_M和U_M，最大输出功率$P_M = U_M I_M$，最佳负载电阻$R_M = U_M / I_M$。需说明的是，即使对于同一光电池，照度不同时，最佳负载电阻R_M也不同。

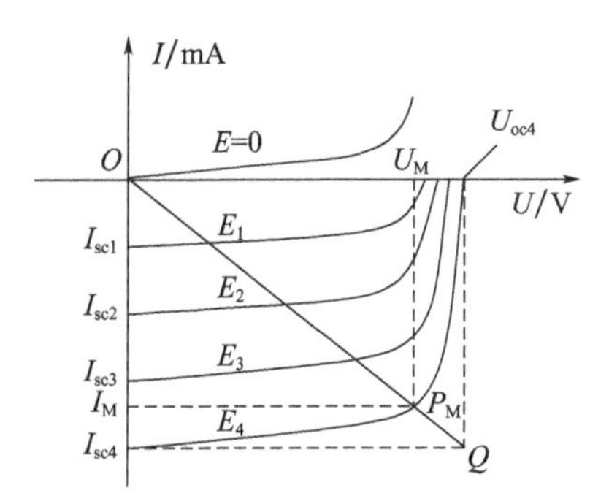

图2－25　光电池的伏安特性曲线

3）光谱特性

硅光电池的光谱响应范围为0.4～1.1μm，峰值波长为0.8～0.9μm。硒光电池的光谱响应范围为0.34～0.75μm，峰值波长为0.54μm。光电池光谱范围的长波阈取决于材料的禁带宽度，短波阈受材料表面反射损失的限制，其峰值波长不仅与材料有关，而且随制造工艺及使用环境温度不同而有所移动。若采用浅的PN结和表面处理，短波响应可以有所改善。

4）频率特性

光电池的响应时间由PN结电容和负载电阻R_L的乘积决定，而结电容与器件面积成正比，在要求频率特性较高的测量电路中，宜选择小面积的光电池。

表2－2给出了几种国产硅光电池的主要特性参数。

表 2-2　几种国产硅光电池的主要特性参数

型号	开路电压/mV $t=30℃$, $E=1000W/m^2$	短路电流/mA $t=30℃$, $E=1000W/m^2$	输出电流/mA $t=30℃$, $E=1000W/m^2$, 输出电压 400mV 以下	转换效率/%	尺寸/mm
2CR11	450~600	2~4		>6	2.5×5
2CR21	450~600	4~8		>6	5×5
2CR31	450~600	9~15	6.5~8.5	6~8	5×10
2CR32	550~600	9~15	8.6~11.3	8~10	5×10
2CR41	450~600	18~30	17.6~22.5(18~18.5)	6~8	10×10
2CR42	500~600	18~30	22.5~27(18~22.5)	8~10	10×10
2CR51	450~600	36~60	35~45	6~8	10×20
2CR61	450~600	40~65	30~40	6~8	φ17
2CR62	500~600	40~65	40~51	8~10	φ17
2CR81	450~600	88~140	66~85	6~8	φ25
2CR82	500~600	88~140	85~110	8~10	φ25
2CR101	450~600	173~288	130~257	>6	φ35

3. 光电池线性输出电路

图 2-26 为光电池线性输出电路,放大器输出电压:

$$U_0 = -I_P R_f = -S_E E R_f \tag{2-72}$$

即输出电压与光照度成线性关系。为降低高频噪声,在反馈电阻 R_f 上并联电容 C_f。

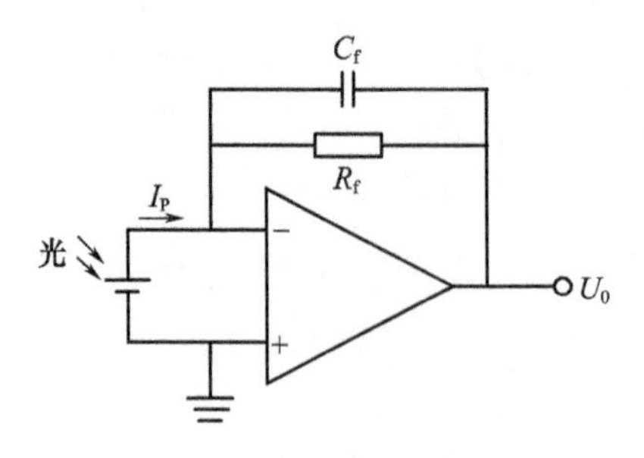

图 2-26　光电池线性输出电路

2.3.5 光电二极管

光电二极管和光电池的基本结构都是一个PN结，均是基于光生伏特效应原理工作的。但其与光电池的不同在于：①结面积比光电池小，输出电流小，一般为数微安到数十微安，且结电容小，频率特性好；②电阻率比光电池高，二者分别为1000 Ω/cm和0.01～0.1 Ω/cm；③制作衬底材料的掺杂浓度比光电池低，二者分别为10^{12}～10^{13}原子数/cm^3和10^{16}～10^{19}原子数/cm^3；④光电池在零偏置下工作，光电二极管常在反向偏置下工作。由于半导体硅的温度系数小，工艺最成熟，因此实际中多使用硅光电二极管。

1. 结构及原理

根据衬底材料的不同，硅光电二极管可分为2CU和2DU两种类型，其结构和符号如图2－27所示。2CU型采用N型单晶硅和硼扩散工艺，称为P^+N结构；2DU型采用P型单晶硅和磷扩散工艺，称为N^+P结构，光敏芯区外侧的N^+环区称为保护环，其目的是切断感应表面层漏电流，使暗电流明显减少。2CU型光电二极管只有两个引出线，2DU型光电二极管则有三个引出线，除了前极和后极外，还设有一个环极。

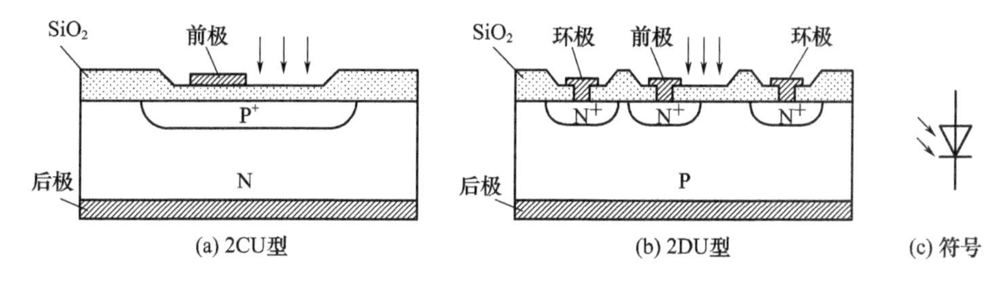

图2－27 光电二极管的结构和符号

光电二极管工作在反偏压状态，流过等效二极管的电流I_D相当于暗电流，且数值很小，故略去I_D的影响，其等效电路如图2－28所示。图中：I_P为等效恒

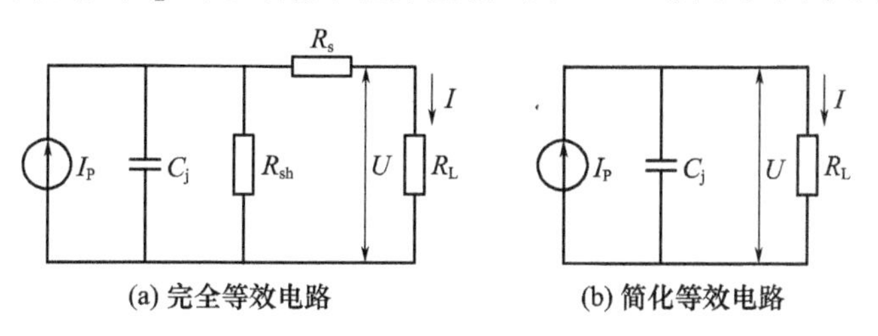

图2－28 光电二极管的等效电路

流源的光电流，C_j 为结电容，R_{sh}为泄漏电阻（结电阻），R_s 为体电阻和电极接触电阻（串联电阻），R_L 为负载电阻。考虑到 R_{sh}很大、R_s 很小，忽略二者的影响，可得到其简化等效电路。

2. 主要特性参数

1）光电特性

光电二极管的光电特性曲线如图 2－29 所示，在较小的负载电阻下，光电流与入射光照度成正比，表现出非常好的线性。一般地，硅光电二极管的电流灵敏度多在 0.4～0.5 μA/μW 数量级，适用于光度量的测量，且应用广泛。

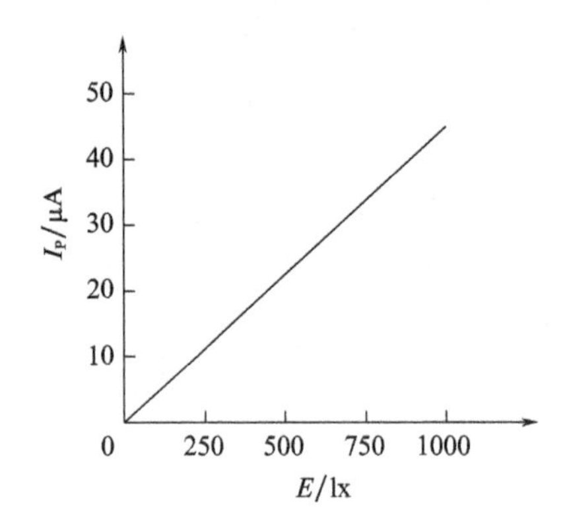

图 2－29　光电二极管的光电特性

2）伏安特性

光电二极管在反偏压下工作，光电流 I_P、暗电流 I_D 都是反向电流。为符合观察习惯，常将图 2－20 的 I 和 U 倒转，使其第三象限的伏安特性曲线翻转到第一象限中，如图 2－30 所示。由图可知，在低反向电压下，光电流随电压的

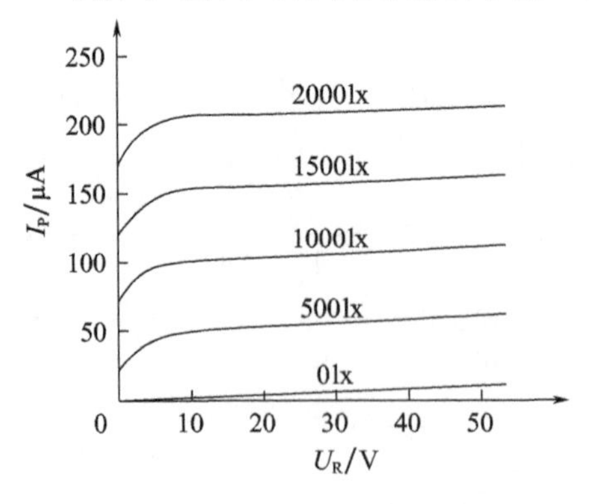

图 2－30　光电二极管的伏安特性

变化比较敏感，因为反向电压的施加，加大了耗尽层的宽度，即电场强度，提高了光吸收效率和对载流子的收集系数。当反向电压进一步加大时，对光生载流子的收集达到极限，光生电流趋向于饱和，且饱和电流仅取决于入射的光照强度。

3）光谱特性

图2－31给出了锗和硅两种光电二极管的光谱特性曲线。锗光电二极管的光谱响应范围约为0.4～1.5μm，峰值波长为1.4～1.5μm。硅光电二极管的光谱响应范围为0.4～1.1μm，峰值波长为0.8～0.9μm。

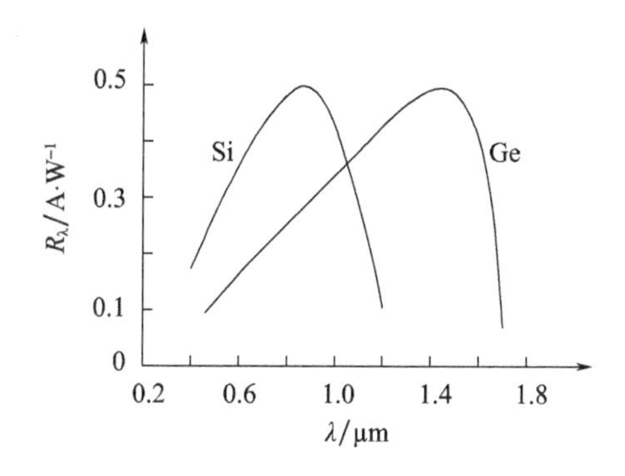

图2－31　锗和硅光电二极管的光谱特性曲线

4）频率特性

光电二极管的频率响应主要由载流子的渡越时间和RC时间常数来决定。要得到较高的频率响应，必须做到：①合理的结面积；②尽可能大的耗尽层厚度；③适当加大使用电压；④减小结构所造成的分布电容。

表2－3给出了几种国产硅光电二极管的主要特性参数。

表2－3　几种国产硅光电二极管的主要特性参数

型号	最高工作电压/V	暗电流/μA	光电流/μA	电流灵敏度/(μA/μW)	结电容/pF	响应时间/μs
	I_d<0.2μA E<1mW/m^2	$U=U_{max}$	$U=U_{max}$	$U=U_{max}$ λ=0.9μm	$U=U_{max}$	$U=U_{max}$ R_L=100Ω
2CU1A	10	≤0.2	>80	>0.5	≤5	0.1
2CU1B	20	≤0.2	>80	>0.5	≤5	0.1
2CU1C	30	≤0.2	>80	>0.5	≤5	0.1
2CU1D	40	≤0.2	>80	>0.5	≤5	0.1
2CU1E	50	≤0.2	>80	>0.5	≤5	0.1

续表

型号	最高工作电压/V	暗电流/μA	光电流/μA	电流灵敏度/(μA/μW)	结电容/pF	响应时间/μs
	$I_d < 0.2\mu A$ $E < 1mW/m^2$	$U = U_{max}$	$U = U_{max}$	$U = U_{max}$ $\lambda = 0.9\mu m$	$U = U_{max}$	$U = U_{max}$ $R_L = 100\Omega$
2CU2A	10	≤0.1	>30	>0.5	<5	0.1
2CU2B	20	≤0.1	>30	>0.5	<5	0.1
2CU2C	30	≤0.1	>30	>0.5	<5	0.1
2CU2D	40	≤0.1	>30	>0.5	<5	0.1
2CU2E	50	≤0.1	>30	>0.5	<5	0.1

3. 偏置电路

光电二极管的偏置电路如图 2-32 所示，均采用反向偏置电压。需说明的是，2DU 型的环极接电源正极，后极接电源负极，前极通过负载 R_L 接电源正极，保证环极电位高于前极。该接法可使负载电阻 R_L 中的暗电流很小，一般小于 0.05μA。也可以不要环极，除暗电流增大外别无影响。

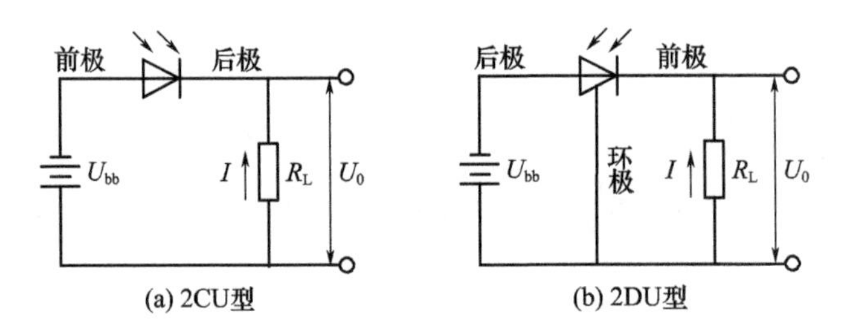

图 2-32　光电二极管的偏置电路

2.3.6　PIN 光电二极管

PIN 光电二极管是在 P 型半导体和 N 型半导体之间夹着一层（相对）很厚的本征型半导体（称为 I 层），其管芯结构和电场分布如图 2-33 所示。I 层的作用包括：①由于本征材料的电阻率很高，外加反偏压的大部分降落在 I 层，使耗尽区增大，展宽了光电转换的有效工作区域，提高了量子效率和灵敏度。② I 层的存在，使击穿电压不再受基体材料的限制，用低电阻率的基体材料，仍可承受较高的反向偏压，使线性输出范围变宽，而且减少了串联电阻和时间常数。③器件的光电转换过程主要发生在 I 层及距离 I 层一个扩散长度以内的区域中，又因为 I 层工作在反向，实际上是一个强电场区，可以对少数载流子起加速作用。适当加宽I层,几乎不影响少数载流子的渡越时间,这就提高了响应速度。④反偏压下,耗尽区宽度较无I层时要大得多,从而使结电容减少,提高了器件的频率响应。性能良好的PIN光电二极管,其扩散和漂移时间一般在10^{-10}s量级,结电容一般可控制在10pf量级。PIN管的最大特点是频带宽,可达10GHz。不足的是,I层电阻很大,管子的输出电流小,一般多为零点几微安至数微安。目前已有将PIN管与前置运算放大器集成在同一硅片上并封装于一个管壳内的商品出售。

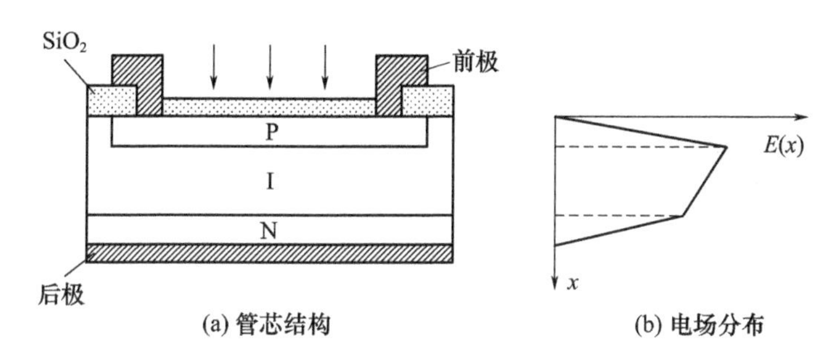

图2-33　PIN光电二极管的管芯结构和电场分布

表2-4给出了几种国外产的低噪声型PIN光电二极管的主要特性参数。

表2-4　几种国外产的低噪声型PIN光电二极管的主要特性参数

型号	电流灵敏度/(A/W)	暗电流/nA	结电容/pF (f_m=100kHz)		响应时间/ns (λ=0.85μm, R_L=50Ω)			R_{sh}/MΩ	NEP/(W/$Hz^{1/2}$)	尺寸/mm
	λ=0.9μm	U=10V	U=0V	U=10V	U=0V	U=10V	U=80V	U=10mV		
PC1-6	0.64[①]	0.05	15	3	2.0μs	10	5	>2000	6.5×10^{-15}	ϕ1.13
PC2-6	0.64	0.1	30	5	2.0μs	12	5	>2000	0.9×10^{-14}	ϕ1.60
PC5-6	0.64	0.1	65	10	2.0μs	13	6	>2000	1.5×10^{-14}	ϕ2.52
PS7-6	0.64	0.1	65	12	2.0μs	15	6	750	1.5×10^{-14}	2.66×2.66
PC10-6	0.64	0.2	100	18	2.0μs	20	6	1500	1.5×10^{-14}	ϕ3.57
PC20-6	0.64	0.2	220	35	2.0μs	25	6	750	2.0×10^{-14}	ϕ5.05
PC50-6	0.64	0.5	480	100	2.0μs	30	7	300	2.5×10^{-14}	ϕ7.98
PC100-6	0.64	1.0	900	170	2.0μs	40	7	150	4×10^{-14}	ϕ11.28
PS100-6	0.64	0.5	900	160	2.0μs	50	7	200	3×10^{-14}	10×10

注:①典型值。

2.3.7 雪崩光电二极管

雪崩光电二极管(Avalanche Photon Diode,APD)是利用PN结在高反向电压下产生载流子的雪崩效应来工作的一种光伏器件。其自身有电流增益,具有响应度高、响应速度快的特点,通常工作在很高的反偏压状态。

雪崩光电二极管的工作电压约为100~200V,接近于反向击穿电压。结区内电场极强,光生载流子在该强电场作用下加速运动并获得很大的动能,与晶格原子碰撞使原子发生电离,产生新的电子-空穴对,新产生的电子-空穴对在向电极运动过程中又获得足够能量,再次与晶格原子碰撞,又产生新的电子-空穴对。这一过程不断重复,使PN结内电流急剧倍增,形成所谓雪崩倍增效应。APD管的内增益可达到几百,当电压等于反向击穿电压时,电流增益可达10^6,响应速度也特别快,带宽可达100GHz,是目前响应速度最快的一种光电二极管。

要保证载流子在整个光敏区的均匀倍增,必须采用掺杂浓度均匀且缺陷少的衬底材料,同时在结构上采用"保护环"。保护环的作用是增加高阻区宽度,减少表面漏电流,避免边缘过早击穿。

图2-34给出了雪崩光电二极管的电流-电压曲线。当外加偏压U_R较低时,APD管的表现无异于普通的光电二极管,没有电流倍增现象。当U_R增加以后,逐渐出现电流倍增现象。当偏压增至接近击穿电压U_B时,光电流得到很大的倍增。当偏压U_R继续增加超过U_B以后,APD管的自身暗电流急剧上升而使光电流急剧减小,噪声电流很大,此时器件会发生击穿。

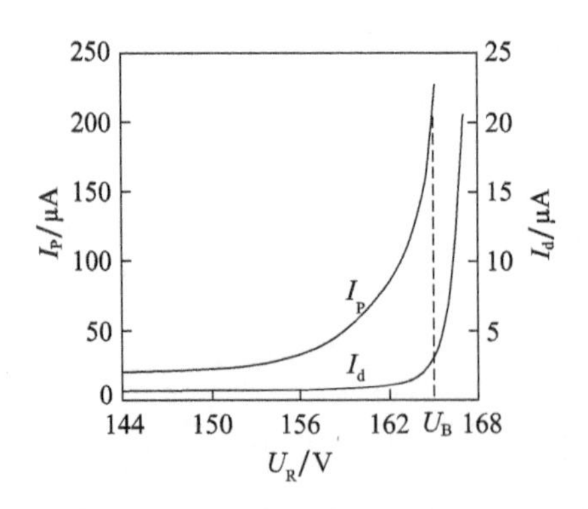

图2-34 雪崩光电电二极管的电流-电压曲线

雪崩光电二极管的主要缺点是噪声大。由于雪崩反应是随机的,特别是工作电压接近或等于反向击穿电压时,噪声可增大到放大器的噪声水平,以至于无法使用。此外,其制作工艺要求高,稳定性差,受温度影响大。

由于雪崩光电二极管的击穿电压随温度变化而变化，为充分发挥其内增益，必须选用专用的电路。当环境温度恒定时，采用图2－35(a)所示电路。图中：W_1 和 W_2 组成分压器，分别为粗调和细调电位的变阻器，以便准确地将APD管的工作点调节到所需偏压；R_1 为限流电阻，对APD管起保护作用。当环境温度变化较大时，采用图2－35(b)所示的温度补偿电路。图中：一个APD管作为补偿二极管，工作在避光和恒电流的雪崩状态下，温度的变化将改变补偿二极管的工作偏压，从而用来调节接收光信号的APD管的工作偏压，以达到补偿作用。该电路有可能在－40～70℃范围内满意地控制倍增因子。

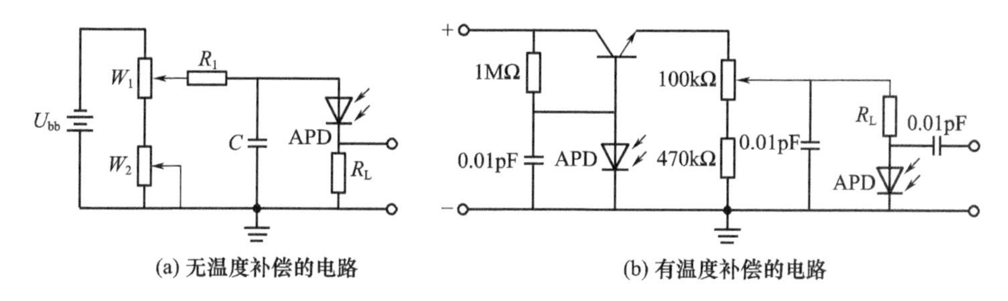

(a) 无温度补偿的电路　　(b) 有温度补偿的电路

图2－35　雪崩光电二极管的两种使用电路

2.3.8　象限探测器

象限探测器是利用光刻技术将一个方形或圆形的光敏面分隔成几个面积相等、形状相同、位置对称的区域(背面仍为整片)，形成性能参数极为相近的光电器件组合件，主要有硅光电池、硅光电二极管、硅光电三极管和光敏电阻等组合件。象限之间的间隔称为死区，工艺上要求做得很窄。象限探测器常用于激光瞄准、制导跟踪及探索装置、激光微定位、位移监控等精密测量系统。几种典型的象限探测器如图2－36所示。

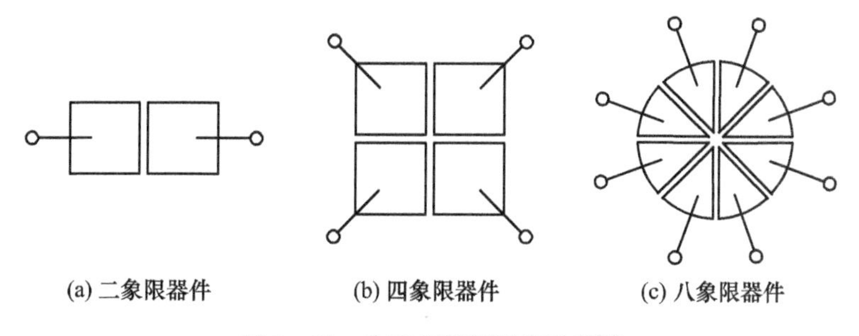

(a) 二象限器件　　(b) 四象限器件　　(c) 八象限器件

图2－36　典型象限探测器示意图

1. 二象限探测器

二象限探测器具有一维位置的检测功能。当被测光斑落在二象限器件的光敏面上时,光斑偏离的方向或大小可被如图 2-37(b)所示的电路检测出来。若光斑偏向 P_2 区域,P_2 区的电流大于 P_1 区的电流,放大器的输出电压 U_0 为正电压;反之,若光斑偏向 P_1 区域,输出电压 U_0 为负电压。而电压值的大小反映光斑偏离的程度。

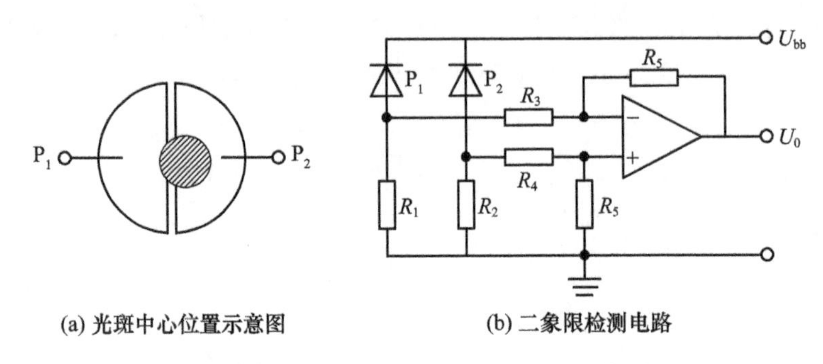

(a) 光斑中心位置示意图　　(b) 二象限检测电路

图 2-37　光斑中心位置和二象限检测电路

2. 四象限探测器

四象限探测器具有二维位置的检测功能,可实现光斑在 x、y 两个方向的偏移检测。

1) 和差检测电路

当器件的坐标线和测量系统基准线间成水平安装时,采用如图 2-38 所示的和差检测电路。用加法器先计算相邻象限输出光电信号之和,再计算和信号之差,最后通过除法器得到 x、y 两个方向的偏离信号:

$$u_x = K\frac{(u_1 + u_4) - (u_2 + u_3)}{u_1 + u_2 + u_3 + u_4} \tag{2-73}$$

$$u_y = K\frac{(u_1 + u_2) - (u_3 + u_4)}{u_1 + u_2 + u_3 + u_4} \tag{2-74}$$

式中:u_1、u_2、u_3 和 u_4 为四个探测器经放大后的输出电压值;K 为电路放大系数。

2) 直差检测电路

当器件的坐标线和测量系统基准线间成 45°安装时,采用如图 2-39 所示的直检测电路。在 x、y 两个方向的偏离信号为

$$u_x = K\frac{u_1 - u_3}{u_1 + u_2 + u_3 + u_4} \tag{2-75}$$

$$u_y = K\frac{u_2 - u_4}{u_1 + u_2 + u_3 + u_4} \tag{2-76}$$

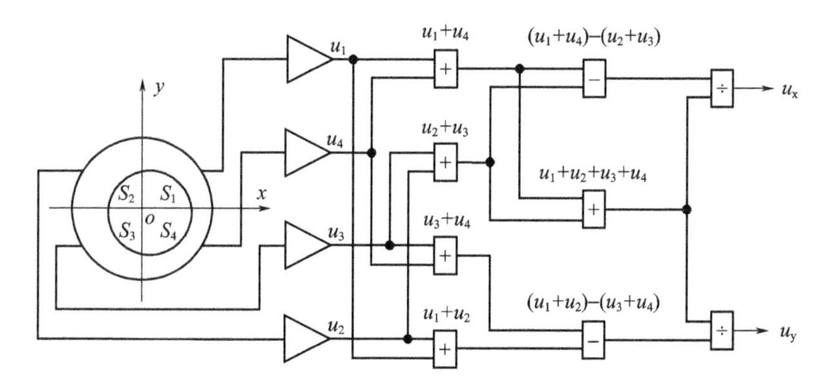

图 2-38　四象限探测器的和差检测电路

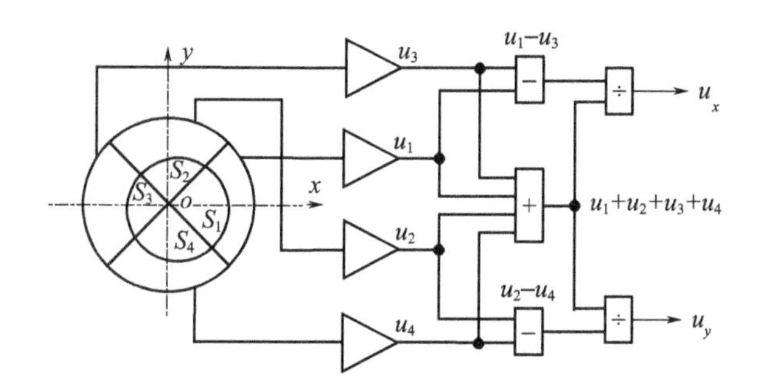

图 2-39　四象限探测器的直差检测电路

以上各式中，除以 $u_1+u_2+u_3+u_4$ 的目的是消除光斑自身总能量变化的影响。

象限探测器有几个明显的缺点：①它需要分割，从而产生盲区，尤其当光斑很小时，盲区的影响更明显；②若被测光斑全部落入某个象限时，输出的电信号无法表示出光斑的位置，因此其测量范围、控制范围均不大；③测量精度受光强变化和漂移的影响，其分辨率和精度受到限制。

2.3.9　光电位置敏感器件

光电位置敏感器件（Position Sensing Detector，PSD）是一种对入射到光敏面上的光点位置敏感的光电传感器件，其输出信号与光点在光敏面上的位置有关。相比于象限探测器，其特点为：①对光斑的形状无严格要求，即输出信号与光斑是否聚焦无关，仅与光斑能量中心位置有关；②光敏面也无须分割，消除了象限探测器盲区的影响；③可连续测量光斑在 PSD 上的位置，且位置测量分辨率高，一维 PSD 可达 0.2 μm；④还可同时检测光强，因输出总光电流与入射光强有关，而各信号电极输出光电流之和等于总光电流。目前 PSD 广泛应用于激光的监控（对准、位移、振动）、平面度与倾斜度的检测、二维位置的检测等，尤其是已研发出 PSD 光电水准仪，可提供高精度的水准、扫平、俯仰、倾斜及方位测量。

1. 一维 PSD

PIN 型一维 PSD 的结构如图 2－40（a）所示。它由三层构成，上面为 P 型层，中间为 I 型层，下面为 N 型层。在 P 型层上设置有两个电极，两电极间的 P 型层除具有接收入射光的功能外，还具有横向的分布电阻特性，即 P 型层不但为光敏面，还是一个均匀的电阻层。

当光束入射到 PSD 光敏层时，在入射位置上产生与光能成正比的信号电荷，此电荷形成的光电流通过电阻层（P 型层）分别由信号电极①和②输出。由于 P 型层的电阻是均匀的，故电极①和电极②输出的电流分别与光点到各电极的距离（电阻值）成反比。设两电极间的距离为 $2L$，流过两电极的电流分别为 I_1 和 I_2，则流过 N 型层上公共电极③的总电流 $I_0 = I_1 + I_2$。若以 PSD 的几何中心点 O 为原点，光斑中心 A 到原点 O 的距离为 x_A，则有

$$I_1 = I_0 \frac{L - x_A}{2L} \tag{2-77}$$

$$I_2 = I_0 \frac{L + x_A}{2L} \tag{2-78}$$

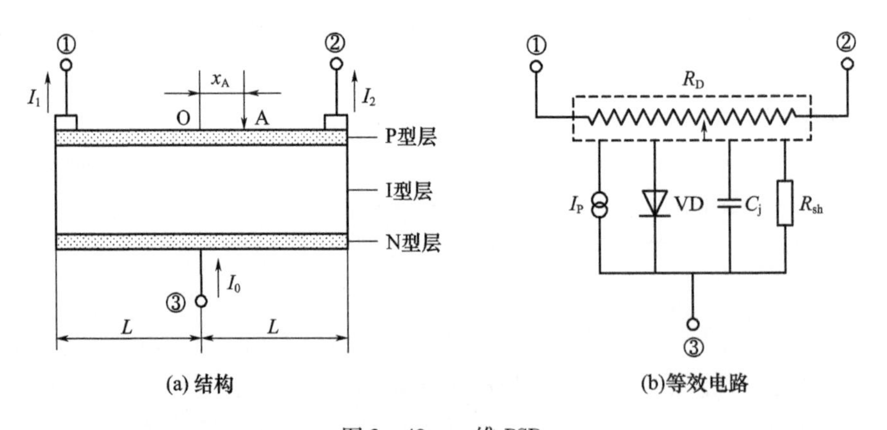

图 2－40　一维 PSD

经推导可得

$$x_A = \frac{I_2 - I_1}{I_2 + I_1} L \tag{2-79}$$

利用式(2－79)即可测出光斑能量中心对于器件中心的位置 x_A，且只与电流 I_1 和 I_2 的和、差及其比值有关，而与总电流无关(与入射光能的大小无关)。

一维 PSD 主要用来测量光斑在一维方向上的位置或位置移动量，其光敏面为细长的矩形条，并可偏压。图 2－40(b)为一维 PSD 的等效电路，其中 R_D 为定位电阻，I_P 为电流源，VD 为理想二极管，R_{sh}为并联电阻，结电容 C_j 是决定器件响应速度的主要因素。

图 2－41 为一维 PSD 位置检测电路原理图。光电流 I_1 经反向放大器 A_1 放大后分别送给放大器 A_3 和 A_4，而光电流 I_2 经反向放大器 A_2 放大后分别送给放大器 A_3 和 A_4，放大器 A_3 为加法电路，完成光电流 I_1 和 I_2 相加的运算(放大器 A_5 用来调整运算后信号的相位)；放大器 A_4 用作减法电路，完成光电流 I_1 和 I_2 相减的运算。最后按式(2－79)求出位置量 x_A。

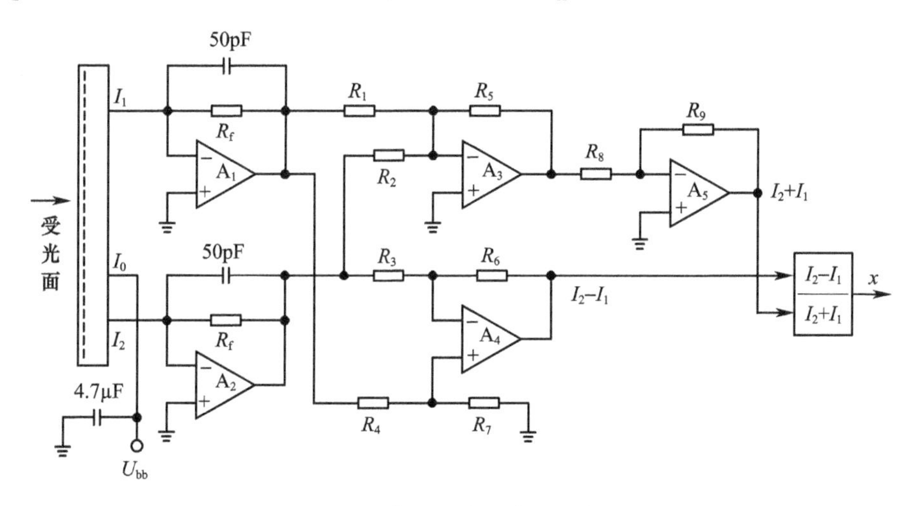

图 2－41　一维 PSD 位置检测电路原理图

2. 二维 PSD

二维 PSD 可用来测量光斑在平面上的二维位置(x、y 坐标值)，其光敏面为正方形，比一维 PSD 多一对电极，如图 2－42(a)所示。光斑中心位置的坐标为

$$x = \frac{I_2 - I_1}{I_2 + I_1}L \tag{2-80}$$

$$y = \frac{I_4 - I_3}{I_4 + I_3}L \tag{2-81}$$

二维 PSD 按其结构可分为两种形式：两面分离型和表面分离型。

两面分离型 PSD 的两对相互垂直的信号电极分别在上下两个表面，两个表面都是均匀电阻层，与光点位置有关的信号电流先在上表面的两个电极①、②上形成电流，汇总后又在下表面的两个电极③、④上形成电流，其等效电路如图 2-42(b) 所示。该形式的 PSD 因电流分路少，故灵敏度较高，位置线性度较高，空间分辨率高。

表面分离型 PSD 的两对相互垂直的信号电极在同一表面上，光电流在同一电阻层内分解成四个部分，分别由四个电极输出，其等效电路如图 2-42(c) 所示。与两面分离型 PSD 相比，具有施加偏压容易、暗电流小和响应速度快等优点。

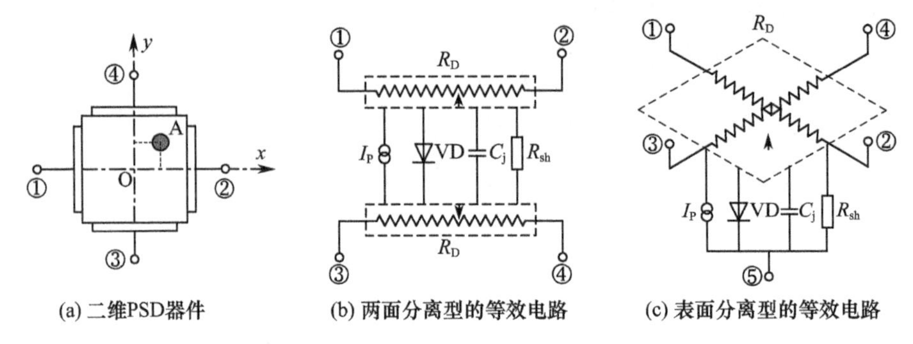

图 2-42　二维 PSD 及其等效电路

一般情况下，靠近器件中心点的光斑位置测量误差很小，距器件中心较远、接近边缘部分时误差较大。为减少这种误差，对表面分离型 PSD 的光敏面和电极进行改进，如图 2-43 所示。光敏面的形状好似正方形产生了枕形畸变，四个引线分别从四个对角线端引出。改进后的等效电路比改进前多了四个相邻电极间的电阻，光斑中心位置的坐标变为

$$x=\frac{(I_2+I_4)-(I_1+I_3)}{I_1+I_2+I_3+I_4}L \tag{2-82}$$

$$y=\frac{(I_1+I_4)-(I_2+I_3)}{I_1+I_2+I_3+I_4}L \tag{2-83}$$

2.3.10　楔环探测器件

楔环探测器件是一种用于光学功率谱探测的阵列光电探测器的组合器件，是在一块 N 型硅衬底上制造出如图 2-44 所示的多个 P 型区，从而构成光电二极管或光电池的楔环状光敏单元阵列。其中，楔形光电探测器件可用来探测光功率谱在角度方向的分布；环形光电探测器件用来探测光功率谱在半径方向的

分布。因此,该探测器可将被测光功率谱的能量密度分布以极坐标的方式表示。目前,楔环探测器件已广泛应用于粒度分析、癌细胞早期诊断识别与一些疑难杂症的诊断技术中。

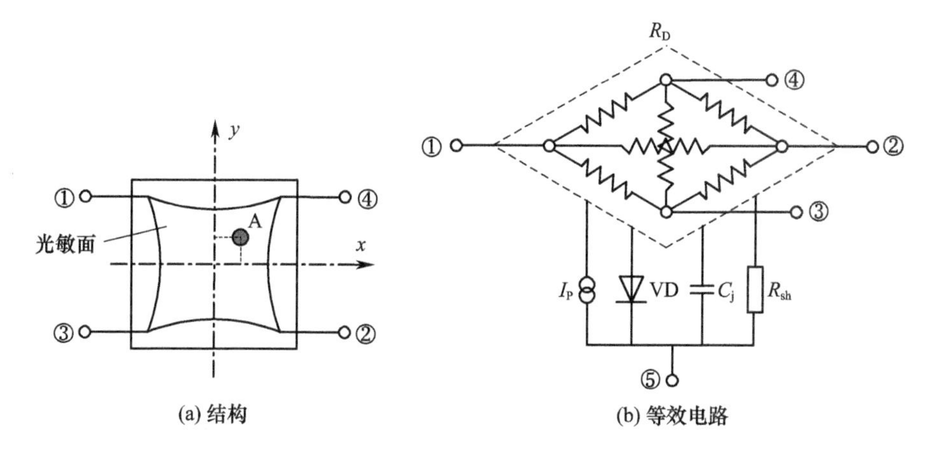

图 2－43　改进表面分离型 PSD

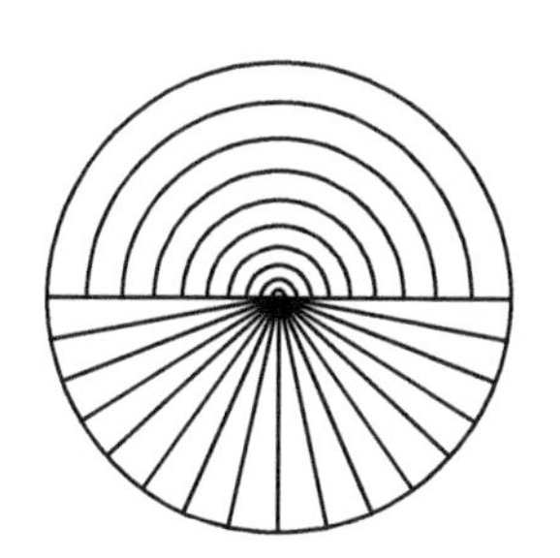

图 2－44　楔环探测器件

第3章　激光干涉测量技术

干涉测量技术是以光波干涉原理为基础进行测量的一门技术。与一般的光学测量技术相比,干涉测量技术具有更高的灵敏度和准确度,绝大部分的干涉测量都是非接触式的,不会对被测件带来表面损伤。由于应用激光器、光电子技术、信号处理技术和计算机技术实现了高分辨率、高准确度的相位细分,不仅进一步提高了干涉测量技术的灵敏度和准确度,还扩大了量程范围,在精密测量、精密加工和实时测控等诸多领域获得了广泛应用。

按光波分光的方法,激光干涉仪有分振幅式和分波阵面式两类。按相干光束传播路径,激光干涉仪可分为共程干涉和非共程干涉两种。按用途又可将激光干涉仪分为两类:一类是通过测量被测波面与参考标准波面产生的干涉条纹的分布及其变形量,求得试样表面微观几何形状、场密度分布和光学系统波像差等,即静态干涉;另一类是通过测量干涉场中指定点的干涉条纹的移动或光程差的变化量,求得试样的尺寸大小、位移量等,即动态干涉。

3.1　基本概念

3.1.1　干涉原理

两个或多个光波(光束)在空间相遇叠加时,在叠加区域内出现的各点强度稳定的强弱分布现象称为光波的干涉。要得到稳定的干涉现象,必须满足所谓的相干条件:①频率相同;②振动方向相同(或有相同的振动分量);③相位差恒定。同时还必须满足两叠加光波的光程差不超过光波的波列长度这一补充条件。

两束相干光波在空间某点相遇而产生的干涉条纹的光强为

$$I = I_1 + I_2 + 2\sqrt{I_1 I_2}\cos\delta \tag{3-1}$$

$$\delta = \frac{2\pi}{\lambda}\Delta \tag{3-2}$$

式中:I_1、I_2分别为两束光的光强;λ为光波长;Δ为两束光到达某点的光程差;δ为对应的相位差。

干涉条纹是光程差相同点的轨迹,对应的亮纹和暗纹方程为

$$\Delta = m\lambda \tag{3-3}$$

$$\Delta = \left(m + \frac{1}{2}\right)\lambda \tag{3-4}$$

式中:m为干涉条纹的级次。

干涉仪中两支光路的光程差可表示为

$$\Delta = \sum_i n_i l_i - \sum_j n_j l_j \tag{3-5}$$

式中:n_i、n_j为干涉仪两支光路的介质折射率;l_i、l_j为干涉仪两支光路的几何路程。

当把被测量引入干涉仪的一支光路中,干涉仪的光程差则发生变化,干涉条纹也随之变化。通过测量干涉条纹的变化量,可以获得与介质折射率n和几何路程l有关的各种物理量和几何量等。

3.1.2 干涉条纹对比度

干涉条纹对比度表征干涉场中某处干涉条纹亮暗反差的程度,其定义为

$$K = \frac{I_{max} - I_{min}}{I_{max} + I_{min}} \tag{3-6}$$

式中:I_{max}、I_{min}分别为静态干涉场中所考察位置附近光强的最大值和最小值,也可理解为动态干涉场中某点的光强最大值和最小值。对比度是目视干涉仪的重要指标,实际测量系统要求$K \geqslant 0.75$。

影响条纹对比度的因素包括相干光束的振幅比(或强度比)、光源的大小(或空间相干性)、光源的单色性(或时间相干性)、相干光束的偏振态差异及杂散光。

3.1.3 相干光束产生的途径

将一束光分成两束光或多束光,并使其相遇产生干涉,从原理上来说有三类方法:分波阵面法、分振幅法和时间分割法。

(1)分波阵面法。

分波阵面法是将一个点光源所发出的波阵面经过反射或折射,分成两个或多个波阵面,使其在叠加区域产生干涉,也称分波前。该方法必须选择大小合

适的光源，才能形成干涉。杨氏双缝干涉、洛埃镜干涉、菲涅耳双面镜干涉和菲涅耳双棱镜干涉采用的就是分波阵面法。

（2）分振幅法。

分振幅法是将一束光的振幅分成两个或多个部分，使其在叠加区域产生干涉。该方法对光源的大小没有限制。迈克尔逊干涉仪、平行平板的双光束和多光束干涉采用的就是分振幅法，常用的分光器有平板分光器和立方体分光器。若通过偏振分光器将一束光分成偏振方向相互垂直的两部分，并利用检偏器或波片等使其在叠加区域产生干涉，则称为分偏振方向。

（3）时间分割法。

全息干涉中将同一束光的不同时刻记录在同一张全息干板上，然后使这些波前同时再现并产生干涉，称为时间分割法。

3.2 激光干涉测量技术基础

3.2.1 激光干涉仪构成

实用激光干涉系统是在迈克尔逊干涉仪的基础上，对影响测量精度的光学和电子学部分进行改进而得到。激光干涉测长系统通常由激光头、干涉仪本体以及光电组合体三部分组成，如图3－1所示。

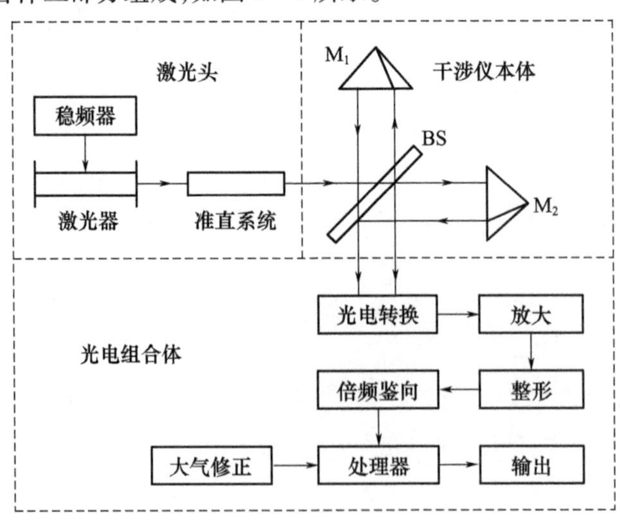

图3－1　激光干涉测长系统的构成

1. 稳频激光器

激光干涉测长系统是以激光的波长为测量的基准,测量精度很大程度上取决于波长的精确程度,这就要求激光器输出的激光频率波动应尽可能小。由激光产生的原理可知,激光的纵模频率为

$$\nu_{\mathrm{q}} = q\frac{c}{2nl} \tag{3-7}$$

式中:q 为模数,是一个整数;c 为光速;n 为介质折射率;l 为激光器的腔长。

但环境温度、振动等因素均有可能使腔长和介质折射率发生变化,甚至引起激光管变形,使得激光器的纵模频率产生波动。普通 He - Ne 激光器的频率稳定度为 10^{-6},难以满足精密测量的要求,故需要对激光器进行稳频。

常用的稳频方法包括被动稳频和主动稳频两种。被动稳频技术采取控制温度、腔体材料互补和防震平台等措施来进行稳频,频率稳定度难以超过 10^{-8}。主动稳频技术选取一个稳定的参考频率标准,当外界因素使激光频率偏离标准频率时,设法鉴别出来,再通过控制系统自动调节腔长,将激光频率恢复到参考频率上,达到稳频的目的。主动稳频技术主要有两类:一类是利用原子谱线中心频率作为鉴别标准进行稳频,如兰姆凹陷稳频法,可使 He - Ne 激光器 0.6328 μm 谱线的频率稳定度达到 $10^{-9} \sim 10^{-10}$;另一类是利用外界参考频率作为鉴别标准进行稳频,如饱和吸收稳频法,其频率稳定度可达到 10^{-12} 以上。

2. 准直系统

为进一步改善激光的方向性,常采用倒置望远镜作为准直系统来压缩激光的发散角,提高条纹的对比度。此外激光作为一个传播波面不同心、变曲率、横向振幅和光强为高斯分布的特殊球面波(高斯球面波),其干涉场与平面波干涉相比,多出了一个附加相位项。在激光超精密测长、精密波长测量和光速测量中,用准直系统来选择转换后高斯光束的束腰尺寸的大小,以减小此附加相位差所引起的测量误差。

3. 分光器

激光干涉仪常需要分光器将一束光分成两束或多束光,常用的分光器主要包括平板分光器、非偏振分光棱镜、偏振分光棱镜。

1)平板分光器

激光干涉仪中使用较多的分光器是镀有半透膜的平板分光器。由于激光具有高亮度的特性,因此分光平板分出的许多非主干涉光束仍能干涉而形成非主干涉条纹,如图 3 - 2 所示。图中,A 面镀有半透膜,由该面反射得到的主双光束 I'_1 和 I'_2 形成主干涉条纹;B 面未镀膜,由该面反射得到的非主双光束 I'_3

和 I'_4 将在干涉场中形成非主干涉条纹。当分光器的厚度 d 较小时，主干涉条纹和非主干涉条纹将发生重叠，使主干涉条纹的对比度下降，影响测量结果。当分光平板存在一定的楔角时，经分光器前后表面反射得到的四束光可看成两组，I'_1 和 I'_3 为一组，I'_2 和 I'_4 为一组，并分别形成与测量镜的运动无关的等厚条纹，这两组固定的干涉条纹也将干扰主条纹，同样也会影响主条纹的对比度。

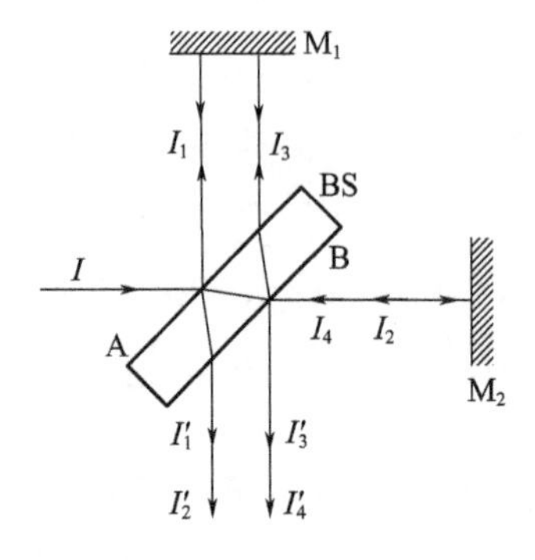

图 3-2　平板分光器

为消除上述干扰因素，可以采用厚度足够的分光平板，使非主双光束 I'_3 和 I'_4 与主双光束 I'_1 和 I'_2 在空间上完全分开，并用光阑将非主双光束 I'_3 和 I'_4 挡住。通过简单的计算可知，为了使非主双光束与主双光束分开，分光平板的厚度应满足：

$$d \geqslant \frac{n\cos i'}{\sin 2i}D \tag{3-8}$$

式中：n 是平板的折射率；i 是入射角；i' 是折射角；D 是入射光束的直径。

图 3-3 所示是双平板分光器，由两块相同的平行平板用加拿大树脂等胶合剂胶合而成，在其中一个胶合面上镀有半透膜，该分光器实质上就是程差补偿板与分光平板的组合体，同时使半透膜层得到了很好的保护。

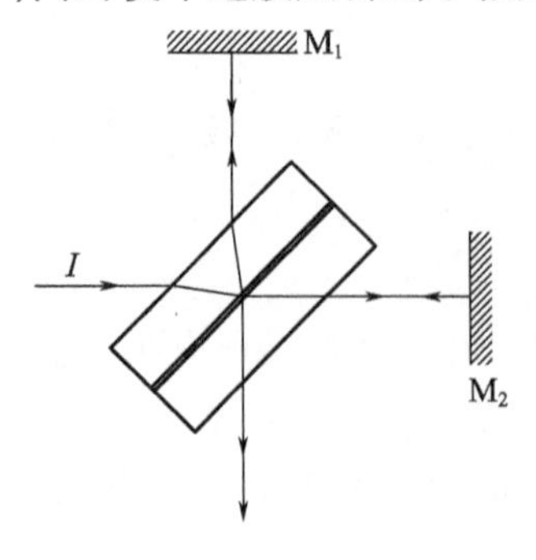

图 3-3　双平板分光器

2）非偏振分光棱镜

在激光干涉仪中，也常采用如图3－4所示的非偏振分光棱镜。这些分光棱镜都由结构对称的两部分胶合而成，在一个胶合面上镀有半透膜。其中斜立方体分光棱镜的每个锥面角都与直角差1°～2°，这样可以消除光束在棱镜直角面反射而产生的有害光线。柯斯特分光棱镜分出的两束光互相平行，故温度变化对两光程差的影响大致相等。

上述非偏振分光棱镜的特点是结构紧凑，半透膜层得到了很好的保护，机械稳定性和热稳定性好，都能用于白光干涉，而且无须另加程差补偿板。

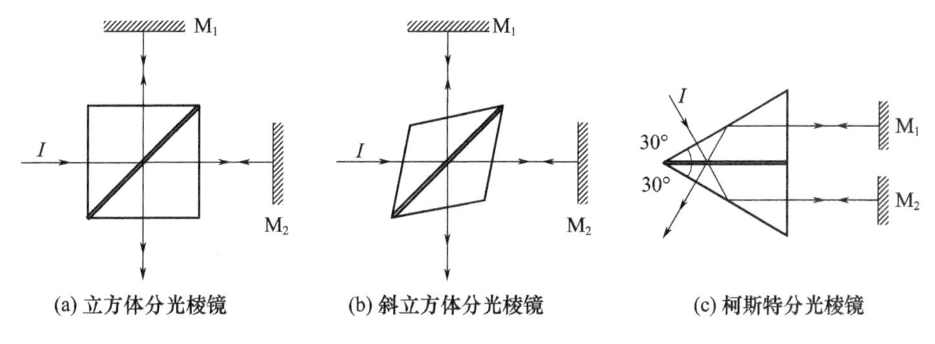

图3－4　非偏振型分光棱镜

3）偏振分光棱镜

在偏振干涉仪中，常使用偏振分光棱镜。偏振分光棱镜由一对高精度直角棱镜胶合而成，其中一个棱镜的斜边上镀有偏振分光介质膜，它能把入射的非偏振光分成两束垂直的线偏光，如图3－5所示。图中，s分量为垂直于入射面振动的线偏振光，又称垂直分量；p分量为平行于入射面振动的线偏振光，又称平行分量。且p分量完全通过，s分量以45°角被反射，出射方向与p分量成90°角。

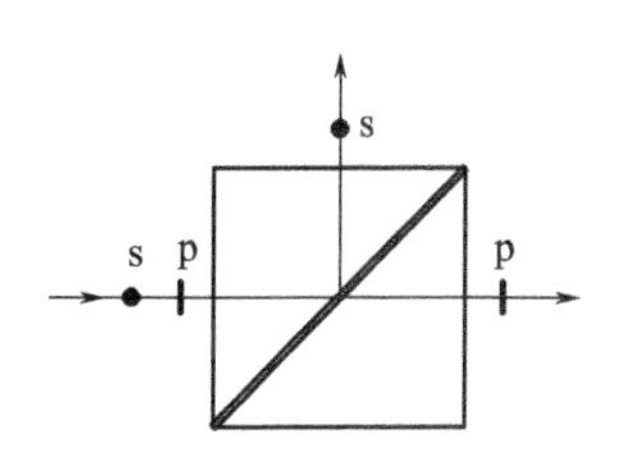

图3－5　偏振分光棱镜

此外，一些由双折射原理产生两个振动方向互相垂直的线偏振光的元件，也可用作偏振干涉仪的分光器，并称为双折射偏振分光棱镜，如图3－6所示。其中，图3－6（a）所示的渥拉斯顿棱镜是由两个形状类似的方解石或石英晶体棱镜胶合而成，且两个棱镜的光轴互相垂直，又都平行于各自的外表面。当自然光垂直入射渥拉斯顿棱镜时，在第一块棱镜中入射光方向与光轴垂直，所产生的寻常光（o光）和非寻常光（e光）分不开，但二者以不同的速度前进（对于方解石

有 $n_e < n_o$，故 $\nu_e > \nu_o$）。在胶合面上，由于光轴方向转变了90°，使得第一块棱镜中的o光变成了第二块棱镜中的e光，第一块棱镜中的e光变成了第二块棱镜中的o光，两光的折射率也发生了相应的变化。对于方解石晶体有 $n_e < n_o$，所以o光变成的e光是光密介质到光疏介质的折射光，故要远离界面的法线折射；而e光变成的o光则是光疏介质到光密介质的折射光，故要靠近界面的法线折射。由此可见，渥拉斯顿棱镜实际上是一个起偏分光器，从它出射的是两束有一定夹角的振动方向正交的线偏振光，且夹角（称为分束角）的大小为

$$\alpha = 2\sin^{-1}[(n_o - n_e)\tan\theta] \tag{3-9}$$

式中：θ为第一个棱镜的顶角。

一般情况下，渥拉斯顿棱镜的分束角不超过20°。需要说明的是，当入射光的位置偏离渥拉斯顿棱镜的中心轴，即入射光位置相对于中心轴上下移动 x（图3-6）时，两出射光束的光程差约为

$$\Delta = 2(n_o - n_e)x\tan\theta \tag{3-10}$$

此外，当入射光不是垂直入射时，上述光程差公式中还需加上一个与入射角平方成比例的项，但由于一般入射角均小于10°，故可以忽略该项。

图3-6(b)所示的洛匈棱镜的作用与渥拉斯顿棱镜类似。该棱镜也是由光轴互相垂直的两个方解石晶体棱镜胶合而成。其中，第一个棱镜的光轴与入射表面垂直，因此当光线垂直入射时，第一个棱镜中实际上不产生双折射效应。另外，由于黏合用胶的折射率与方解石晶体寻常光的折射率 n_o 一样，故对胶合面上的寻常光分量而言，胶合层就像不存在一样，所以寻常光分量将按入射方向直线传播。由此也可以想到，洛匈棱镜的第一个方解石棱镜完全可以用一个折射率与方解石晶体相等的普通玻璃棱镜来代替。

格兰-傅科棱镜是一种为产生紫外线线偏振光而设计的偏振棱镜，其结构如图3-6(c)所示，两块方解石晶体棱镜之间留有空气隙。该棱镜的θ角大约为38.5°，振动方向垂直于纸面的偏振分量传播方向不变，而振动方向平行于纸面的偏振分量则被全反射。这种偏振棱镜的缺点是光在棱镜界面上的衰减很大。

为了减小格兰-傅科棱镜在界面上的光损耗，采用胶层取代空气隙，产生了如图3-6(d)所示的格兰-汤普森棱镜。该棱镜与格兰-傅科棱镜相似，但长宽比较大。入射角（孔径角）的范围可达到40°左右，而格兰-傅科棱镜入射角的允许范围仅为8°左右，故格兰-汤普森棱镜比格兰-傅科棱镜用途更广。

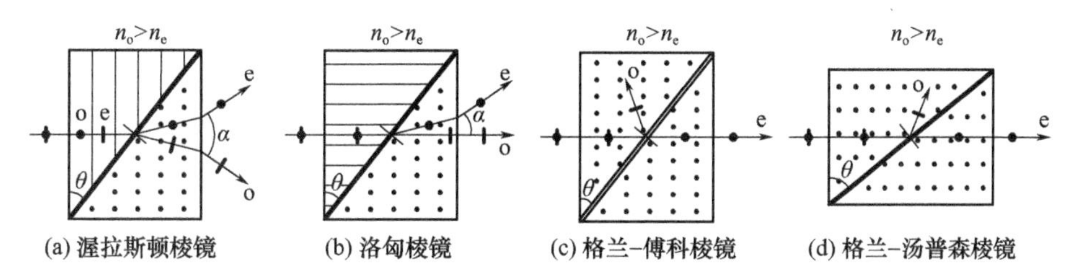

(a) 渥拉斯顿棱镜　(b) 洛匈棱镜　(c) 格兰-傅科棱镜　(d) 格兰-汤普森棱镜

图3-6　四种双折射偏振分光棱镜

4. 反射器

在一般的激光干涉仪中，测量镜常采用平面反射镜。平面反射镜的特点是当它做平行于镜面的横向移动时，不会带来测量误差。但当其镜面在测量过程中偏转α角时，则参考光和测量光的夹角将随之变化2α，从而使干涉条纹的宽度和方向都发生相应的变化，同时还会带来附加的光程差，严重时甚至造成相干双光束的光斑不能重叠，无法形成干涉。激光干涉仪的测量镜大多是沿精密导轨移动的，只有对导轨的不直度提出极为苛刻的要求，才能保证平面镜在移动中不出现镜面偏转，否则就无法保证测量精度。为此，激光干涉仪中常常改用对偏转不大敏感的角锥棱镜或猫眼系统作为测量镜，以降低对导轨不直度的要求。

1）角锥棱镜

角锥棱镜如图3-7(a)所示，就像是从一个玻璃立方体上切下的一角。角锥棱镜的基础是三面直角反射镜，如图3-7(b)所示，三面直角反射镜由三块平面反射镜互成90°组装而成。在激光干涉仪中，由于不存在消色差的问题，所以通常使用角锥棱镜。与三面直角反射镜相比，角锥棱镜制造比较容易，性能也比较稳定。但在白光干涉仪中，由于很难制造出完全补偿色差的角锥参考镜和角锥测量镜“镜对”（要求材料折射率等各种性能均相同），因此不能用角锥棱镜代替三面直角反射镜。

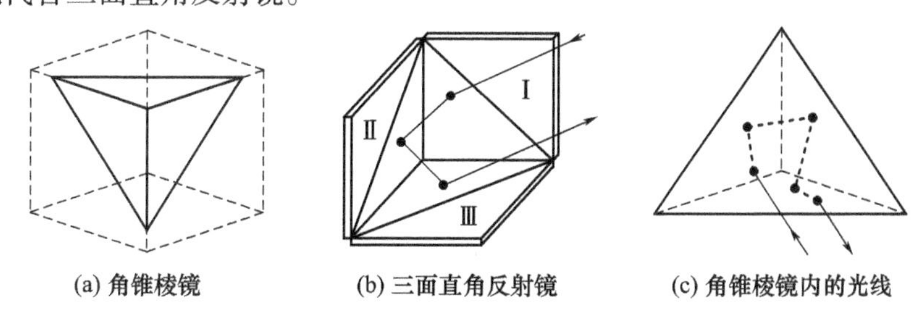

(a) 角锥棱镜　(b) 三面直角反射镜　(c) 角锥棱镜内的光线

图3-7　角锥棱镜和三面直角反射镜

由图3－7(c)可知,角锥棱镜实际上就是一个三个直角面相互垂直的四面体,光线以任意方向从底面射入,经三个直角面依次反射后,出射光线始终平行于入射光。当角锥棱镜绕其顶点旋转时,出射光方向不变,仅产生一个平行位移。这种四面体若由玻璃实心体制成,即为所讨论的角锥棱镜;四面体中为空气介质的角锥棱镜又称为空心角锥棱镜。

由几何光学理论可知,对于等边角锥棱镜,正入射时光线在角锥棱镜内的光程为

$$nL = 2nh \tag{3-11}$$

式中:n 为棱镜材料的折射率;h 为锥顶到底面的高度。

因此当光线正入射角锥棱镜的底面时,角锥棱镜可等效为一块折射率为 n、厚度为 $2h$ 的玻璃平板。

一般情况下很难保证入射光线与角锥棱镜的底面严格垂直,当入射角 i 不为零时光线在角锥棱镜内的光程为

$$nL = \frac{2nh}{\sqrt{1 - \frac{\sin^2 i}{n^2}}} \tag{3-12}$$

由式(3－12)可知,入射角 i 不为零以及测量过程中 i 的变化,都会产生偏离 $2nh$ 的附加光程,且该附加光程为

$$\Delta = i^2 h\left(1 - \frac{1}{n}\right) \tag{3-13}$$

测量初始时刻,原则上通过计数器清零可消除测量角锥棱镜和参考角锥棱镜的附加光程之差。在测量过程中,测量棱镜的入射角 i 将因导轨不直度的影响而发生变化,从而引起附加光程Δ的变化。将式(3－13)对 i 微分,可得到因入射角 i 变化而引起的附加光程的变化量:

$$\mathrm{d}\Delta = 2ih\left(1 - \frac{1}{n}\right)\mathrm{d}i \tag{3-14}$$

式中:i 为测量初始时刻光束入射角锥棱镜底面时的入射角;$\mathrm{d}i$ 为测量过程中入射角 i 的变化量(即角锥棱镜在测量过程中的偏转角);$\mathrm{d}\Delta$ 为角锥棱镜偏转 $\mathrm{d}i$ 角所引起的附加光程的变化量。由于测量过程中参考角锥棱镜保持不动,测量初始时刻采取了计数器清零操作,故式(3－14)实际上就是测量过程中测量角锥棱镜和参考角锥棱镜的附加光程之差,即附加光程差。

现举例说明测量角锥棱镜偏转的影响。若初始安装时入射角 $i = 2°$,锥顶到底面的高度 $h = 40\mathrm{mm}$,折射率 $n = 1.5$,测量过程中角锥棱镜偏转角度

$\mathrm{d}i=\pm 1'$，代入式(3-14)可求得附加光程差 $\mathrm{d}\Delta=0.27\mu\mathrm{m}$。

由式(3-14)可知，减小角锥棱镜的尺寸，尽可能保证光束垂直入射棱镜底面，可有效减少测量过程中角锥棱镜偏转的影响；若使用空心角锥棱镜或三面直角反射镜($n=1.0$)，测量过程中将不产生附加光程差。此外，角锥棱镜相对于测量轴线有横向位移时，也会产生附加光程差。

2)猫眼系统

猫眼系统是另一类重要的逆向反射器，由一个焦距为 f 的凸透镜(主镜)及一块平面镜或曲率半径为 R 的凹面镜(副镜)共轴组装而成，并满足条件 $f=R=d$(d 为主镜和副镜的间距)，如图3-8所示。入射光束经主镜聚焦于副镜上，并由副镜反射后复经原路返回，形成逆向反射。猫眼系统的特点是反射光的方向不受猫眼绕凸透镜光心摆动的影响，更为重要的是通光猫眼系统的反射光不会引起光束偏振状态的变化，作为激光干涉仪的逆向反射器(测量镜)，可以得到比角锥棱镜更好的条纹对比度，此外其价格比角锥棱镜要低。

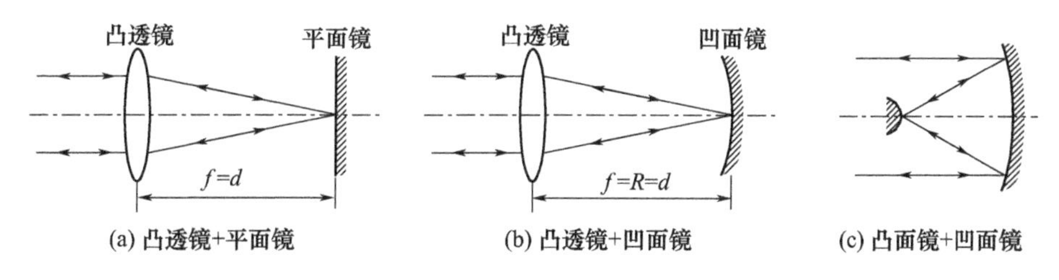

图3-8 三种形式的猫眼系统

3)特伦逆向反射系统

为减小激光干涉仪中反射镜对偏转和横移的敏感性，通常可采用如图3-9所示的组合式反射系统，由一个角锥棱镜和一个平面反射镜组合而成，称为特伦逆向反射系统。平面反射镜调整成与光束垂直，并固定不动，入射光束从角锥棱镜的下半部分射入，由上半部分射出，经平面反射镜反射后沿原路返回，反射光与入射光平行反向。无论角锥棱镜在移动过程中存在偏摆、俯仰或上下左右的移动，反射光束都能逆向反射，从而进一步降低了对导轨的要求。由于入射光束是从角锥棱镜的下半部(或上半部)射入的，该组合系统的通光口径要比单独的角锥棱镜小一半，即要达到相同的通光口径，组合系统的体积也相应增大，这是其不足之处。

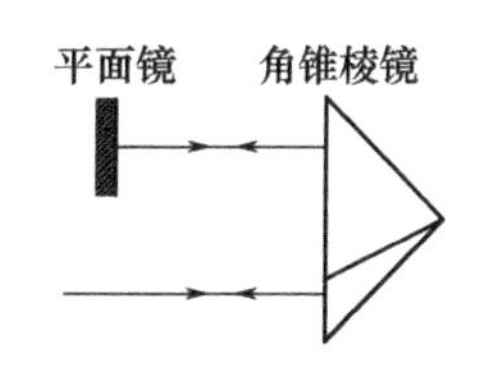

图3-9 特伦逆向反射系统

3.2.2 倍频和判向技术

在动态干涉系统中,通过测量干涉场中指定点的干涉条纹的移动或光程差的变化量求得被测物理量的信息。比如,激光干涉测长仪是将测量反射镜与被测对象固联,通过测量反射镜相当于参考镜的位移来反映被测长度的。该相对位移导致两束光产生光程差,而光程差的大小是根据干涉条纹的多少来确定的。

在一般的干涉系统(如迈克尔逊干涉仪)中,通常光程每变化 $\lambda/2$,干涉条纹变化一个级次,得到一个计数脉冲,相当于测量分辨率为半个波长,其位移测量公式为

$$L = N\frac{\lambda}{2} \tag{3-15}$$

式中:N 为干涉场中观察点亮暗变化的次数或条纹移动数,λ为激光的波长。

为提高测量分辨率,激光干涉仪经常采用倍频(也称细分)方法。除了使光程差倍增的光学倍频方法外,更多的是采用硬件电路和软件算法来实现条纹的倍频,称为电子细分。同时测量反射镜可能需要做正反两个方向的运动,或由于外界振动、导轨误差等干扰,使反射镜在正向移动中偶尔有反向移动。所以干涉仪需要设计方向判别部分,将计数脉冲分为加和减两种。当测量镜正向移动时所产生的脉冲为加脉冲,反向移动时所产生的脉冲为减脉冲。将这两种脉冲送入可逆计数器进行可逆计数,以获得真正的脉冲数据,进而得到实际位移值。

1. 光路倍频

图 3-10 所示为二倍频干涉光路图,由于测量光束在测量反射镜 M_2 中往返了两次,对位移的灵敏度提高了一倍,产生了光学二倍频的效果。此时干涉仪的位移测量公式为

$$L = N\frac{\lambda}{4} \tag{3-16}$$

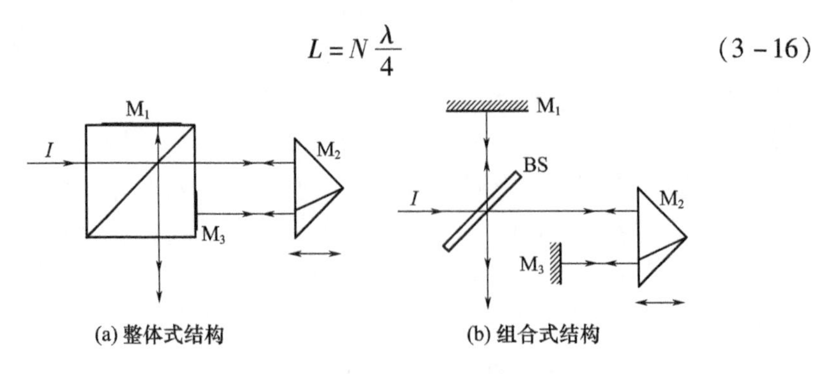

图 3-10　二倍频干涉光路图

图3-10(a)所示的干涉光路使用了两表面镀有全反膜(其中一个表面局部镀膜)的立方体分光棱镜,这种整体式结构虽然调整比较困难,但使用元件少,稳定性好,抗干扰能力较强。

图3-11所示为k倍频干涉光路图,在测量光路分支中直角棱镜M_3和平面反射镜M_4固定不动,两个直角棱镜M_2和M_3之间错开的距离为a/k(a为直角棱镜的斜边边长)。测量光束在M_2和M_3之间往返了k次,其光学倍频数为k倍。

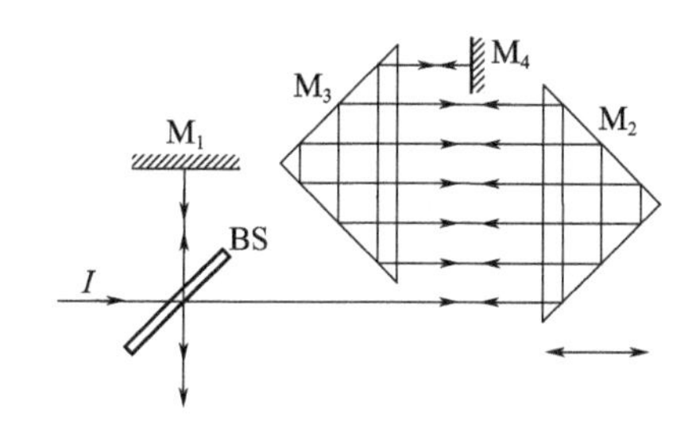

图3-11　k倍频干涉光路图

2. 电子细分

电子细分是把干涉条纹信号转换为电信号以后,采用电子学的方法对其进行细分处理。同光学倍频相比,电子细分成本低、容易实现高的细分倍数,且易于实现测量数据的自动化处理。

电子细分方法有很多种,依据细分的基本原理可分为三大类:①幅值调制细分,根据条纹信号的幅度变化判定相位差,并完成细分,主要包括直接细分法、矢量运算法、移相电阻链法、幅值切割法、内插示波管法等;②相位调制细分,根据条纹信号的相位差决定细分值,主要包括载波调制法、光学机械扫描法、电子扫描法、锁相倍频法等;③数字化细分法,利用A/D对两路正交信号进行采集,再由微处理器或逻辑电路对采集到的信号进行运算、查表等处理,得到细分值,主要包括三角波法、正切量化法、正余弦结合法、正弦量化法等。还有其他的一些细分方法,如乘法倍频法、零位跟踪法等。

对某一电子细分方法优劣的判断,除了细分倍数和频响特性外,还取决于该方法对干涉条纹信号的正交性、幅值稳定性、信号波形的要求,是否兼顾动态和静态测量特性,是否具有较强的抗干扰能力和克服零点漂移影响的能力等。

3. 干涉条纹计数与判向

图3-12为干涉条纹判向计数的基本原理,图3-13为其电路波形图。

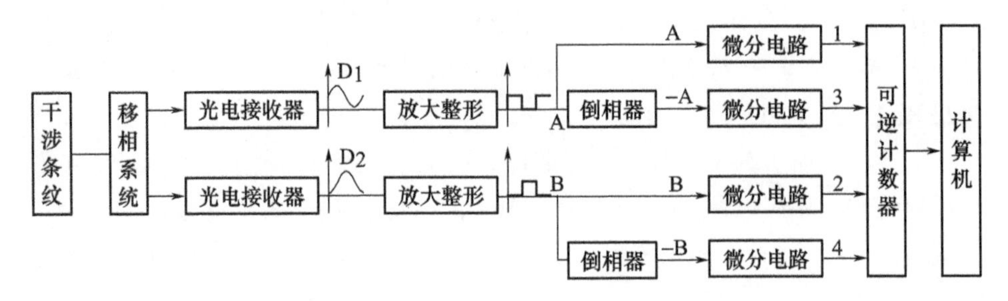

图 3-12　干涉条纹判向计数的基本原理

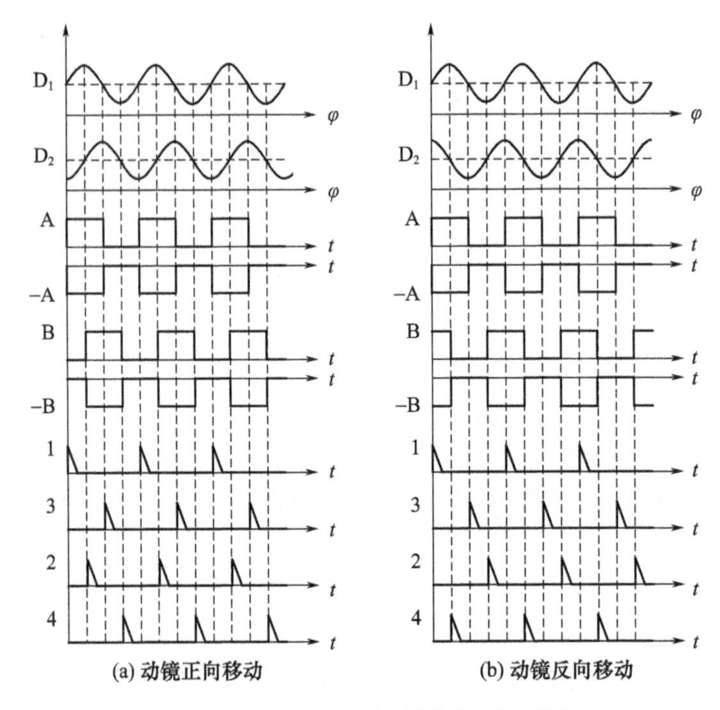

图 3-13　干涉条纹判向计数电路波形图

通过移相获得两路相差 90°的干涉条纹光强信号。该信号由两个光电探测器接收，便可获得与干涉信号相对应的两路相差 90°的正弦和余弦信号，经放大、整形、倒相及微分等处理，可以获得 4 个相位依次相差 90°的脉冲信号。若将脉冲排列的相位顺序在测量反射镜正向移动时定为 1、2、3、4，反向移动时定为 1、4、3、2，后续的逻辑电路便可以根据脉冲 1 后面的相位是 2 还是 4 判断脉冲的方向，并送入加脉冲的“门”或减脉冲的“门”，这样便实现了判向的目的。同时，经判向电路后，将一个周期的干涉信号变成四个脉冲的输出信号，使一个计数脉冲代表 1/4 干涉条纹的变化，实现了干涉条纹的四倍频计数。

3.2.3　移相技术

上述倍频、判向电路必须要有相位差为 90°的两路输入信号，否则无法达到倍频和判向的目的。通常把获取相位差为 90°的两路条纹信号的技术称为移相技术。下面介绍几种常见的移相方法。

1. 机械法移相

图 3－14 给出了两种机械法移相的基本原理。图 3－14(a)中，使布置在干涉条纹间距方向上的两个光电探测器的中心间距等于 1/4 条纹宽度。这时若探测器 D_1 接收的信号为 $\cos\varphi$ 型，则探测器 D_2 接收的信号为 $\sin\varphi$ 型，φ 对应于双光束的相位差。图 3－14(b)中，采用光阑将接收的两组条纹互相错开 90°的相位。

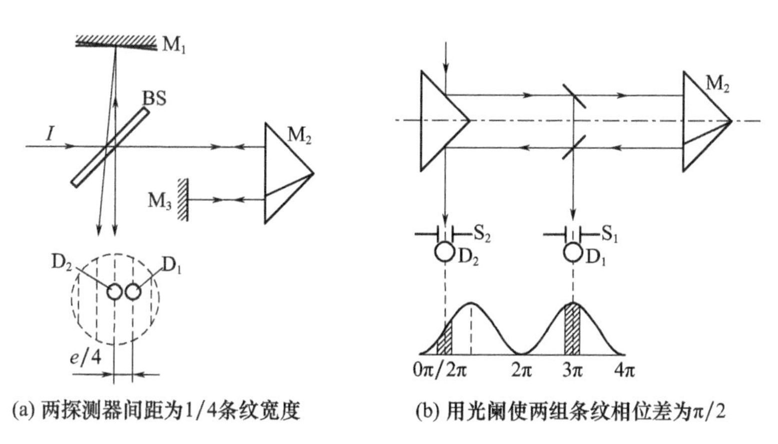

(a) 两探测器间距为1/4条纹宽度　　(b) 用光阑使两组条纹相位差为π/2

图 3－14　两种机械法移相的基本原理

机械法移相的特点是简单，适用于条纹可调的场合，尤其适用于像石英块环形激光陀螺这样的整体式干涉结构。由于整体式干涉结构的温度稳定性和机械稳定性较好，反射镜一般不易失调，因此干涉条纹的宽度和走向都比较稳定，不会因条纹的变化而引起计数误差。但是在干涉条纹的宽度和走向容易变化的干涉结构中，使用机械法移相法常常得不到稳定的移相量。

2. 移相板移相

1）翼形板移相

翼形板由两块材料、厚度均相同的平行平板胶合而成，如图 3－15 所示，两块平板互成一定的倾角。翼形板通常放置在参考光路中，如图 3－16 所示。

图 3-16(a)中,参考光束两次通过翼形板,被翼形板分成两部分,这两部分的相位差为 90°。再通过直角棱镜 M_3 将对应的两部分在空间分开,与同样被分开的对应测量光束产生干涉,获得两组相位差为 90°的干涉条纹。此时翼形板的厚度 d 和角β应满足:

$$\beta = \sqrt{\frac{n\lambda}{4d}} \tag{3-17}$$

式中:n 为翼形板材料的折射率。

图 3-16(b)中,参考光束一次通过翼形板,此时翼形板的厚度 d 和角度β应满足:

$$\beta = \sqrt{\frac{n\lambda}{2d}} \tag{3-18}$$

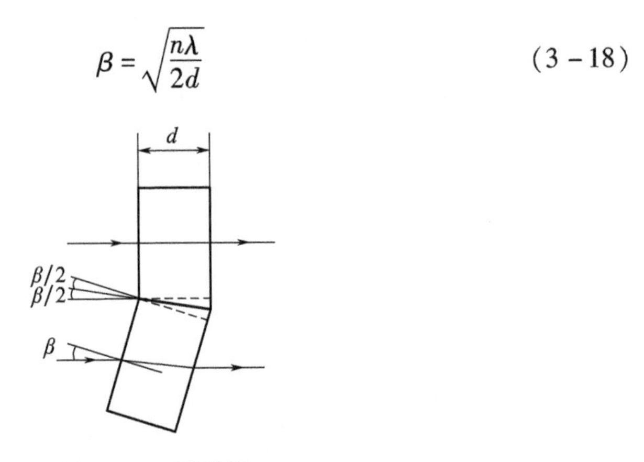

图 3-15 翼形板

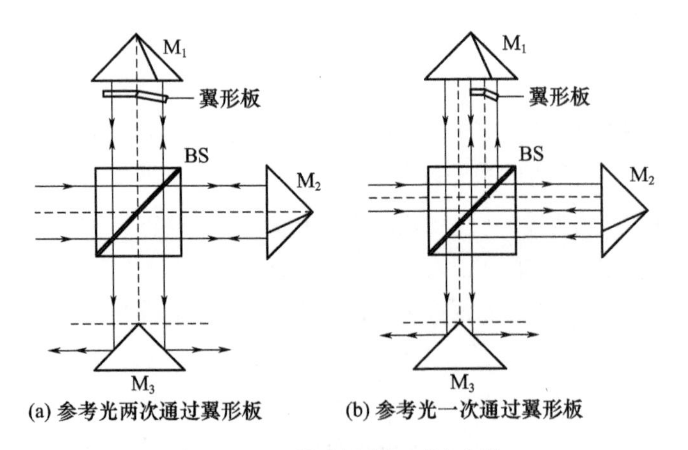

图 3-16 翼形板移相干涉光路

2)介质膜移相板移相

图3-17所示的介质膜移相板是在一块平行平板的一个表面蒸镀上一定光学厚度的介质膜层而制成的。当介质膜移相板用来代替3-16(a)所示光路中的翼形板时,介质膜层的厚度 d 应满足:

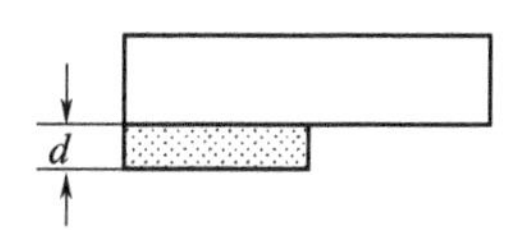

图3-17　介质膜移相板

$$d=\frac{\lambda}{8(n-1)} \tag{3-19}$$

式中:n 为所镀介质膜材料的折射率。

当介质膜移相板用来代替3-16(b)所示光路中的翼形板时,介质膜层的厚度 d 应满足:

$$d=\frac{\lambda}{4(n-1)} \tag{3-20}$$

使用移相板移相时,一般将测量光束与参考光束的夹角调整为零,这时左右两半干涉场中任意两等路程点的相位差均为90°,因此两个光电接收器只要大致对称地放置在移相双光束的两半边,就可以得到移相量比较稳定的移相信号。

3. 分光器镀膜分幅移相

利用光波经过金属膜反射和透射都会使光波改变相位的原理,在干涉仪分光器表面镀上适当厚度的金属材料(如铝、金银合金等)膜层,使反射光波与透射光波的相位差正好为45°。由图3-18可知,入射光 I_0 由分光器分成两组双光束,其中 I_a 经移相膜两次反射,I'_a 经移相膜两次透射;而 I_b 和 I'_b 均经移相膜一次反射和一次透射。因此,双光束 I_b 和 I'_b 的干涉图样将与 I_a 和 I'_a 的干涉图样在相位上相差90°,从而实现了分幅移相的目的。

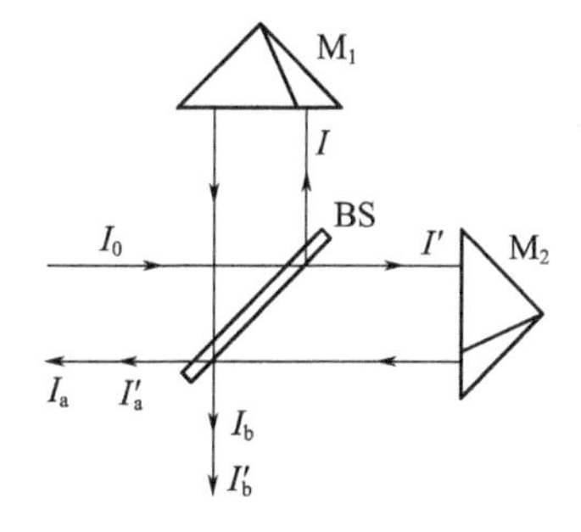

图3-18　分光器镀膜分幅移相

镀膜分幅移相分光器也可以采用介质膜系，但这种分光器通常存在条纹对比度不理想或90°移相量不准确等问题，这是由于镀膜技术很难同时兼顾好的条纹对比度（输出等光强双光束）和准确的90°移相量这两个要求。为解决这个问题，可以采用相位补偿的方法，即对移相膜主要要求输出信号的等光强性，放宽对90°移相量准确度的要求，然后通过电子相位补偿电路将两路信号的移相量精密地调整为90°。这不仅避免了对分光器蒸镀移相膜的过高要求，还可避免在干涉光路中添加用来改善条纹对比度的其他光学元件（例如在强光束光路中加入吸收滤光片等）。若条纹对比度很好，则采用相位补偿板往往是精确调整移相量的一种简单而有效的办法。

4. 偏振移相

图3－19给出了一种偏振移相光路。入射的45°线偏振光经分光器分为两束，其中，参考光两次经过一个$\lambda/8$波片后，成为圆偏振光透过分光器；测量光束经分光器BS反射后仍为45°线偏振光。由于圆偏振光的两个正交分量相位差为90°，而45°线偏振光的两个正交分量相位相同，因此当用渥拉斯顿棱镜（PBS）将水平分量与垂直分量分开时，便可得到两组相位差为90°的干涉条纹，其中一组条纹是由两个水平分量相干形成的，另一组条纹是由两个垂直分量相干形成的。

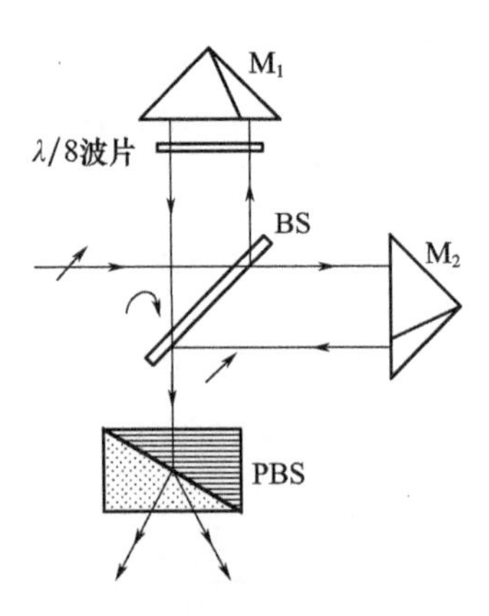

图3－19　偏振移相干涉光路

3.2.4　大气修正

1. 大气条件的影响

激光干涉测长是以激光波长为尺子来测量长度的，测得的结果应是标准大气条件下的被测件长度。在测长公式$L=N\lambda/2$中，λ是标准大气条件下传播介质中的激光波长,简称标准激光波长。通常的标准大气条件是指气温为20℃、气压为760mmHg、湿度(水汽分压)为10mmHg。测长公式可改写为

$$L=N\frac{\lambda}{2}=N\frac{\lambda_0}{2n} \tag{3-21}$$

式中:λ_0 为激光的真空波长,对于总气压为2.8~3mmHg、氦氖气压比为7:1、放电电流为4~6mA的He-Ne激光器,有 $\lambda_0=(632.99142\pm0.00002)$ nm,当气压比不同时,真空波长会出现 10^{-5}nm 数量级的差异;n 为标准大气条件下的空气折射率,简称标准大气折射率。

空气折射率是大气条件的函数,当测量环境的大气条件偏离标准大气条件时,空气折射率将随之变化,使激光干涉测量用的激光波长这把尺子不再标准,从而造成测量误差。另外,被测物体本身的长度还将随气温的变化而变化。

2. 大气条件的修正

由式(3-21)可知,为了保证激光干涉测量的精度,除了修正温度对被测长度的影响外,还应从两个方面入手:①尽可能保持激光真空波长 λ_0 值的恒定,通常使用稳频激光器,即对激光频率采取精度足够的稳定措施;②对测量环境的空气折射率偏离标准大气折射率所造成的测量误差进行修正。

式(3-21)可改写为

$$N=\frac{2nL}{\lambda_0} \tag{3-22}$$

对式(3-22)微分,可得

$$\frac{\Delta N}{N}=\frac{\Delta n}{n}+\frac{\Delta L}{L}-\frac{\Delta\lambda_0}{\lambda_0} \tag{3-23}$$

式中:$\Delta N/N$ 表示由于测量时大气条件偏离标准大气条件所造成的相对计数误差;$\Delta n/n$ 表示空气折射率相对标准大气折射率的相对变化量;采用稳频激光器后,真空波长的相对变化量 $\Delta\lambda_0/\lambda_0\approx0$;$\Delta L/L$ 表示由于气温偏离20℃引起被测件本身长度的相对变化量,且

$$\frac{\Delta L}{L}=\alpha\ (t-20) \tag{3-24}$$

式中:α 为被测件的线膨胀系数;t 为被测件的温度。

利用式(3-21)、式(3-23)和式(3-24),可得到修正后的测量结果为

$$l=L-\Delta N\frac{\lambda}{2}=N\frac{\lambda}{2}\left(1-\frac{\Delta N}{N}\right)=N\frac{\lambda}{2}\left(1-\frac{\Delta n}{n}-\frac{\Delta L}{L}+\frac{\Delta\lambda_0}{\lambda_0}\right) \tag{3-25}$$

考虑到 $\Delta\lambda_0/\lambda_0\approx0$,且标准大气折射率 $n=1.00027123$,$\Delta n/n\approx\Delta n$,

式(3-25)可简化为

$$l = N\frac{\lambda}{2}[1 - \Delta n - \alpha(t-20)] \tag{3-26}$$

3. 空气折射率的测量

为求出测量环境的空气折射率对标准大气折射率的偏离量 Δn,应先确定测量环境的空气折射率 n_{tpf}。确定空气折射率可采用两种方法:一是根据经验公式计算;二是进行实时测量。

1)Edlen 经验公式

空气折射率与气压、气温、湿度以及大气成分有关。Edlen 于 1966 年给出了适用于气压 100~800mmHg、气温 5~30℃范围计算空气折射率的一组经验公式,即

$$n_{tp} - 1 = \frac{p(n_s - 1)}{96095.43} \times \frac{1 + (0.613 - 0.00998t)p \times 10^{-8}}{1 + 0.0036610t} \tag{3-27}$$

式中:n_{tp}指标准空气的折射率;t 为大气温度(℃);p 为大气压力(Pa);n_s 指标准空气在 1 个标准大气压和 15℃时的折射率(CO_2 含量为 0.03%),由下式给出:

$$(n_s - 1) \times 10^8 = 8342.13 + \frac{2406030}{130 - \sigma^2} + \frac{15997}{38.9 - \sigma^2} \tag{3-28}$$

式中:σ 为光在真空中的波数($\sigma = 1/\lambda_0$,单位 μm^{-1})。

须说明的是,式(3-27)和式(3-28)中所适用的标准空气定义为具有如下气体组成的干燥空气:78.09% 的氮气、20.93% 的氧气、0.93% 的氩气和 0.03% 的二氧化碳。

当时 Edlen 用下式来表示相同全压的干湿空气间折射率的差异:

$$(n_{tpf} - n_{tp}) \times 10^{10} = -f(4.2922 - 0.0343\sigma^2) \tag{3-29}$$

式中:f 为空气中水蒸气分压(Pa);n_{tpf}表示测量环境气温为 t、气压为 p、湿度为 f 时的空气折射率。

Edlen 认为上面这组公式的精度为 $\pm 5 \times 10^{-8}$。随着测量精度的日益提高和大气条件的变化,Edlen 公式的精度已不能满足要求,英国的 B. K. Birch 等人通过实验和比对,提出了改进的 Edlen 公式,不确定度为 $\pm 3 \times 10^{-8}$,并得到了国际范围内的普遍认可。改进 Edlen 公式如下:

$$n_{tp} - 1 = \frac{p(n_s - 1)}{96095.45} \times \frac{1 + (0.601 - 0.00972t)p \times 10^{-8}}{1 + 0.003661t} \tag{3-30}$$

$$(n_s-1)\times10^8\Big|_{p=101.325\text{kPa},t=15℃,CO_2\text{含量为}0.045\%}=8342.74+\frac{2406205}{130-\sigma^2}+\frac{15998}{38.9-\sigma^2}\tag{3-31}$$

$$(n_{tpf}-n_{tp})\times10^{10}=-f(3.7345-0.0401\sigma^2)\tag{3-32}$$

依据 Edlen 经验公式和改进 Edlen 公式,可求得标准大气折射率分别为 $n=1.00027123$、$n'=1.00027132$。

2)空气折射率的实时测量

用经验公式计算空气折射率往往不能正确反映实际测量环境的许多复杂情况,因此不能满足高精度测量的要求。为此,人们发展了许多采用干涉法实时测量空气折射率的方法,图 3-20 给出了其中一例。图中长度为 L 的真空室和空气室用玻璃和两块厚度均匀的玻璃平板制成。激光经过移相分光器 BS、反射器 M_1 以及角锥棱镜 M_2 和 M_3 后,形成分别通过真空室和空气室的两支光路,干涉场分别由光电探测器 D_1 和 D_2 接收,接收条纹信号经放大整形后由 32 倍频可逆计数器计数。

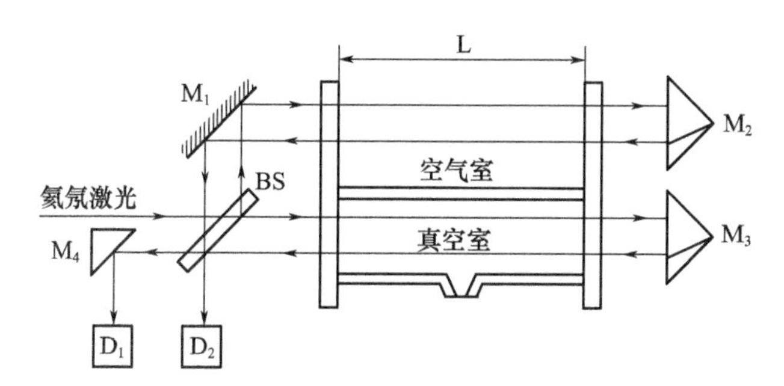

图 3-20　空气折射率的干涉测量光路

进行空气折射率测量时,用真空泵抽走真空室中的空气,则干涉仪两臂出现的光程差为

$$(n_{tpf}-1)L=N\frac{\lambda_0}{64}\tag{3-33}$$

式中:N 为可逆计数器所计的条纹数。则测量环境的空气折射率为

$$n_{tpf}=1+N\frac{\lambda_0}{64L}\tag{3-34}$$

若空气折射率 n_{tpf} 的测量分辨率达到 10^{-8},则应有 $\lambda_0/(64L)=10^{-8}$,由此可确定结构参数 $L=\lambda_0/(64\times10^{-8})=989.05\text{mm}$。利用图 3-20 所示的干涉光路可对测量环境的空气折射率进行连续、实时的测量。

3.3 典型的激光干涉仪

3.3.1 激光比长仪

激光比长仪以激光波长为基准，通过光波干涉比长的方法检定基准米尺的激光干涉仪。由于激光波长的高稳定性，故可用它来代替原来的实物基准，其复现精度可达 $\pm(3\times10^{-9})$。激光比长仪的结构如图 3-21 所示。

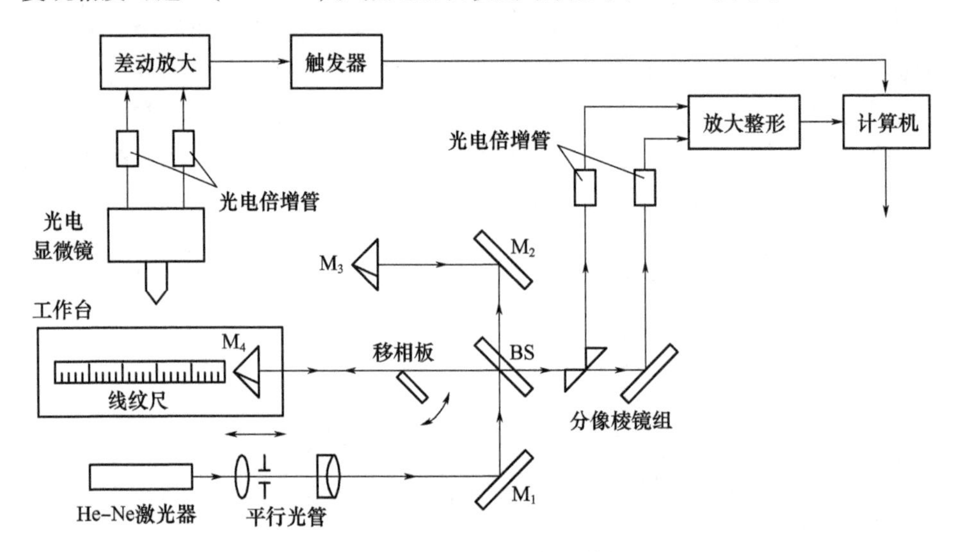

图 3-21　激光比长仪的结构

从 He-Ne 激光器发出的激光束经平行光管后变为光斑直径为 50mm 的平行光束，经反射镜 M_1 至分光器 BS，随即将光束分成两路。一路光透过分光器经反射镜 M_2 射入固定角锥棱镜 M_3；另一路光由分光器反射至可动角锥棱镜 M_4。分光器 BS 至固定角锥棱镜 M_3 为一固定的光程；分光器 BS 至可动角锥棱镜 M_4 为一随工作台移动而变化的光程，二者的光程差为激光半波长的偶数倍时出现亮条纹，奇数倍时出现暗条纹。所以工作台连续移动时就会产生亮暗交替变化的条纹。移相板将干涉图样分为两组，这两组干涉条纹的相位差为 90°。分像棱镜组将两组相位差为 90°的干涉条纹分别引入两个光电倍增管，光电倍增管将交替变化的亮暗信号变为两路相位差为 90°的电信号，再经过放大整形电路实现倍频处理，并传输给计算机。装在横梁上的双管差动式光电显微镜供瞄准被检尺上的刻线用。当工作台运动，即基准尺的刻线通过光电显微镜的两个狭缝时,刻线的影像即被置于两个狭缝后面的光电倍增管分别接收,经差动放大器、触发器转换成电脉冲,作为计算机进行可逆计数的开始或停止信号,并控制计算机将测量结果显示或打印输出。

周围空气的折射率可由折射率干涉仪测出,被测尺的温度由铂电阻温度计与铜康铜热电偶测出,然后将这两个测量参数在计算机上设定,以便对测量结果进行自动修正。

3.3.2　激光小角度干涉仪

激光小角度干涉仪测量原理如图3－22(a)所示。激光器发出的激光束经分光器BS分成两路,一路光透过分光器至反射镜 M_1,形成参考光束;另一路光由分光器反射至角锥棱镜 M_2,形成测量光束。当角锥棱镜 M_2 处于位置Ⅰ时,测量光束经棱镜转180°后,射向反射镜 M_3,然后被 M_3 反射,原路返回到分光器BS,并与从反射镜 M_1 反射回来的参考光束会合而产生干涉。当角锥棱镜 M_2 转动α角后处于位置Ⅱ时,测量光束经角锥棱镜 M_2 和反射镜 M_3 的作用后(见图中虚线),仍按原路返回,不产生光点移动,使得干涉图样相对于接收元件的位置保持不变。

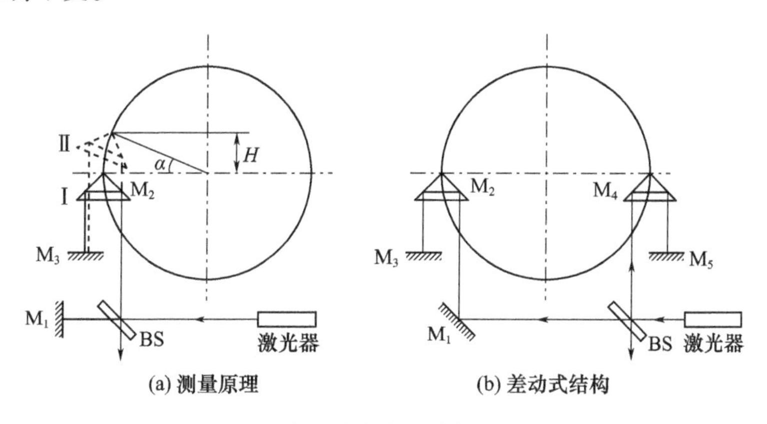

(a) 测量原理　　(b) 差动式结构

图3－22　激光小角度干涉仪的光学系统

角锥棱镜 M_2 在位置Ⅰ和位置Ⅱ的光程差为

$$\Delta = N\frac{\lambda}{2} \tag{3-35}$$

而角锥棱镜 M_2 的上升高度为

$$H = \frac{\Delta}{2} = N\frac{\lambda}{4} \tag{3-36}$$

式中：N 为可逆计数器所计的干涉条纹变化数；λ为激光波长。

已知半径 R 值，可求出转动角度：

$$\alpha = \arcsin\left(\frac{H}{R}\right) \tag{3-37}$$

为进一步提高测角灵敏度，可在对径位置上布置两个角锥棱镜构成差动式结构，如图 3－22(b)所示。此时，干涉仪的光路倍频数由 2 倍频变为 4 倍频，使每一条干涉条纹对应的光程差变为 $\lambda/8$，同时可逆计数器采用 4 倍频，使得每一个计数值对应的长度为 $\lambda/32$，则

$$H = N\frac{\lambda}{32} \tag{3-38}$$

上述激光小角度干涉仪的测量范围为 $\pm 5°$，且在 $\pm 1°$ 内，测量最大误差为 $\pm 0.05''$。

3.3.3 纳米激光偏振干涉仪

1. 测量原理

纳米激光偏振干涉仪主要用于检定分辨率高于 0.01 μm 的电感测微仪、电容测微仪、微位移驱动装置，其测量原理如图 3－23 所示。从 He－Ne 激光器发出的线偏振光，其振动方向与偏振分光镜 PBS 的水平轴成 45°角，经偏振分光镜后分成 s 分量和 p 分量。这两束光分别由角锥棱镜 M_1（参考镜）和角锥棱镜 M_2

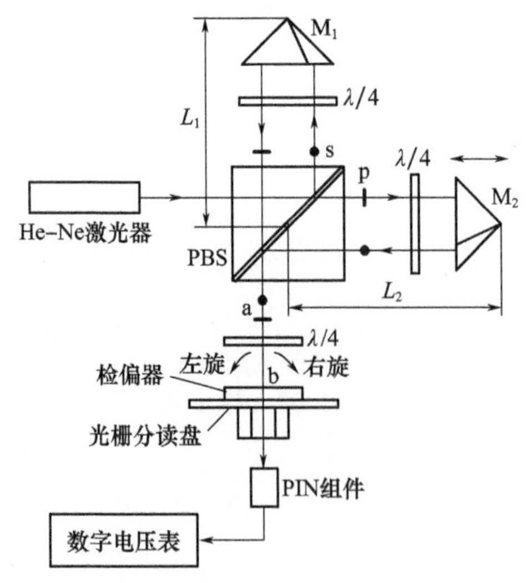

图 3－23　纳米激光偏振干涉仪的测量原理

(可动镜)反射后,再次在偏振分光镜中汇合,射向a点,这里分别称为参考光和测量光(s分量和p分量均两次通过$\lambda/4$波片,相当于通过一个$\lambda/2$波片,其作用是将s分量和p分量的振动方向旋转90°)。

在a点处,两束光的振动方向相互垂直(图3-24),假设参考光和测量光之间的光程差$\Delta=0$,则其表达式为

$$E_1=A\cos(\omega t) \tag{3-39}$$

$$E_2=A\cos(\omega t) \tag{3-40}$$

式中:A为振幅;ω为角频率;t为传播时间。

这两束光经过其快轴与水平轴成45°的$\lambda/4$波片后到达b点,参考光和测量光分别变成右旋和左旋圆偏振光,且其表达式为(以$\lambda/4$波片的快轴为x轴)

$$\begin{cases}E_{1x}=B\cos(\omega t)\\ E_{1y}=B\cos\left(\omega t+\dfrac{\pi}{2}\right)\end{cases}\quad(\text{右旋圆偏振}) \tag{3-41}$$

$$\begin{cases}E_{2x}=B\cos(\omega t)\\ E_{2y}=B\cos\left(\omega t-\dfrac{\pi}{2}\right)\end{cases}\quad(\text{左旋圆偏振}) \tag{3-42}$$

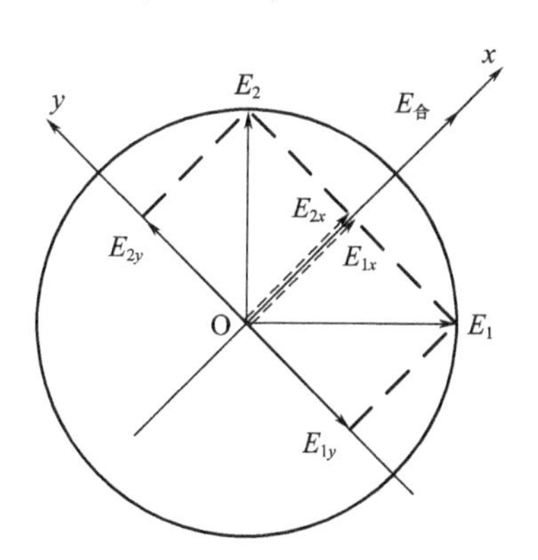

图3-24　参考光和测量光的合成

式中:$B=A\cos45°$或$A\sin45°$。该两圆偏振光可合成为线偏振光(图3-24):

$$\begin{cases}E_x=2B\cos(\omega t)\\ E_y=0\end{cases} \tag{3-43}$$

显然,合光场$E_合=2B\cos\omega t$,其振动方向为x轴方向,即二者夹角为零。

当测量光和参考光的光程差Δ不为零时,且相位差$\delta=2\pi\Delta/\lambda$,此时在a点

处参考光和测量光可写为

$$E'_1 = A\cos(\omega t) \tag{3-44}$$

$$E'_2 = A\cos(\omega t - \delta) \tag{3-45}$$

在 b 点处参考光和测量光可写为

$$\begin{cases} E'_{1x} = B\cos(\omega t) \\ E'_{1y} = B\cos\left(\omega t + \dfrac{\pi}{2}\right) \end{cases} \quad (\text{右旋圆偏振}) \tag{3-46}$$

$$\begin{cases} E'_{2x} = B\cos(\omega t - \delta) \\ E'_{2y} = B\cos\left(\omega t - \delta - \dfrac{\pi}{2}\right) \end{cases} \quad (\text{左旋圆偏振}) \tag{3-47}$$

该两圆偏振光仍可合成为线偏振光：

$$\begin{cases} E'_x = 2B\cos\dfrac{\delta}{2}\cos\left(\omega t - \dfrac{\delta}{2}\right) \\ E'_y = -2B\sin\dfrac{\delta}{2}\cos\left(\omega t - \dfrac{\delta}{2}\right) \end{cases} \tag{3-48}$$

显然，合成光场 $E'_{合} = 2B\cos(\omega t - \delta/2)$，其振动方向与 x 轴的夹角为

$$\theta = \arctan\left(\frac{E'_y}{E'_x}\right) = -\frac{\delta}{2} = -\frac{\pi\Delta}{\lambda} \tag{3-49}$$

式(3-49)推导过程中，利用关系式 $\delta = 2\pi\Delta/\lambda$。可见，相位差 δ 变化一个周期 2π，即光程差Δ变化一个波长，光的振动方向就转动 180°角，式(3-49)中的负号仅仅表示转动的方向。

由图 3-23 可知 $\Delta = 2(L_2 - L_1)$，略去前面的负号，式(3-49)可改写为

$$\theta = \frac{2\pi}{\lambda}(L_2 - L_1) \tag{3-50}$$

也就是说，合成线偏振光的振动方向随 $L_2 - L_1$ 变化而旋转，当可动镜 M_2 移动一个波长的距离时，其偏振面正好旋转一周，可认为干涉图样移过一个条纹，整数条纹计数值变化 1。当检偏器与光栅分度盘作同步转动时，测出偏振面的旋转角θ($0 \leqslant \theta < 2\pi$)，即可得到相应的干涉条纹的小数值，相当于把长度位移量用角度进行细分，故可以得到很高的测量分辨率。

2. 细分部件

细分部件的原理如图 3-25 所示。光源发出的平行光，通过 2400 线的主光栅和 2400 线的辅助光栅形成莫尔条纹，并照射到光电转换器 D_1 和 D_2 上。当光栅盘转动（主光栅和辅助光栅相对旋转）时，在 D_1 和 D_2 上分别产生正弦和余弦信号，其幅值为 3V，然后输入到可逆计数器中进行计数。因为可逆计数器

采用过零触发工作方式，故相当于进行了电路四倍频。当光栅盘旋转360°时，可逆计数器的计数值为2400×4＝9600，每个数字所代表的角度值为

$$\delta\theta = \frac{360^\circ}{9600} = 2.25' \tag{3-51}$$

故位移测量分辨率为

$$\delta L = \frac{\lambda}{2\pi}\delta\theta = 0.066\text{nm} \tag{3-52}$$

图3－25中还包含有由检偏器、PIN组件和数字电压表等组成的光电对准系统。检偏器与光栅分度盘做同步转动，以找到合成光偏振面的位置。同时，由可逆计数器计出偏振面的旋转角度，从而计算出可动镜的移动距离。测量过程如下：开始测量时转动光栅分度盘将数字电压表调到3.0V处，可逆计数器清零；然后将可动镜移动某一距离，此时数字电压表的数值就发生了变化，因为合成线偏振光的偏振面已经旋转了一个角度；接着转动光栅盘，再次找到偏振面，让数字电压表仍然返回3.0V处；此时，可逆计数器计出的角度值即为偏振面的旋转角度θ。根据前面所述的关系，即可计算出可动镜的移动距离：

$$L = \frac{\lambda}{2\pi}\theta \tag{3-53}$$

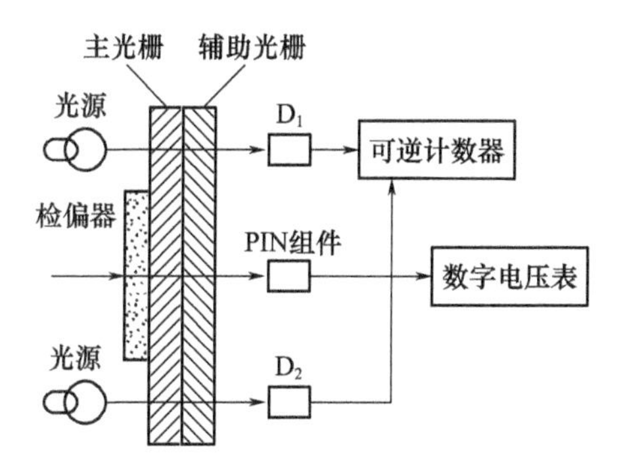

图3－25　细分部件的原理

3. 主要性能指标

温度变化是影响仪器稳定性的主要因素。设计中采取了如下措施：①合理安排参考镜M_1和可动镜M_2的位置，使其满足等光程分布，并尽量使其结构紧凑，减小温度影响；②仪器主体选择膨胀系数小（$\alpha = 0.9\times10^{-6}/^\circ\text{C}$）的特种殷钢材料，同时将干涉仪主体固定在花岗岩平板上；③将激光器远离干涉仪主体，并用隔热板隔开，以减小热源的影响；④加双层保温罩，进一步防止外界温度变化

的影响;⑤采用兰姆凹陷法稳定 He - Ne 激光器的频率。该仪器的主要性能指标:测量范围 20 μm,读数分辨率 0.1nm,稳定性 3nm/h,重复性 0.7nm,测量不确定度小于 5nm。

纳米激光偏振干涉仪的突出特点是将线位移转化成角位移加以细分,可获得高测量分辨率,是一种分辨力达纳米级的测量仪表,曾荣获 1988 年国家科学技术进步二等奖。

3.4 激光外差干涉测量

单频激光干涉仪的光强信号及光电转换器件输出的电信号皆为直流量,直流漂移是影响测量准确度的重要因素,且信号处理及细分都比较困难。为了提高干涉测量的准确度,在 20 世纪 70 年代通信领域的外差技术被移植到光学干涉测量领域,发展了一种新型的光外差干涉技术。光外差干涉是指两支相干光束的光波频率存在一个小的频率差,形成具有一定频率的副载波,从而使原来以光波频率为载波的被检测信号转移到这一副载波上,引起干涉场中干涉条纹的不断扫描,经光电探测器将干涉场中交变的光信号转换为交变的电信号,通过检测电路和微处理器检出干涉场的相位差。该方法克服了单频激光干涉仪的直流漂移问题和大部分随机噪声,使细分变得容易实现,且显著提高了抗干扰性能,在几何量测量、干涉测波差等方面均获得了成功的应用,并成为纳米测量技术的重要手段。

3.4.1 外差干涉测量原理

设两束存在一定频率差的光波初始振动方程为

$$E_1 = A_1\cos(\omega_1 t + \varphi_{10}) \tag{3-54}$$

$$E_2 = A_2\cos(\omega_2 t + \varphi_{20}) \tag{3-55}$$

式中:A_1、A_2 为两光波振幅;ω_1、ω_2 为两光波频率;φ_{10}、φ_{20}为两光波初相位。

当两束光波分别进入干涉测量系统的参考臂和测量臂后,其振动方程为

$$E_1 = A_1\cos(\omega_1 t + \varphi_{10} + \Delta\varphi_1) \tag{3-56}$$

$$E_2 = A_2\cos(\omega_2 t + \varphi_{20} + \Delta\varphi_2) \tag{3-57}$$

式中:$\Delta\varphi_1$、$\Delta\varphi_2$ 为两光波的相位变化量。

上述两光波叠加后形成的干涉场瞬时光强为

$$
\begin{aligned}
I(t) &= [A_1\cos(\omega_1 t+\varphi_{10}+\Delta\varphi_1)+A_2\cos(\omega_2 t+\varphi_{20}+\Delta\varphi_2)]^2 \\
&= \frac{1}{2}A_1^2[1+\cos 2(\omega_1 t+\varphi_{10}+\Delta\varphi_1)]+\frac{1}{2}A_2^2[1+\cos 2(\omega_2 t+\varphi_{20}+\Delta\varphi_2)] \\
&\quad +A_1A_2\cos[(\omega_1+\omega_2)t+(\varphi_{10}+\varphi_{20})+(\Delta\varphi_1+\Delta\varphi_2)] \\
&\quad +A_1A_2\cos[(\omega_1-\omega_2)t+(\varphi_{10}-\varphi_{20})+(\Delta\varphi_1-\Delta\varphi_2)]
\end{aligned}
\tag{3-58}
$$

由于现有光电探测器的频响远低于光波频率，式(3－58)中含有$2\omega_1$、$2\omega_2$、$\omega_1+\omega_2$的交变项对探测器的输出响应无贡献，故探测器的输出信号为

$$
i(t)=\frac{1}{2}K(A_1^2+A_2^2)+KA_1A_2\cos[(\omega_1-\omega_2)t+(\varphi_{10}-\varphi_{20})+(\Delta\varphi_1-\Delta\varphi_2)] \tag{3-59}
$$

式中：K为与光电探测灵敏度有关的比例常数。由式(3－59)可知，滤掉直流部分后，输出信号是以$\omega_1-\omega_2$为频率、随时间呈余弦变化的中频信号。

同样，对于式(3－54)、式(3－55)的两初始光波，亦可得到其叠加干涉后探测器的输出信号：

$$
i_0(t)=\frac{1}{2}K(A_1^2+A_2^2)+KA_1A_2\cos[(\omega_1-\omega_2)t+(\varphi_{10}-\varphi_{20})] \tag{3-60}
$$

将$i(t)$、$i_0(t)$输入鉴相器，可求出相位差$\Delta\varphi=\Delta\varphi_1-\Delta\varphi_2$，即可实现对位移、角度、振动等的测量。

3.4.2　外差干涉测量条件

1. 空间条件

前面介绍外差干涉测量原理时，假设测量光束（信号光）和参考光束（本振光）重合并垂直入射到光电探测器表面，也就是说二者的波前在整个光混频面上保持相同的相位关系，并据此导出了瞬时中频电流的表达式(3－59)。由于光波波长比探测器光混频面积小得多，实际上总的中频电流等于光混频面上每一微分面元所产生的微分中频电流之和。很显然，只有当这些微分中频电流保持相同的相位关系时，总的中频电流才会达到最大值。这就要求信号光和本振光的波前必须重合，即保持两光波在空间上的角准直。

设信号光和本振光都是平面波，二者的波前有一夹角θ，如图3－26所示。为方便起见，假定光电探测器的光敏面是边长为a的正方形，并设本振光垂直入射，则本振光和信号光可表示为

$$
E_1=A_1\cos(\omega_1 t+\varphi_{10}+\Delta\varphi_1) \tag{3-61}
$$

$$E_2 = A_2\cos\left(\omega_2 t + \varphi_{20} + \Delta\varphi_2 - \frac{2\pi\sin\theta}{\lambda_2}x\right) \tag{3-62}$$

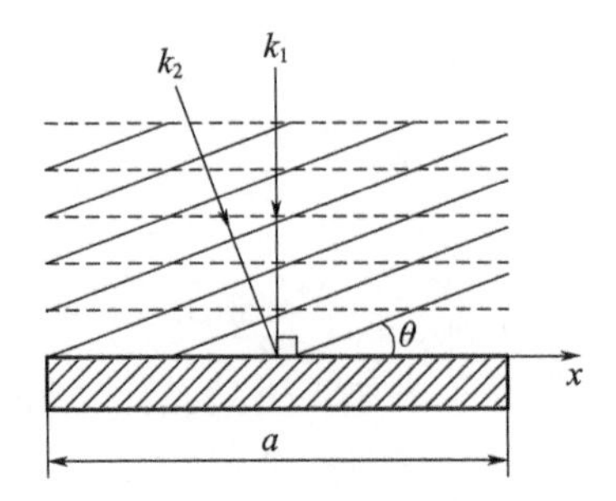

图 3-26　外差干涉测量的空间关系

光混频面上的瞬时光电流为

$$i_P(t) = S\int_{-\frac{a}{2}}^{\frac{a}{2}}\int_{-\frac{a}{2}}^{\frac{a}{2}}\begin{bmatrix}A_1\cos(\omega_1 t + \varphi_{10} + \Delta\varphi_1) + \\ A_2\cos\left(\omega_2 t + \varphi_{20} + \Delta\varphi_2 - \frac{2\pi\sin\theta}{\lambda_2}x\right)\end{bmatrix}^2 \mathrm{d}x\mathrm{d}y \tag{3-63}$$

式中：S 为光电探测灵敏度。探测器输出的中频电流为

$$\begin{aligned} i(t) &= S\int_{-\frac{a}{2}}^{\frac{a}{2}}\int_{-\frac{a}{2}}^{\frac{a}{2}} A_1A_2\cos\left[(\omega_1 - \omega_2)t + (\varphi_{10} - \varphi_{20}) + (\Delta\varphi_1 - \Delta\varphi_2) + \frac{2\pi\sin\theta}{\lambda_2}x\right]\mathrm{d}x\mathrm{d}y \\ &= Sa^2A_1A_2\cos[(\omega_2 - \omega_1)t + (\varphi_{20} - \varphi_{10}) + (\Delta\varphi_2 - \Delta\varphi_1)]\mathrm{sinc}\left(\frac{a\sin\theta}{\lambda_2}\right) \end{aligned} \tag{3-64}$$

由式(3-64)可知，输出中频电流的大小与失配角θ有关。当$\theta=0$时，即本振光和信号光完全角准直时，$\mathrm{sinc}(a\sin\theta/\lambda_2)$取最大值1，瞬时光电流$i(t)$达到最大值。虽然实际工作中$\theta$角很难调整到零，但应使$\mathrm{sinc}(a\sin\theta/\lambda_2)$尽可能接近1，即要求：

$$\theta \approx \sin\theta \ll \frac{\lambda_2}{\pi a} \tag{3-65}$$

且失配角θ与光波长成正比，与光混频面尺寸成反比，即波长越长，光电探测器尺寸越小，则容许的失配角越大。设$\lambda_2=0.6328\mu\mathrm{m}$，$a=5\mathrm{mm}$，则要求$\theta \ll 8.3''$，可见外差干涉测量对空间准直要求是非常苛刻的。

同理可导出，当本振光和信号光平行但不垂直入射光混频面时，探测器输

出的中频电流为

$$i(t)=S\int_{-\frac{a}{2}}^{\frac{a}{2}}\int_{-\frac{a}{2}}^{\frac{a}{2}}A_1A_2\cos\left[(\omega_1-\omega_2)t+(\varphi_{10}-\varphi_{20})+(\Delta\varphi_1-\Delta\varphi_2)+\frac{2\pi\sin\theta}{\lambda_b}x\right]\mathrm{d}x\mathrm{d}y$$
$$=Sa^2A_1A_2\cos[(\omega_2-\omega_1)t+(\varphi_{20}-\varphi_{10})+(\Delta\varphi_2-\Delta\varphi_1)]\mathrm{sinc}\left(\frac{a\sin\theta}{\lambda_b}\right) \tag{3-66}$$

式中:拍波长 $\lambda_b=\lambda_1\lambda_2/(\lambda_1-\lambda_2)$。由于本振光和信号光的波长相差很小,$\lambda_b$ 一般很大,故适当调整就很容易保证 $\mathrm{sinc}(a\sin\theta/\lambda_b)$ 的取值接近 1。

以上表明,在外差干涉测量系统中,最重要的是保证本振光和信号光的角准直。同时,考虑到激光为高斯光束,其波前不是平面波而是特殊的球面波,故两光束的波前曲率必须匹配。

2. 频率条件

光外差检测除了要求信号光和本振光必须保持空间准直、共轴以外,还要求两者具有高度的单色性和频率稳定度。一般选用单纵模运转的激光器作为相干探测光源,以获得单色性好的输出激光。同时信号光和本振光的频率漂移应限制在一定的范围内,否则两者频率的相对漂移过大,其频率差就有可能大大超过中频滤波器带宽,光电探测器之后的前置放大电路和中频放大电路就不能对中频信号正常地加以放大。故在光外差探测中,通常两束光取自同一激光器,并采用专门的措施来稳定信号光和本振光的频率和相位。

3. 偏振条件

在光混频面上要求信号光与本振光的偏振方向一致,这样两束光才能按光束叠加规律进行合成。一般情况下都是通过在光电探测器的前面放置检偏器来实现的,分别让两束信号中偏振方向与检偏器透光方向相同的信号通过,以此来获得两束偏振方向相同的光信号。

3.4.3 双频激光光源

常用的双频激光光源有塞曼(Zeeman)效应 He - Ne 激光器、双纵模激光器和各种原理实现频移的双频光源。

1. 塞曼效应 He - Ne 激光器

单纵模 He - Ne 激光器在纵向磁场的作用下,其中心频率会发生 Zeeman 分裂,形成两个逆向旋转的圆偏振光。图3-27为一种Zeeman频率分裂装置的原理图。单纵模He-Ne激光器被置于一个线圈中,在交变磁场的作用下被分裂成两个不同频率的圆偏振光。该装置利用两个闭环反馈系统实现输出光频率和功率的稳定。由激光器输出的两圆偏振光经适当放置的$\lambda/4$波片和$\lambda/2$波片后形成两个互相垂直的线偏振光,其偏振方向与后续偏振分光器成一定的角度(一般为45°)。这两束偏振光由一个偏振不敏感的分光器BS反射后射出一部分作为控制用光。在偏振分光器PBS上又被分成两部分,每一部分由两个不同频率的光组成,经检偏器后在光电探测器D_1、D_2上形成两个外差信号。将一个信号引入Zeeman频率控制回路与参考晶体的频率做比较,其差信号用于控制磁场强度,使Zeeman频率稳定。将两束信号同时引入中心频率控制回路,经比较两者的相对强度,来控制He-Ne激光器的一个由PZT驱动的腔镜,使两个频率分量强度相等。这也就意味着将中心频率稳定在增益曲线的中心,使两频率稳定。Zeeman分裂的频率差一般为2MHz左右。

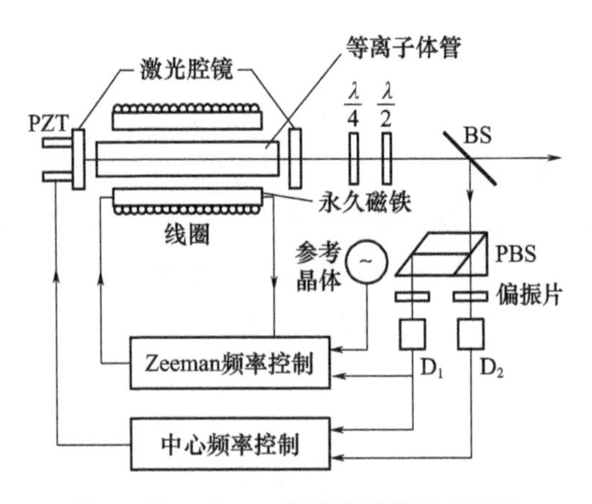

图3-27 Zeeman频率分裂装置原理图

2. 双纵模He-Ne激光器

激光谐振腔的选频作用可以得到纵模间隔$\Delta\nu_q = c/2nL$的一系列纵模,选择并控制腔长L,可以得到较大功率的双纵模。例如,选用$L = 250\text{mm}$的He-Ne激光器,可得到频差约为600MHz的双频激光,以二者光强相等为稳频条件,二者频率对称于中心频率,幅值和中心幅值相差不大,可用于外差干涉仪。由于频差较大,可用于高速测量,但需要与稳定的本机振荡信号混频,取其差频进行计数和鉴相。另外,还可以为测距提供合成波长。

3. 光学机械移频

光学机械移频的方法主要有：①旋转波片法，利用λ/2 波片的旋转运动，实现圆偏振光的频移；②运动光栅法，通过旋转一个辐射状光栅形成一个运动光栅，其±1 级衍射光的频率被调制，产生频移。一般情况下，光学机械移频方法受到机械运动速度的限制，频移量较小。

4. 声光调制法

声光调制法利用介质中传播的超声波形成一个高速运动的光栅，其1 级衍射光的频移量就等于布拉格盒（Bragg Cell）的驱动频率，与光的波长无关。声光调制法可产生高达100MHz 的频移量，在满足 Bragg 衍射条件下，光能利用率可达80%以上。

3.4.4 双频激光干涉仪

双频激光干涉仪是一种精密、多功能的外差干涉测量系统，可以测量多种几何量，如位移、角度、垂直度、平行度、直线度、平面度等，广泛应用于装配、制造、非接触测量和精密计量等方面。

图3－28 为双频激光干涉仪的光学系统图。从双频激光器射出两束强度相等、具有很小频差的左旋圆偏振光和右旋圆偏振光，经 λ/4 波片后变成两束振动方向互相垂直的线偏振光（设 ν_1 垂直于纸面，ν_2 平行于纸面），再经准直系统适当准直扩束后被分光器 BS 分为两部分，其中一小部分（约4%）被反射到检偏器，检偏器的透光轴与纸面成45°。根据马吕斯定律，两个互相垂直

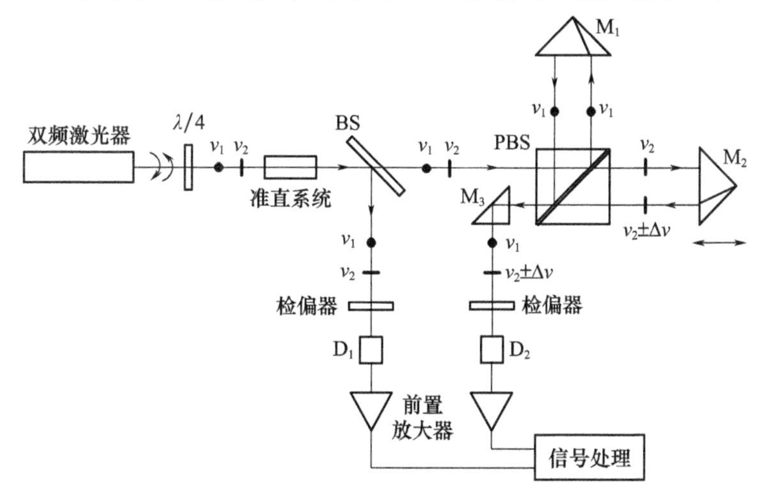

图3－28　双频激光干涉仪的光学系统图

的线偏振光在45°方向上的投影,形成新的同向线偏振光并产生"光学拍",其拍频就等于两个光频之差,即 $\Delta\nu_0=\nu_1-\nu_2$,该信号由光电探测器 D_1 接收,并进入交流前置放大器,放大后的信号作为参考信号送入后续的信号处理部分。透过分光器BS的大部分光被偏振分光器PBS按偏振方向分为两束,频率为 ν_1 的垂直分量被PBS反射至参考角锥棱镜 M_1 并返回,频率为 ν_2 的平行分量透过PBS至测量角锥棱镜 M_2。若测量镜以速度 V 运动,由于多普勒效应,从测量镜返回光束的频率将发生变化,其频移为 $\Delta\nu=2V/\lambda$。这两束返回光在偏振分光器处再次会合,经反射镜 M_3 后投射到振动方向与纸面成45°的检偏器,根据马吕斯定律合成新的线偏振光并形成"光学拍",其拍频为 $\Delta\nu_0\pm\Delta\nu$,该信号被电探测器 D_2 接收,经前置放大器后作为测量信号送入后续的信号处理部分。这里,正负号由测量镜移动方向决定,当测量镜向靠近PBS的方向移动时,取负号,反之取正号。后续的信号处理部分对频率为 $\Delta\nu_0$ 的参考信号和频率为 $\Delta\nu_0\pm\Delta\nu$ 的测量信号进行混频处理,解调出与测量镜运动速度成正比的光频差 $\Delta\nu$。

设在测量镜移动的时间 t 内,由 $\Delta\nu$ 引起的条纹亮暗变化次数为 N,则有

$$N=\int_0^t \Delta\nu \mathrm{d}t=\int_0^t \frac{2V}{\lambda}\mathrm{d}t=\frac{2}{\lambda}\int_0^t V\mathrm{d}t \tag{3-67}$$

式中:$\int_0^t V\mathrm{d}t$ 为时间 t 内测量镜移动的距离 L,故有

$$L=N\frac{\lambda}{2} \tag{3-68}$$

双频激光干涉仪中,双频起到了调频的作用,被测信号以多普勒频移的方式叠加在这一调频载波上。当测量镜静止不动时,光电探测器仍输出一个频率为 $\Delta\nu_0$ 的交流信号。测量镜的运动只是使这个信号的频率增加或减少,因而前置放大器可采用交流放大器,避免了用直流放大器时所遇到的棘手的直流漂移问题。一般的单频激光干涉中,光强变化50%就不能正常工作,而双频激光干涉仪中,光强损失可通过带自动增益控制的高倍率交流放大电路来补偿,即使在恶劣环境中光强损失达95%,它仍能正常工作,故其抗干扰性能强,适用于现场应用。激光外差干涉信号的处理方法主要有锁相倍频法、频率解调法、相位解调法、混合法等,现在大都用基于DSP的数字信号处理方法来实现。

3.4.5 激光测振仪

基于多普勒测速的非接触式激光测振技术已发展得相当成熟,其实质就是

使用激光干涉仪测量多普勒频移。

图3－29所示为POLYTEC公司生产的激光测振仪的工作原理。由He－Ne激光器发出频率为ν_0的激光束，被分光器BS_1分成两束，其中被BS_1反射的一路称为参考光束，另一路称为测量光束。参考光束经直角棱镜M_1反射后透过声光调制器，其频率由ν_0调制为$\nu_0+\nu_s$（ν_s为声光调制器的调制频率），并由分光器BS_3反射后，直接到达光电接收器。测量光束透过分光器BS_2后，经透镜会聚在被测振动体上，并由该物体后向散射，再经过分光器BS_2和BS_3后到达光电接收器。由于多普勒效应的影响，该束光的频率为$\nu_0\pm\Delta\nu$（$\Delta\nu$为物体振动引起的多普勒频移量）。两束光汇合后产生光学拍现象，合光强变化的频率（拍频）为

$$\nu_b=\nu_0+\nu_s-(\nu_0\pm\Delta\nu)=\nu_s\mp\Delta\nu \tag{3-69}$$

其中，多普勒频移量为

$$\Delta\nu=\frac{2V(t)}{\lambda_0} \tag{3-70}$$

式中：$V(t)$为物体振动的速度；λ_0为入射激光的波长。

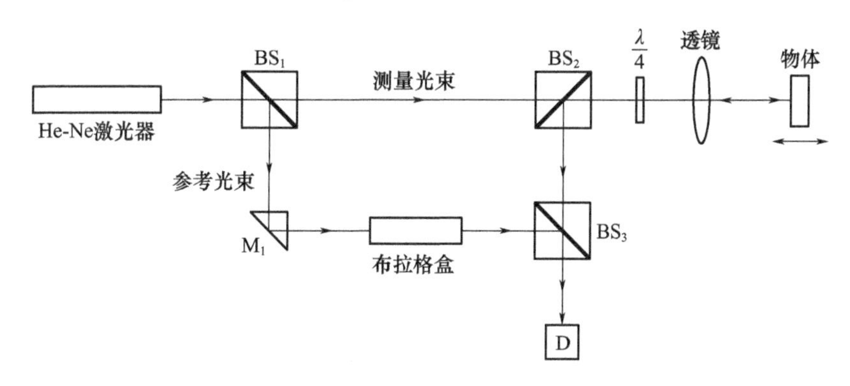

图3－29　激光测振仪的工作原理

由此可见，探测器D接收到的光强的变化频率ν_b为参考光和测量光的频率差，且与振动物体的速度成正比，或者说参考光和测量光的相位差与振动物体移动的距离成正比，即$\delta=2\pi nL/\lambda_0$（L为测量光与参考光之间的路程差）。

由于被测振动体常为漫反射体，为尽可能收集漫反射表面散射回来的激光，并尽量改善返回光的波面，测量光束必须是会聚光。会聚光斑越小，会聚透镜的口径就越大，越有利于收集返回光和改善返回光的波面特性。

3.5 波面干涉测量

波面干涉测量属于静态干涉测量，通过测量被测波面与参考标准波面产生的干涉条纹的分布及其变形量，求得试样表面微观几何形状、场密度分布和光学系统波像差等。与传统的干涉测量技术相比，现代波面干涉测量技术的主要特点是引入了相位调制技术来辅助被测信息的提取。

光学平滑波面的检测主要应用于光学器件和光学系统的检测。检测内容大体分为光学元件表面形状的检测和元件总体质量的检测。前者包括平面、凹凸球面及非球面的测量，给出加工表面的几何特性，采用反射方式进行测量；后者包括棱镜、透镜及其组成的光学系统的检测，给出元件及系统的总的像质，采用透射方式进行测量。目前，在诸多光学波面干涉测量系统中，得到广泛应用的主要包括斐索(Fizeau)干涉仪、泰曼－格林(Twyman－Green)干涉仪、马赫－泽德(Mach－Zehnder)干涉仪、剪切干涉仪等。

3.5.1 波面干涉原理

设传播到某一平面 $x-y$ 上的两个同频率、同方向振动的单色光波的复振幅为

$$E_1(x,y)=A_1(x,y)\exp[\mathrm{i}\varphi_1(x,y)] \tag{3-71}$$

$$E_2(x,y)=A_2(x,y)\exp[\mathrm{i}\varphi_2(x,y)] \tag{3-72}$$

式中：$A_1(x,y)$ 和 $A_2(x,y)$ 为两光波的振幅；$\varphi_1(x,y)$ 和 $\varphi_2(x,y)$ 为两光波的相位。

两束光叠加后形成的合成光强分布为

$$I=|E_1(x,y)+E_2(x,y)|^2=I_0(x,y)+I_c(x,y)\cos\Delta(x,y) \tag{3-73}$$

其中：

$$\begin{cases}I_0(x,y)=A_1^2(x,y)+A_2^2(x,y)\\ I_c(x,y)=2A_1(x,y)A_2(x,y)\\ \Delta(x,y)=\varphi_2(x,y)-\varphi_1(x,y)\end{cases} \tag{3-74}$$

以上表明，在合光强分布中包含了两个光波的振幅和相位信息。在一定的条件下，通过对该光场强度的探测，就可以推导出两光波的相位差信息，进而求出两光波的光程差信息，并最终得到待测物理信息。

3.5.2　信息提取原理

对于测量场中任一点来说，其强度同时受到两束光波的振幅和相位的影响，即使已知其中一束光波的振幅和相位，也还存在两个未知数，故无法用一点的强度信息来获得该点的相位差。但是，如果两束光振幅的空间分布变化率比两束光相位差的空间变化率慢很多，则干涉场强度的空间变化率取决于相位的变化，干涉场强度分布极值点的位置由余弦函数极值点的位置决定。故通过对干涉场强度空间分布极值点的确定，就可以确定这些点处的相位差值，进而通过适当的插值获得测量场中其他点的相位差值。

由式(3－73)可知，干涉场中强度极大值处相位差的可能值为 $\Delta(x,y)=2n\pi(n=0,\pm1,\pm2,\cdots)$，并形成一组不同相位值的亮条纹；干涉场中强度极小值处相位差的可能值为 $\Delta(x,y)=(2n+1)\pi(n=0,\pm1,\pm2,\cdots)$，并形成一组不同相位值的暗条纹。整个干涉场中亮、暗条纹交替变化，但条纹级数尚需利用其他信息辅助判断。比如，已知被测波面和参考波面的形状就不难确定各条纹的级数。再如给某一波面施加调制，观察条纹的变化就可判断条纹级数。

图 3－30 给出了干涉条纹自动识别的流程图，利用 CCD 图像传感器将测量

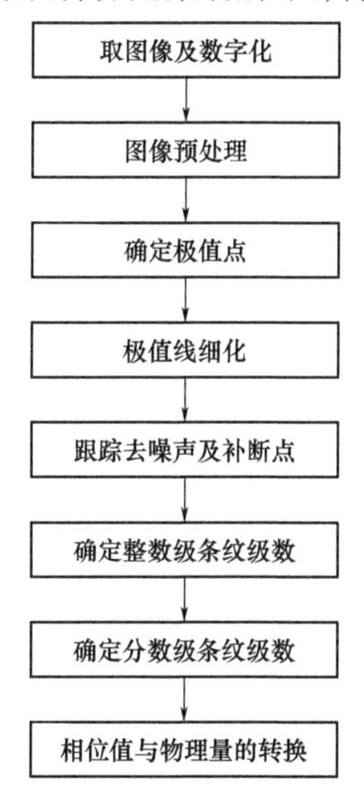

图 3－30　干涉条纹自动识别流程图

场光强信号转换成电信号,经放大采样和量化后,用数字图像处理技术求相位差,并最终求出待测物理信息。这种传统的干涉测量技术由于相位的测量受到多种因素的影响,条纹极值点的位置测量精度为不超过1/20个条纹间隔,条纹非极值点的位置测量精度为1/5个条纹间隔。

3.5.3 斐索干涉仪

1. 激光斐索平面干涉仪

图3-31为激光斐索平面干涉仪的基本光路图。激光束由显微物镜会聚于针孔处,经空间滤波后变成一个高质量的球面波,针孔位于准直物镜的焦点上。该球面波透过分光器,经准直物镜后变成一个宽口径的平面波。用自准直法调整标准平晶,使上述平面波垂直入射到参考平面上。其中一部分激光从参考表面反射,而另一部分光透过参考表面射到被测平面上,由被测平面又反射回一部分光。这两部分反射回去的光波再经准直物镜,由分光器反射,在出瞳处形成两个明亮的小孔像。通过调整被测平面使两个小孔像重合,表明由参考平面与被测平面反射回来的两束光波重合而产生双光束干涉。此时,观察者眼睛靠近出瞳处就可以看到位于参考平面附近的干涉条纹,干涉条纹间距代表的光程差为$\lambda/2$。若要记录干涉图样,只要在出瞳处放置一架CCD相机,并调焦在参考平面和被测平面之间的干涉条纹定域面上,就可以将干涉图样拍摄下来。通过对干涉图样的分析和处理,可以得到被测平面的面形误差。

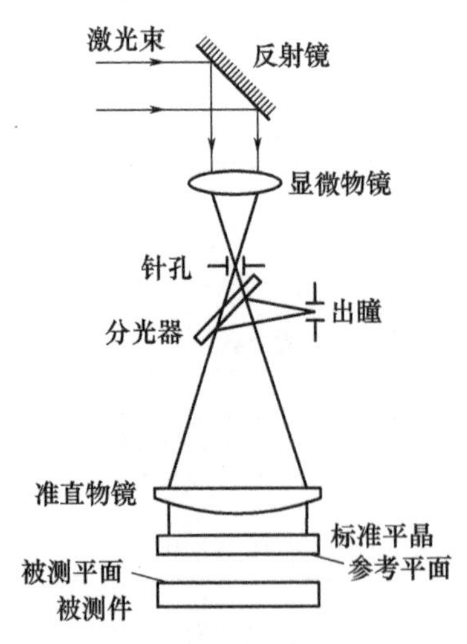

图3-31 激光斐索平面干涉仪基本光路图

采用激光斐索平面干涉仪进行测量时,应注意以下几点。

(1)杂散光。

由图3-31可知,平行光在标准平晶的上表面和被测件的下表面都会反射一部分光而产生非期望的杂散光,形成寄生条纹和背景光并叠加到干涉场中,影响条纹的对比度。为此,常将标准平晶做成楔形板,以阻止其上表面反射的光线进入出瞳。同样,将被测件做成楔形板或在其背面涂抹油脂,以消除或减少其下表面产生的杂散光。

(2)标准平晶。

标准平晶的参考平面是激光斐索平面干涉仪的测量基准,对其面形误差的要求极其严格,且口径必须大于被测件的口径。当标准平晶的口径大于200mm时,加工和检验都十分困难。此外,标准平晶的制作材料应选用线膨胀系数少、残余应力小和均匀性好的光学玻璃,安装时要防止产生装夹应力,对大口径标准平晶还要考虑自重变形。甚至可以考虑将处于静止状态的液体表面作为参考基准平面,此类激光平面干涉仪多用于大口径(ϕ200mm以上)、高准确度的场合,不适合车间现场使用。

(3)准直物镜。

激光斐索平面干涉仪的准直物镜主要是为了给出一束垂直入射于标准平面的平行光,但若物镜存在像差,则出射光不再是平行光。以角像差θ入射至空气隙上的光,在形成干涉条纹的光程差中增加了一个附加的光程差$h\theta^2$。如果要求由此像差引起的测量不确定度不超过0.01光圈,设空气隙厚度$h=50$mm,求得准直物镜的角像差$\theta<1'$。

2. 激光斐索球面干涉仪

图3-32为激光斐索球面干涉仪的基本光路图。图中标准物镜组的最后一个球面与出射的高质量的球面波具有同一个球心C_0,即该面作为测量的参考球面。为了获得需要的干涉条纹,必须仔细调整被测球面,使被测球面的球心C与C_0精确重合。通过目镜可以观察到分别由标准参考面和被测面反射回来的两束光所形成的等厚干涉条纹,也可由CCD相机摄取干涉图样,由专业软件进行波面恢复和信息处理。

激光斐索平面干涉仪和激光斐索球面干涉仪的主要区别在于前者用标准平晶的后平面作为参考面,后者用标准物镜组的最后一个球面作为参考面,二者测量原理及光路结构均十分相似。通过更换标准参考镜,将两种用途合为一体后,可用于检测凸球面、凹球面、平面、非球面(如抛物面、双曲面)等的面形误差,以及光学系统的波像差。此外,激光斐索球面干涉仪还可用来测量光学球面的曲率半径、玻璃平板的平行度、屋脊棱镜屋脊角误差、高质量反射棱镜光学平行度等。

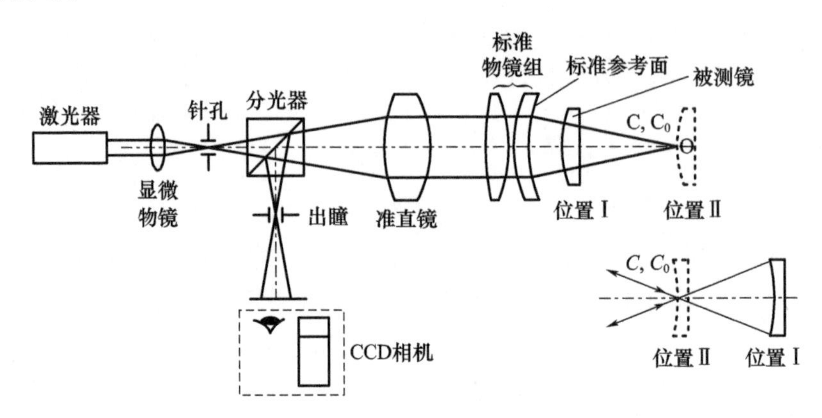

图3-32　激光斐索球面干涉仪基本光路图

3. GPI XP/D 型激光数字波面干涉仪

Zygo 公司推出的数字波面干涉仪代表了当前波面干涉仪的最高水平,已被公认为光学工业和研究室中的标准光学检测仪器,包括 DynaFiz、GPI 系列、Verifire 系列、大口径激光干涉仪等。其中,GPI XP/D 型激光数字波面干涉仪是应用最广泛、技术最成熟的经典产品,可应用于平面和球面的面形检测、球面曲率半径测量、平面楔角测量、直角棱镜的直角偏差和任意角度的加工偏差、光学材料均匀性测量、角锥角度和面形偏差测量、精密盘片质量检验、三平板绝对测量、双球面绝对测量、静态干涉条纹判断、泽尼克多项式分析等领域,图3-33给出了激光波长为10.6μm 的 GPI XP/D 型激光干涉仪,用于红外光学系统检测。

GPI XP/D 型激光干涉仪可以以水平或垂直的方式设置,并且可在需要时改变。其主机为 Fizeau 型干涉仪,主要包括相位调制器、MetroPro 软件、Zygo 仪器板、PCI 总线高速图像捕捉卡、监视器、自动光强控制、孔径聚焦等部分。其主要技术指标为:系统均方根值(RMS)的重复性可达 $\lambda/10000(2\sigma)$,系统峰谷值(PV)重复性优于 $\lambda/300(2\sigma)$,系统分辨率 $>\lambda/8000$,空间分辨率 640×480 像素(可升级至 1024×1024 像素),条纹分辨率 180 条(可升级至 340 条),数据采集时间 173ms(高分辨率)、93ms(低分辨率)。

GPI XP/D 型激光干涉仪最大的特点之一就是功能强大的 MetroPro 软件。它使用相互关联的窗口显示,能同时在屏幕上提供仪器控制、表面图像、曲线、数据和统计结果,使用彩色打印机可产生高质量的数据图像。数据可以存在磁盘上,或传输至其他计算机做处理或统计分析。MetroPro 软件提供可旋转的三维图像、等角图、等高线图、斜率、线状曲线图等,并具有多种参数(Zernike 参数、峰谷值、标准偏差、RMS 误差和剩余 RMS、PSF、MTF、环绕能等)的计算功能。

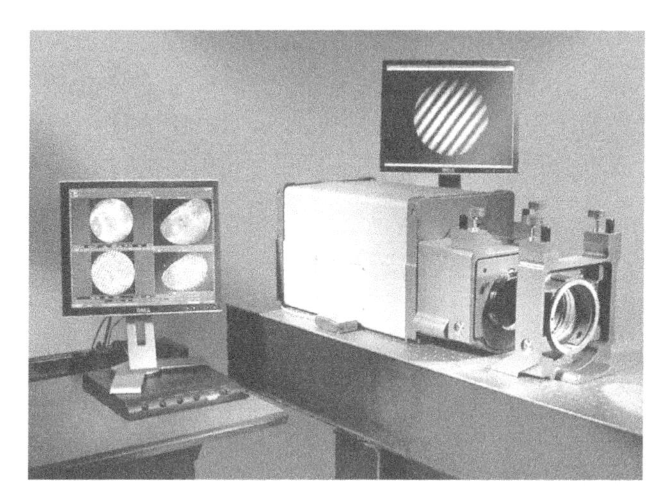

图 3-33　GPI XP/D 型激光数字波面干涉仪

3.5.4　马赫-泽德干涉仪

马赫-泽德干涉仪是另一类应用广泛的干涉仪,它的两支光路是分离的,适用于流场、温度场、风洞等透明场的测量。

马赫-泽德干涉仪的基本光路如图 3-34 所示,激光束经扩束、滤波及准直后,被分光器 BS_1 分成两束,一束作为参考光,经反射镜 M_1 和分光器 BS_2 投

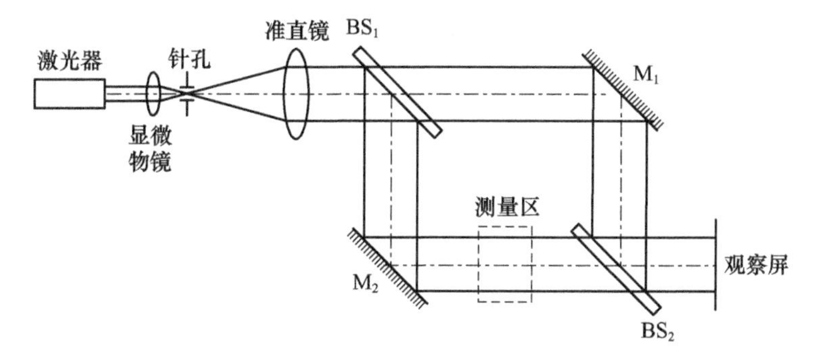

图 3-34　马赫-泽德干涉仪的基本光路

射到观察屏上,另一束经反射镜 M_2、被测区和分光器 BS_2 投射到观察屏上,与参考光形成干涉场。在马赫-泽德干涉仪中,探测光通过被测区一次,干涉条纹间距对应的光程差为一个波长。在图 3-34 中,可以根据需要在参考臂和测量臂中加入光路变换系统。

3.5.5 移相干涉测量

传统的波面干涉测量方法都是通过直接判读干涉条纹或其序号来获取有用的信息。由于受多种因素(特别是受条纹判读准确度)的限制,传统干涉测量的测量不确定度只能做到 $\lambda/20 \sim \lambda/30$。20 世纪 70 年代以来,发展了一种高精度的移相干涉测量技术,采用精密的移相器件,综合激光、电子和计算机技术,实时、快速地测得多幅相位变化后的干涉图样,经处理后得到被测波面各点处的相位分布,该技术的测量不确定度可达到 $\lambda/100$。

1. 移相干涉基本原理

图 3-35 所示为一种移相泰曼干涉仪的原理图,其参考镜与一压电陶瓷移相器(PZT)固连,通过驱动电路激励压电陶瓷晶体,带动参考镜产生亚波长量级的光程变化,使干涉场产生变化的干涉图形。干涉场的光强分布可表示为

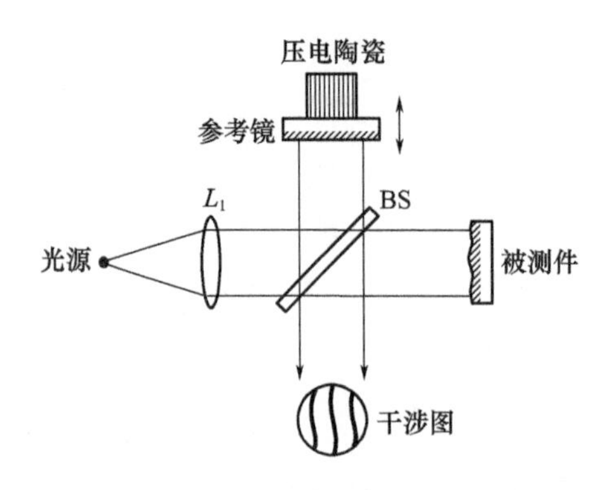

图 3-35 移相泰曼干涉仪原理图

$$I(x,y,t) = I_0(x,y) + I_c(x,y)\cos[\Delta(x,y) + \delta(t)] \tag{3-75}$$

式中:$I_0(x,y)$ 为干涉场的直流光强分布;$I_c(x,y)$ 为干涉场的交流光强分布;$\Delta(x,y)$ 为被测波面与参考波面的相位差分布;$\delta(t)$ 为可控的相位调制量。当 $\delta(t)$ 变化时,$I(x,y,t)$ 也发生变化,待测量的相位差 $\Delta(x,y)$ 就是余弦变化项的初相位。移相干涉测量就是通过控制相位调制量 $\delta(t)$ 并探测相应的干涉强度 $I(x,y,t)$ 来提取初始相位信息 $\Delta(x,y)$。实现移相干涉测量的方法有很多,可分

为步进移相式和连续移相式两大类。

2. 步进移相方法

该类方法中最常用的是使可控相位值 δ 等间距变化，利用在多个点上探测到的强度值来解算出干涉强度变化的初相位。

将式(3-75)改写为

$$I(x,y,t)=f(x,y)+g(x,y)\cos\delta(t)+q(x,y)\sin\delta(t) \tag{3-76}$$

其中：

$$\begin{cases} f(x,y)=I_0(x,y) \\ g(x,y)=I_c(x,y)\cos\Delta(x,y) \\ q(x,y)=-I_c(x,y)\sin\Delta(x,y) \end{cases} \tag{3-77}$$

令可控相位

$$\delta(i)=i\frac{2\pi}{M} \quad (i=1,2,\cdots,Mn) \tag{3-78}$$

式中：M、n 均为整数，M 表示在一个周期内的采样点数，n 为总共的采样周期数。在 $\delta(i)$ 处探测到的相应强度为 $I[x,y,\delta(i)]$，利用三角函数的正交性可以证明：

$$\begin{cases} f(x,y)=\dfrac{1}{Mn}\sum\limits_{i=1}^{Mn}I[x,y,\delta(i)] \\ g(x,y)=\dfrac{2}{Mn}\sum\limits_{i=1}^{Mn}I[x,y,\delta(i)]\cos\delta(i) \\ q(x,y)=\dfrac{2}{Mn}\sum\limits_{i=1}^{Mn}I[x,y,\delta(i)]\sin\delta(i) \end{cases} \tag{3-79}$$

比较式(3-77)、式(3-79)，有

$$\Delta(x,y)=-\arctan\left[\frac{q(x,y)}{g(x,y)}\right]=-\arctan\left[\frac{\sum\limits_{i=1}^{Mn}I[x,y,\delta(i)]\sin\delta(i)}{\sum\limits_{i=1}^{Mn}I[x,y,\delta(i)]\cos\delta(i)}\right] \tag{3-80}$$

式(3-80)是步进式移相干涉测量的一般公式。

由式(3-75)可知，对于给定的干涉场某点(x,y)处，存在 I_0、I_c 和Δ三个未知数，理论上只需三步移相就可确定初相位值Δ。当然采样点数的增多意味着增加了信息余量，同时也增加了计算量，但是实际测量过程中总是存在电噪声和相位控制不准确等因素，因此适当地增加移相次数对提高测量精度是有利的。现在常采用三步移相法和四步移相法。

1）三步移相法

三步移相法要精确知道每次的移相值，只需步进移相两次并探测三个采样点的强度值 $I_1(x,y)$、$I_2(x,y)$ 和 $I_3(x,y)$，其初相位的求解公式为

$$\Delta(x,y)=\arctan\frac{\begin{Bmatrix}[I_3(x,y)-I_2(x,y)]\cos\delta_1+\\ [I_1(x,y)-I_3(x,y)]\cos\delta_2+[I_2(x,y)-I_1(x,y)]\cos\delta_3\end{Bmatrix}}{\begin{Bmatrix}[I_3(x,y)-I_2(x,y)]\sin\delta_1+\\ [I_1(x,y)-I_3(x,y)]\sin\delta_2+[I_2(x,y)-I_1(x,y)]\sin\delta_3\end{Bmatrix}} \tag{3-81}$$

式中：δ_1、δ_2 和 δ_3 分别为三次相位步进值。一般地取 $\delta_1=0$，$\delta_2=2\pi/3$，$\delta_3=4\pi/3$，相当于式(3－80)中 $M=3$，$n=1$，即在一个周期 2π 内进行了三次等间隔的满周期采样，此时式(3－80)和式(3－81)简化成如下同一个公式：

$$\Delta(x,y)=\arctan\frac{\sqrt{3}[I_3(x,y)-I_2(x,y)]}{2I_1(x,y)-I_2(x,y)-I_3(x,y)} \tag{3-82}$$

利用最小二乘法，理论上可推导出最佳采样方式为等间隔满周期采样，此时相位计算误差最小，系统具有最强的抗噪声能力。

2）四步移相法

采用等间隔满周期的最佳采样方式，令 $M=4$，$n=1$，取 $\delta_1=0$，$\delta_2=\pi/2$，$\delta_3=\pi$，$\delta_4=3\pi/2$，代入式(3－80)，有

$$\Delta(x,y)=\arctan\frac{I_4(x,y)-I_2(x,y)}{I_1(x,y)-I_3(x,y)} \tag{3-83}$$

上述四步移相法须精确知道四次相位步进值。还有一种方法，让每次相位步进距离相等，但无须知道其精确值。假设步进相位值为 δ，四个探测到的光强为

$$\begin{cases}I_1(x,y)=I_0(x,y)+I_c(x,y)\cos\Delta(x,y)\\ I_2(x,y)=I_0(x,y)+I_c(x,y)\cos[\Delta(x,y)-\delta]\\ I_3(x,y)=I_0(x,y)+I_c(x,y)\cos[\Delta(x,y)-2\delta]\\ I_4(x,y)=I_0(x,y)+I_c(x,y)\cos[\Delta(x,y)-3\delta]\end{cases} \tag{3-84}$$

进一步可导出：

$$\Delta(x,y)-\frac{3\delta}{2}=\arctan\left\{\sqrt{[I_1(x,y)-I_4(x,y)]+[I_2(x,y)-I_3(x,y)]}\times\frac{\sqrt{3[I_2(x,y)-I_3(x,y)]-[I_1(x,y)-I_4(x,y)]}}{[I_2(x,y)+I_3(x,y)]-[I_1(x,y)+I_4(x,y)]}\right\} \tag{3-85}$$

其中:$3\delta/2$ 的常数相位对于波面测量没有影响,可不予考虑。该方法的好处是不须对移相器进行严格标定,只要移相器与驱动信号成线性关系即可。

需说明的是,式(3－79)、式(3－80)、式(3－81)和式(3－83)中,均采取了相减和相除等信号处理方式,能有效消除干涉测量系统中固有的系统误差,并可部分减少电噪声、缓慢的气流、振动和温度场等随机误差的影响,并自动消除面阵探测器不一致性的影响。

3. 连续移相法

连续移相测量技术将可控制的相位量调制成以某个值(T)为周期的随时间线性变化的函数,积分探测某些子区间内的强度值,解算出两光波的相位差。

经线性相位调制的干涉场强度可一般性地表示为

$$I(x,y,t)=I_0(x,y)+I_c(x,y)\cos\left[\Delta(x,y)+\frac{2\pi}{T}t\right] \tag{3-86}$$

将相位变化周期分成四个相同间隔的子区间,对每个子区间内的强度分别进行积分探测,得到的探测值为

$$\begin{cases}A(x,y)=\int_{t_0}^{t_0+T/4}I(x,y,t)\,\mathrm{d}t=\frac{I_0(x,y)T}{4}+\frac{I_c(x,y)T}{\sqrt{2}\pi}\cos\left[\Delta(x,y)+\frac{2\pi}{T}t_0+\frac{\pi}{4}\right]\\ B(x,y)=\int_{t_0+T/4}^{t_0+T/2}I(x,y,t)\,\mathrm{d}t=\frac{I_0(x,y)T}{4}-\frac{I_c(x,y)T}{\sqrt{2}\pi}\sin\left[\Delta(x,y)+\frac{2\pi}{T}t_0+\frac{\pi}{4}\right]\\ C(x,y)=\int_{t_0+T/2}^{t_0+3T/4}I(x,y,t)\,\mathrm{d}t=\frac{I_0(x,y)T}{4}-\frac{I_c(x,y)T}{\sqrt{2}\pi}\cos\left[\Delta(x,y)+\frac{2\pi}{T}t_0+\frac{\pi}{4}\right]\\ D(x,y)=\int_{t_0+3T/4}^{t_0+T}I(x,y,t)\,\mathrm{d}t=\frac{I_0(x,y)T}{4}+\frac{I_c(x,y)T}{\sqrt{2}\pi}\sin\left[\Delta(x,y)+\frac{2\pi}{T}t_0+\frac{\pi}{4}\right]\end{cases} \tag{3-87}$$

式中：t_0 为积分起始点。由式(3-87)可导出：

$$\Delta(x,y)+\frac{2\pi}{T}t_0+\frac{\pi}{4}=\arctan\frac{D(x,y)-B(x,y)}{A(x,y)-C(x,y)} \tag{3-88}$$

显然，当 $t_0=-T/8$，所解出的值刚好等于两波面之间的相位差。实际测量中，常数相位并不重要，对探测器积分起始点无须做特殊要求。

初始相位提取更一般的方法是将变化周期分成大量等宽度的子区间，积分探测每个子区间上的探测值进行解算。这样处理可提高精度，但数据量会增加。也可以通过几个不相连的子区间上的探测值来解算相位。

4. 移相实现方法

1）压电晶体（PZT）法

该方法利用压电晶体的电致伸缩效应进行移相。在使用中将压电晶体的一端固定，另一端粘贴一块反射镜，当在其两端的电极上施加电压时，压电晶体将伸缩变形而将反射镜平移，该平移在光路中将引起光程的变化，即相位变化。常见的压电陶瓷材料有钛酸钡（$BaTiO_3$）、锆钛酸铅（$PbZrO_3-PbTiO_3$）、铌镁铝钛酸铅（PCW）等。利用压电晶体制成的移相器最为常用，并具有结构简单、稳定性好、响应速度较快、价格低廉等特点。但伸缩量随电压的变化有一定的非线性和滞后性。

2）电光晶体法

电光晶体的两端施加电压后，会发生折射率的变化，因而可做成移相器。将线偏振光通过半波片变成两个互相垂直的偏振分量，通过电光晶体后由偏振分光器实现两正交光束的分离，分别作为参考光和测量光。当晶体的两极施加一定电压时，两个分量间将产生一定的相位差，达到移相的目的。利用电光晶体制成的移相器响应速度很快、移相精度高，但系统复杂，光能利用率低，价格昂贵。

此外，还有液晶移相法、旋转平晶法等。液晶移相法的响应速度慢，受环境温度影响大，移相量空间分布不均；旋转平晶法移相精度低、调整困难且速度慢，故二者的应用范围均受到限制。

5. 斐索型移相干涉仪

图3-36所示为斐索型移相干涉仪的原理图，在参考平板固定框架的某一圆周上以120°角间距固定3个压电陶瓷移位器，同步驱动这三个PZT移位器实现所需的移相值。

Zygo公司的GPI XP/D激光干涉仪就采用移相干涉原理，提供高精度的平面面形、球面面形、曲率半径、样品表面质量、传输波前的测量和分析功能。其移相机构的内部装有压电陶瓷堆移相器件，配有专用的控制和驱动电路，以产生多幅移相干涉图。图3－37所示为测量某镜面输出的干涉图和波面图。

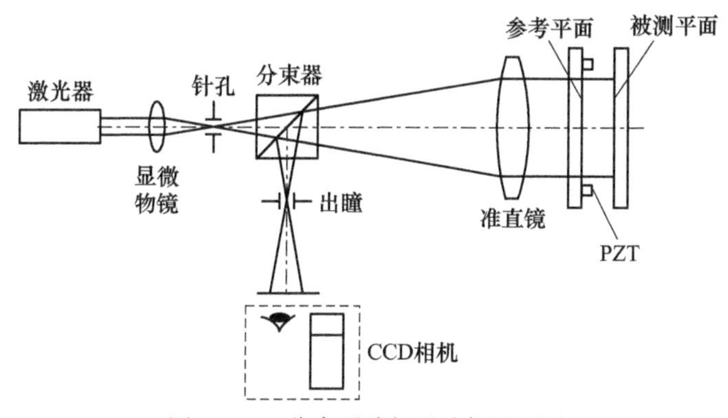

图3－36　斐索型移相干涉仪原理图

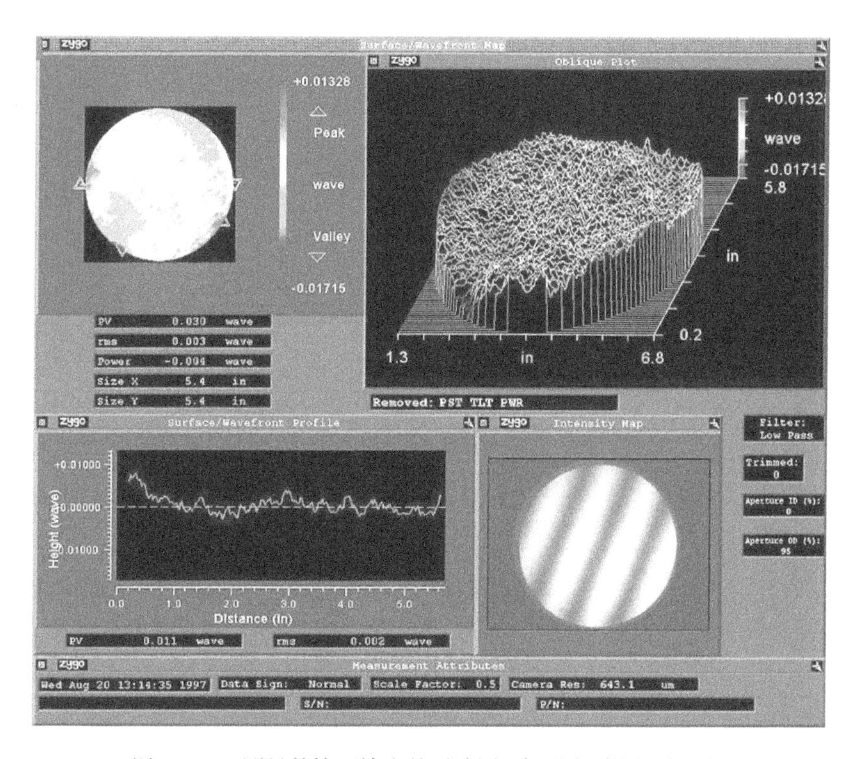

图3－37　测量某镜面输出的干涉图、波面图（彩图见插页）

第4章　激光衍射测量技术

光波在传播过程中遇到障碍物时,会偏离原来的传播方向,绕过障碍物的边缘而进入几何阴影区内,并在障碍物后的观察屏上呈现光强的不均匀分布,这种现象称为光的衍射。使光波发生衍射的障碍物或其他使入射光波的振幅和相位分布(或二者之一)发生某种变化的光屏称为衍射屏。激光出现以后,由于其具有方向性好、亮度高、相干性好等优点,使光的衍射现象在精密测量技术中得到了实质性应用。

根据观察方式的不同,光的衍射现象通常分为两类:一类是菲涅耳衍射,光源和观察屏(或二者之一)离开衍射屏距离有限,又称为近场衍射;另一类是夫琅和费衍射,光源和观察屏距离衍射屏都相当于无限远,又称为远场衍射。

4.1　衍射基本原理

4.1.1　惠更斯－菲涅耳原理

惠更斯认为:波前(或波阵面)上的每一点都可以看作一个次级扰动中心,发出球面子波;在后一时刻这些子波的包络面就是新的波前。利用惠更斯原理可以定性地说明衍射现象的存在,但不能确定光波通过衍射屏后沿不同方向传播的振幅,因而无法给出衍射图样的光强分布。

菲涅耳对惠更斯原理作了重要的补充:波前上每一点发出的子波均是相干的,因而波前外任一点的光振动应该是波前上所有子波相干叠加的结果。用"子波相干叠加"思想补充的惠更斯原理称为惠更斯－菲涅耳原理。

基尔霍夫从微分波动方程出发,利用场论中的格林(Green)定理及电磁场的边值条件,给惠更斯－菲涅耳原理找到了较完善的数学表达式。考察单色点光源S发出的球面波照明透明屏上孔径Σ的情况,如图4－1所示,Q是孔径Σ上的任意点,P为衍射屏后任意点,l和r分别是光源S和P点到Q点的距离,$\boldsymbol{n}$为

孔径Σ的外法线单位矢量,则在P点处产生的光振动(复振幅)为

$$\tilde{E}(\mathrm{P}) = \frac{A}{\mathrm{i}\lambda}\iint_{\Sigma} \frac{\exp(\mathrm{i}kl)}{l} \frac{\exp(\mathrm{i}kr)}{r}\left[\frac{\cos(\boldsymbol{n},\boldsymbol{r}) - \cos(\boldsymbol{n},\boldsymbol{l})}{2}\right]\mathrm{d}\sigma \quad (4-1)$$

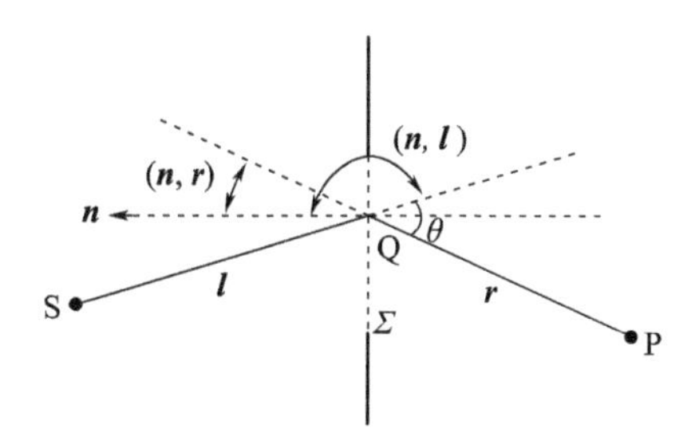

图4-1　球面波在孔径Σ上的衍射

式中:A为入射光在距离点光源S单位距离处的振幅;λ是激光的波长;波数$k = 2\pi/\lambda$;$(\boldsymbol{n},\boldsymbol{l})$表示孔径Σ的外法线与矢量SQ的夹角;$(\boldsymbol{n},\boldsymbol{r})$为孔径Σ的外法线与矢量PQ的夹角。

式(4-1)称为菲涅耳-基尔霍夫衍射公式。若令

$$C = \frac{1}{\mathrm{i}\lambda} \quad (4-2)$$

$$\tilde{E}(\mathrm{Q}) = \frac{A\exp(\mathrm{i}kl)}{l} \quad (4-3)$$

$$K(\theta) = \frac{\cos(\boldsymbol{n},\boldsymbol{r}) - \cos(\boldsymbol{n},\boldsymbol{l})}{2} \quad (4-4)$$

式(4-1)可改写为

$$\tilde{E}(\mathrm{P}) = C\iint_{\Sigma} \tilde{E}(Q)\,\frac{\exp(\mathrm{i}kr)}{r}K(\theta)\,\mathrm{d}\sigma \quad (4-5)$$

式(4-5)的物理意义是:P点的场是由孔径Σ上无穷多个虚设的子波源共同作用产生的,子波源的复振幅与入射波在该点的复振幅$\tilde{E}(\mathrm{Q})$和倾斜因子$K(\theta)$成正比,与波长λ成反比;且因子$1/\mathrm{i} = \exp(-\mathrm{i}\pi/2)$表明,子波源的振动相位超前于入射波90°。如果点光源离开孔径足够远,使入射光可以看作垂直入射到孔径的平面波,那么对于孔径上各点都有$\cos(\boldsymbol{n},\boldsymbol{l}) = -1$,$\cos(\boldsymbol{n},\boldsymbol{r}) = \cos\theta$,因而:

$$K(\theta) = \frac{1 + \cos\theta}{2} \quad (4-6)$$

当$\theta = 0$时,$K(\theta) = 1$,有最大值;当$\theta = \pi$时,$K(\theta) = 0$。

4.1.2 基尔霍夫衍射公式的近似

应用式(4－5)来计算衍射问题,由于被积函数的形式比较复杂,即使对于很简单的衍射问题也不易以解析形式求出积分。因此,有必要根据实际情况对式(4－5)作一些近似处理。

1. 傍轴处理

在通常情况下,衍射孔径的线度和观察屏上的观察范围都远远小于屏与孔径之间的距离 z_1(图4－2),可以认为衍射现象在傍轴区进行,即可作下列近似:

(1) $\cos\theta \approx 1$,故倾斜因子 $K(\theta)=1$。

(2)孔径Σ中任意点Q到观察屏上P点的距离 r 变化不大,且 r 的变化对孔径范围内各子波源发出的球面子波在P点的振幅影响不大,可近似认为 $1/r=1/z_1$,式(4－5)可写为

$$\tilde{E}(\mathrm{P}) = \frac{1}{\mathrm{i}\lambda z_1}\iint_{\Sigma} \tilde{E}(\mathrm{Q})\exp(\mathrm{i}kr)\mathrm{d}\sigma \qquad (4-7)$$

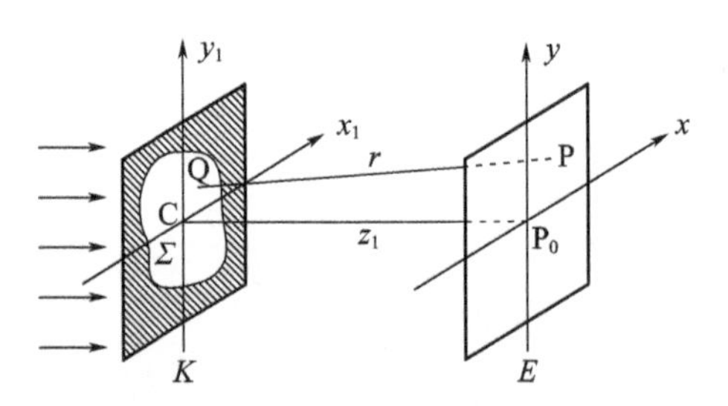

图4－2 孔径Σ的衍射

应该指出的是复指数 $\exp(\mathrm{i}kr)$ 中的 r 不可以 z_1 代之,因为它所影响的是子波的相位,r 只要变化 $\lambda/2$,相位 kr 变化π,干涉结果会截然相反。

2. 菲涅耳近似

由图4－2可知:

$$r=\sqrt{z_1^2+(x-x_1)^2+(y-y_1)^2}=z_1\left[1+\left(\frac{x-x_1}{z_1}\right)^2+\left(\frac{y-y_1}{z_1}\right)^2\right]^{1/2} \qquad (4-8)$$

用牛顿二项式展开,当 z_1 大到使得第三项及其以后各项对相位 kr 的作用远远小于π时,即满足:

$$z_1 \gg \sqrt[3]{\frac{1}{4\lambda}[(x-x_1)^2+(y-y_1)^2]_{\max^2}} \qquad (4-9)$$

则第三项及其以后各项均可忽略，只取前两项来表示 r，即

$$r = z_1 + \frac{(x - x_1)^2 + (y - y_1)^2}{2z_1} = z_1 + \frac{x^2 + y^2}{2z_1} - \frac{xx_1 + yy_1}{z_1} + \frac{x_1^2 + y_1^2}{2z_1} \tag{4-10}$$

上述近似称为菲涅耳近似。满足上述条件的区域内观察到的衍射现象称为菲涅耳衍射，即近场衍射。将式(4－10)代入式(4－7)，可得菲涅耳衍射的计算公式为

$$\tilde{E}(x,y) = \frac{\exp(\mathrm{i}kz_1)}{\mathrm{i}\lambda z_1} \iint_{-\infty}^{\infty} \tilde{E}(x_1,y_1) \exp\left\{\frac{\mathrm{i}k}{2z_1}[(x - x_1)^2 + (y - y_1)^2]\right\} \mathrm{d}x_1 \mathrm{d}y_1 \tag{4-11}$$

令在孔径Σ之外 $\tilde{E}(x_1,y_1) = 0$，故式(4－11)的积分范围可改写为整个衍射平面。

3. 夫琅和费近似

如果观察屏离衍射孔径的距离 z_1 更大，满足：

$$z_1 \gg \frac{1}{\lambda}(x_1^2 + y_1^2)_{\max} \tag{4-12}$$

则式(4－10)的第四项又可略去，即

$$r = z_1 + \frac{x^2 + y^2}{2z_1} - \frac{xx_1 + yy_1}{z_1} \tag{4-13}$$

上述近似称为夫琅和费近似。满足上述条件的区域内观察到的衍射现象称为夫琅和费衍射，即远场衍射。将式(4－13)代入式(4－7)，可得到夫琅和费衍射的计算公式：

$$\begin{aligned}\tilde{E}(x,y) = {} & \frac{\exp(\mathrm{i}kz_1)}{\mathrm{i}\lambda z_1} \exp\left[\frac{\mathrm{i}k}{2z_1}(x^2 + y^2)\right] \\ & \iint_{-\infty}^{\infty} \tilde{E}(x_1,y_1) \exp\left[-\frac{\mathrm{i}k}{z_1}(xx_1 + yy_1)\right] \mathrm{d}x_1 \mathrm{d}y_1\end{aligned} \tag{4-14}$$

在夫琅和费衍射中，光源和观察屏离衍射孔径均很远。例如，对于光波波长为600nm和孔径宽度为2mm的情形，根据式(4－12)，衍射距离 $z_1 \gg 3.33\mathrm{m}$。很显然，这一条件在实验室中难以实现。通常可在衍射孔径后放一个透镜，在其焦面上观察衍射图样，如图4－3所示。假设透镜紧贴在衍射孔径后，即 $z_1 = f$，式(4－14)可写成为

$$\begin{aligned}\tilde{E}(x,y) = {} & \frac{1}{\mathrm{i}\lambda f} \exp\left[\mathrm{i}k\left(f + \frac{x^2 + y^2}{2f}\right)\right] \\ & \iint_{-\infty}^{\infty} \tilde{E}(x_1,y_1) \exp\left[-\mathrm{i}k\left(\frac{x}{f}x_1 + \frac{y}{f}y_1\right)\right] \mathrm{d}x_1 \mathrm{d}y_1\end{aligned} \tag{4-15}$$

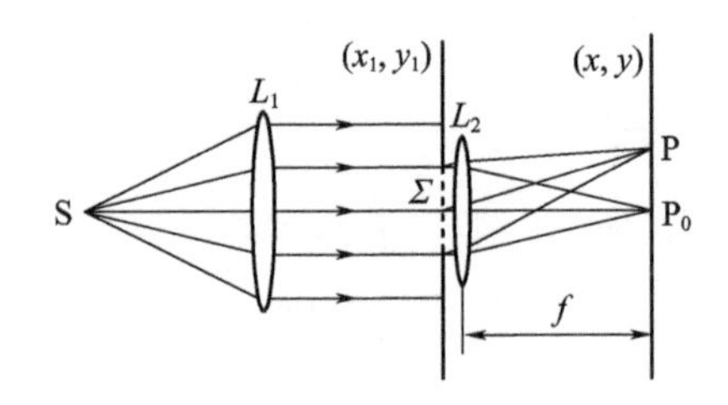

图 4－3　用透镜缩短衍射距离

若令：

$$\mu=\frac{x}{\lambda f},\quad \nu=\frac{y}{\lambda f} \tag{4-16}$$

式(4－15)可改写成为

$$\tilde{E}(x,y)=\frac{1}{\mathrm{i}\lambda f}\exp\left[\mathrm{i}k\left(f+\frac{x^2+y^2}{2f}\right)\right]\iint_{-\infty}^{\infty}\tilde{E}(x_1,y_1)\exp[-\mathrm{i}2\pi(\mu x_1+\nu y_1)]\mathrm{d}x_1\mathrm{d}y_1 \tag{4-17}$$

积分外相位因子对计算衍射光强分布不起作用，在此不讨论。积分部分是函数 $\tilde{E}(x_1,y_1)$ 的二维傅里叶变换。可以说，除一个二次相位因子外，夫琅和费衍射的复振幅分布是孔径面上复振幅分布的傅里叶变换。同时也表明，傅里叶变换的模拟运算可以利用光的衍射来实现。

4.1.3　巴俾涅原理

巴俾涅原理是关于互补屏的一个有用原理。所谓互补屏，是指两个衍射屏，其中一个屏的透光部分正好对应另一屏的不透光部分。设 $\tilde{E}_1(x,y)$ 和 $\tilde{E}_2(x,y)$ 分别表示两个互补屏单独产生的衍射场的复振幅分布，$\tilde{E}_0(x,y)$ 为无任何障碍物时光波场的复振幅分布，即自由光场的复振幅分布。由于两个屏的透光部分合起来正好和不存在屏时一样，故原始屏与互补屏产生的衍射场的复振幅之和等于自由光场的复振幅，即

$$\tilde{E}_1(x,y)+\tilde{E}_2(x,y)=\tilde{E}_0(x,y) \tag{4-18}$$

这一结论称为巴俾涅原理。

自由光场是比较容易计算的，故可利用巴俾涅原理从一种衍射屏的衍射图样较方便地求出其互补屏的衍射图样。当衍射屏由平行光照明，衍射屏后有成像光学系统，考察光源的几何像平面上的衍射图样，此时自由光场就是服从几何光学规律传播的光场，其在像平面上的分布，除去像点外，$\tilde{E}_0(x,y)=0$。这样

在像平面上除去几何像点外的其他位置处，有关系式：

$$\tilde{E}_1(x,y) = -\tilde{E}_2(x,y) \tag{4-19}$$

于是二者的光强必然相等，即

$$I_1(x,y) = I_2(x,y) \tag{4-20}$$

式(4-20)表明，除去像点之外，两个互补屏分别在像平面上产生的衍射图样完全相同。例如，圆孔衍射与尺寸相同的圆屏衍射、狭缝衍射与宽度相等的细丝衍射，它们的光强分布在光源几何像区之外是完全相同的。必须注意，上述结论仅对夫琅和费衍射成立。

4.2　夫琅和费衍射

4.2.1　单缝夫琅和费衍射

设一个单缝在 x 方向的宽度为 a，在 y 方向的宽度远大于 a，在 y 方向的衍射效应可以忽略，在焦距为 f 的透镜的后焦平面观察衍射图样，如图 4-3 所示。由夫琅和费衍射公式可知：

$$\begin{aligned}\tilde{E}(x) &= \frac{1}{\mathrm{i}\lambda f}\exp\left[\mathrm{i}k\left(f+\frac{x^2}{2f}\right)\right]\int_{-\frac{a}{2}}^{\frac{a}{2}} A\exp\left[-\mathrm{i}k\left(\frac{x}{f}x_1\right)\right]\mathrm{d}x_1 \\ &= Ca\frac{\sin\dfrac{ka\sin\theta}{2}}{\dfrac{ka\sin\theta}{2}}\exp\left(\mathrm{i}\frac{kx^2}{2f}\right)\end{aligned} \tag{4-21}$$

式中：A 为入射平行光波的振幅；$C=\dfrac{A}{\mathrm{i}\lambda f}\exp(\mathrm{i}kf)$ 为常数；θ 为 x 方向的衍射角，且 $\sin\theta=\dfrac{x}{f}$。对于在透镜光轴上的 P_0 点（图 4-3），$x=0$，由式(4-21)可知，该点的复振幅 $\tilde{E}_0=Ca$；令 $\alpha=\dfrac{ka\sin\theta}{2}$，式(4-21)可简化为

$$\tilde{E}(x) = \tilde{E}_0\frac{\sin\alpha}{\alpha}\exp\left(\mathrm{i}\frac{kx^2}{2f}\right) \tag{4-22}$$

衍射光强：

$$I(x) = I_0\left(\frac{\sin\alpha}{\alpha}\right)^2 \tag{4-23}$$

式中：$I_0=|\tilde{E}_0|^2$ 是衍射图样中心处的光强（P_0 点的光强）。

显然,衍射图样是以 P_0 点为中心的明暗相间的直线条纹(图 4-4(a))。考察 x 轴上的强度分布,其光强分布曲线如图 4-4(b)所示,光强极大和极小的条件及对应位置如下:

(1)主极大:$\alpha=0$ 处,$I=I_0$,光强取最大值,满足条件 $\theta=0$、$x=0$(对应于 P_0 点),实际是几何光学像点。

(2)极小:$\alpha=n\pi(n=\pm1,\pm2,\pm3,\cdots)$ 处,$I=0$,光强取极小值,即暗条纹满足条件:

$$a\sin\theta=n\lambda \quad n=\pm1,\pm2,\pm3,\cdots \tag{4-23}$$

且

$$x=\frac{n\lambda f}{a} \quad n=\pm1,\pm2,\pm3,\cdots \tag{4-25}$$

式中:n 称为暗条纹级数。

(3)次极大:相邻两个极小值之间有一个次极大,令 $\frac{\mathrm{d}}{\mathrm{d}\alpha}\left(\frac{\sin\alpha}{\alpha}\right)^2=0$,可求出光强为次极大的条件为

$$\tan\alpha=\alpha \tag{4-26}$$

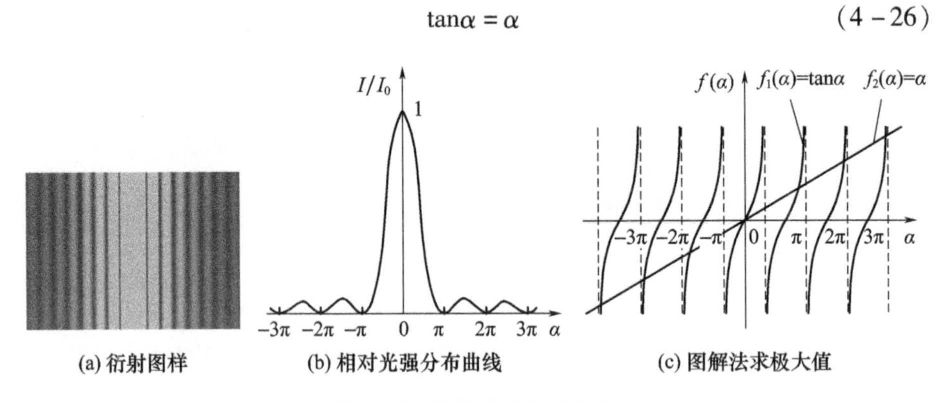

(a) 衍射图样　(b) 相对光强分布曲线　(c) 图解法求极大值

图 4-4　单缝夫琅和费衍射

用图解法(图 4-4(c))可求得各级极大的位置和相对强度,如表 4-1 所列。

表 4-1　单缝夫琅和费衍射极大值的位置和相对强度

极大值序数	α	$\sin\theta$	x	I/I_0
0	0	0	0	1
1	$1.430\pi=4.493$	$1.430\lambda/a$	$1.430\lambda f/a$	0.04718
2	$2.459\pi=7.725$	$2.459\lambda/a$	$2.459\lambda f/a$	0.01694

续表

极大值序数	α	$\sin\theta$	x	I/I_0
3	$3.470\pi=10.90$	$3.470\lambda/a$	$3.470\lambda f/a$	0.00834
4	$4.479\pi=14.07$	$4.479\lambda/a$	$4.479\lambda f/a$	0.00503

由以上分析可知,中心亮条纹(零级)的宽度是暗条纹间距的2倍,并且集中了绝大部分能量。暗条纹等间距地分布在中心亮纹的两侧,两侧的亮条纹(次极大)差不多在相邻两暗纹的中间,但稍偏向中心亮纹。当单缝宽度变小时,衍射条纹将对称于中心亮纹向两侧扩展,条纹间距扩大,条纹变暗;反之当单缝宽度变大时,衍射条纹将对称地向中心亮纹收缩,条纹间距缩小,条纹变亮。而且随着衍射条纹级数的增大,亮条纹的光强迅速下降。

4.2.2　圆孔夫琅和费衍射

图4-5是圆孔夫琅和费衍射示意图。假定圆孔半径为a,圆孔中心C位于光轴上,孔径上任意Q点和观察屏上P点的坐标分别以极坐标(r_1,ψ_1)和(r,ψ)表示,θ为衍射角,且有$\sin\theta=r/f$。依照夫琅和费衍射公式(4-15),P点的复振幅为

$$\tilde{E}(\mathrm{P})=C\exp\left(\mathrm{i}k\frac{r^2}{2f}\right)\int_0^a\int_0^{2\pi}\exp[-\mathrm{i}kr_1\sin\theta\cos(\psi_1-\psi)]r_1\mathrm{d}r_1\mathrm{d}\psi_1 \tag{4-27}$$

式中:$C=\dfrac{A}{\mathrm{i}\lambda f}\exp(\mathrm{i}kf)$,$A$为入射平行光波的振幅;$f$为透镜的焦距。

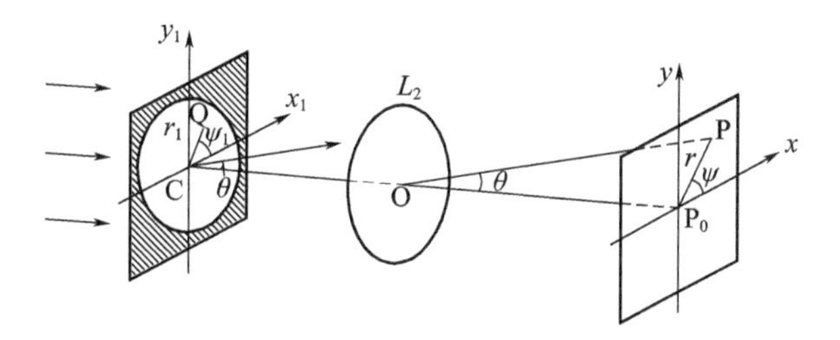

图4-5　圆孔夫琅和费衍射示意图

根据零阶贝塞尔(Bessel)函数的积分表达式,有

$$J_0(x)=\frac{1}{2\pi}\int_0^{2\pi}\exp(\mathrm{i}x\cos\psi)\mathrm{d}\psi \tag{4-28}$$

同时利用$J_0(x)$为偶函数的特性,以及贝塞尔函数的递推公式:

$$\frac{d}{\mathrm{d}x}[xJ_1(x)]=xJ_0(x) \tag{4-29}$$

式(4－27)可化简为

$$\tilde{E}(\mathrm{P}) = \pi a^2 C\exp\left(\mathrm{i}k\frac{r^2}{2f}\right)\frac{2J_1(ka\sin\theta)}{ka\sin\theta} \tag{4-30}$$

则 P 点的衍射光强为

$$I(\mathrm{P}) = I_0\left[\frac{2J_1(\xi)}{\xi}\right]^2 \tag{4-31}$$

式中：$\xi = ka\sin\theta$，I_0 为轴上点 P_0 的光强，$I_0 = (\pi a^2)^2|C|^2$。

由贝塞尔函数的级数表示：

$$J_n(x) = \sum_{m=0}^{\infty}\frac{(-1)^m}{m!(n+m)!}\left(\frac{x}{2}\right)^{n+2m} \tag{4-32}$$

可得相对衍射光强：

$$\frac{I}{I_0} = \sum_{m=0}^{\infty}\frac{(-1)^m}{m!(m+1)!}\left(\frac{\xi}{2}\right)^{2m} = 1 - \frac{\xi^2}{2!4} + \frac{\xi^4}{2!3!2^4} - \cdots \tag{4-33}$$

对于轴上点 P_0，$\theta=0$，$\xi=0$，$r=0$，$I/I_0=1$，有极大值。显然，衍射图样是以 P_0 点为中心的明暗相间的圆环条纹(图 4－6(a))。当 $I/I_0=0$ 时，有极小值，即满足 $J_1(\xi)=0$ 的ξ值决定了衍射暗环的位置。在相邻两极小值之间有一个次极大值，位置由满足下式的ξ值决定：

$$\frac{\mathrm{d}}{\mathrm{d}\xi}\left[\frac{J_1(\xi)}{\xi}\right] = -\frac{J_2(\xi)}{\xi} = 0 \tag{4-34}$$

即满足 $J_2(\xi)=0$ 的ξ值决定衍射亮环的位置。可用计算机运算或查找贝塞尔函数表得到亮环、暗环位置的具体值。图 4－6(b)给出了圆孔衍射的强度分布曲线，表 4－2 给出了圆孔夫琅和费衍射条纹的极值位置和相对强度。

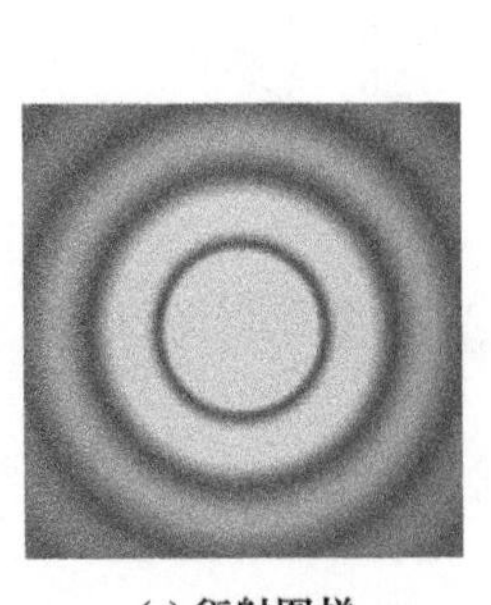
(a) 衍射图样

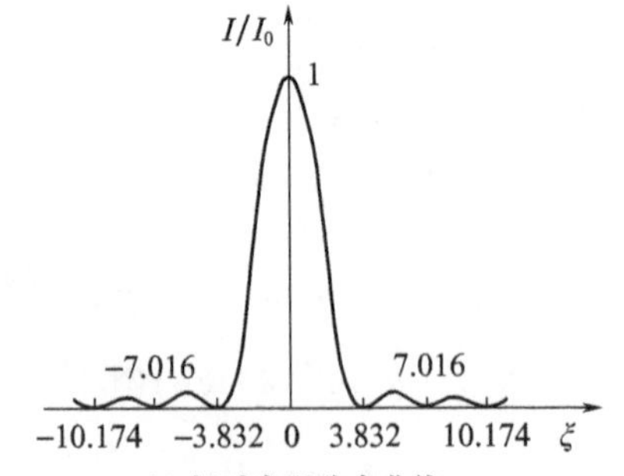

(b) 相对光强分布曲线

图 4－6　圆孔夫琅和费衍射

同单缝衍射相类似，在圆孔衍射图样中，光能主要集中在中央亮斑(集中了

约 84% 的光能量)。这一亮斑通常称为艾里(Airy)斑,其半径为

$$r_0 = 0.61\frac{\lambda f}{a} \tag{4-35}$$

其角半径为

$$\theta_0 = \frac{r_0}{f} = 0.61\frac{\lambda}{a} \tag{4-36}$$

θ_0 是光学仪器理论分辨率的极限。

表 4-2　圆孔夫琅和费衍射条纹的极值位置和相对强度

条纹序数	$\xi = ka\sin\theta$	$\sin\theta$	r	I/I_0
中央亮纹	0	0	0	1
1 级暗纹	$1.220\pi = 3.832$	$0.610\lambda/a$	$0.610\lambda f/a$	0
1 级亮纹	$1.635\pi = 5.136$	$0.818\lambda/a$	$0.818\lambda f/a$	0.0175
2 级暗纹	$2.233\pi = 7.016$	$1.116\lambda/a$	$1.116\lambda f/a$	0
2 级亮纹	$2.679\pi = 8.417$	$1.339\lambda/a$	$1.339\lambda f/a$	0.0042
3 级暗纹	$3.238\pi = 10.174$	$1.619\lambda/a$	$1.619\lambda f/a$	0
3 级亮纹	$3.699\pi = 11.620$	$1.850\lambda/a$	$1.850\lambda f/a$	0.0016

由以上分析可知,暗圆环条纹和亮圆环条纹均是不等间距的。当孔径增大时,条纹向中心收缩,条纹变密、变亮;当孔径减小时,条纹向外面扩展,条纹变疏、变暗。随着衍射条纹级数的增大,亮条纹的光强迅速下降。

4.3　激光衍射测量方法

4.3.1　基本测量公式

1. 单缝衍射测量公式

采用激光作为光源时,由于其能量高度集中,因此条纹非常明亮清楚,可观察到较高级次的衍射条纹,如图 4-4(a)所示。虽然激光是一种传播波面不同心、变曲率、横向振幅和光强为高斯分布的特殊球面波,但经分析发现,在处理单缝衍射时,将激光这种高斯光束看作平面光波仍可获得足够高的测量精度。

当激光束照射狭缝时,在接收屏上将得到明暗相间并垂直于缝宽方向展开的衍射图样。在已知激光波长的条件下,测出某级条纹的位置,即可由单缝衍射的相关公式计算出缝宽的数值。若测出 n 级条纹到零级亮纹中心的距离为

x_n,则缝宽为

$$a = \frac{m\lambda L}{x_n} \quad (n = 1,2,3,\cdots) \tag{4-37}$$

式中:m 为同所选择衍射级次和条纹亮暗对应的系数,其取值如表 4-3 所列;L 为接收器与狭缝之间的距离,称为衍射距离,当在透镜的后焦平面上探测衍射图样时,L 即为透镜的焦距 f。式(4-37)即为测量狭缝间隔的常用公式,这种测量微小缝宽的方法也可用来监测物体的间隔、剖面,通过测量缝宽的变化量又可得知位移以及其他一些与此有关的物理量(如压力、温度、流量等)。

2. 圆孔衍射测量公式

同样当激光束照射圆孔时,在接收屏上将得到明暗相间的圆环条纹,测出某级圆环条纹的半径值,即可由圆孔衍射的相关公式计算出圆孔的大小。令 n 级圆环的半径为 r_n,则待测圆的直径为

$$d = \frac{m\lambda L}{r_n} \quad (n = 1,2,3,\cdots) \tag{4-38}$$

式中:m 为同所选择衍射级次和条纹亮暗对应的系数,其取值如表 4-3 所列。

表 4-3　激光衍射测量时系数 m 的取值

衍射级次 n	单缝衍射		圆孔衍射	
	暗条纹	亮条纹	暗条纹	亮条纹
1	1	1.430	1.220	1.635
2	2	2.459	2.233	2.679
3	3	3.470	3.238	3.699
4	4	4.479		

4.3.2 测量分辨率、精度和量程

1. 测量分辨率

由衍射测量的基本关系式(4-37)求导数,可得:

$$R = \left| \frac{\mathrm{d}a}{\mathrm{d}x_n} \right| = \frac{a^2}{m\lambda L} \tag{4-39}$$

式(4-39)表明,缝宽 a 越小,衍射距离 L 越大,激光波长 λ 越大,所选取的衍射级次越高(系数 m 越大),则 R 越小,测量分布率越高,测量就越灵敏。但 a 受测量范围的限制,L 受仪器尺寸的限制,衍射级次受激光器功率的限制,故一般情况下衍射测量的分辨率约为亚微米量级。比如,令 $a = 0.1\text{mm}$,$m = 4$(选取第 4 级暗条纹),$\lambda = 0.6328\mu\text{m}$,$L = 1000\text{mm}$,$R = 0.00395$,考虑通常情况条纹位

置 x_n 的测量分辨率 $\mathrm{d}x_n = 0.1\mathrm{mm}$，故 $\mathrm{d}a = R \cdot \mathrm{d}x_n \approx 0.4\mu\mathrm{m}$。

2. 测量精度

对式(4－37)求偏导，可得：

$$\frac{\delta a}{a} = \frac{\delta \lambda}{\lambda} + \frac{\delta L}{L} - \frac{\delta x_n}{x_n} \tag{4-40}$$

由随机误差的合成规则可知：

$$\frac{\delta a}{a} = \sqrt{\left(\frac{\delta \lambda}{\lambda}\right)^2 + \left(\frac{\delta L}{L}\right)^2 + \left(\frac{\delta x_n}{x_n}\right)^2} \tag{4-41}$$

式中：$\delta a/a$ 为被测缝宽的总相对误差，它取决于激光波长的稳定性 $\delta\lambda/\lambda$、衍射距离 L 的测量精度 $\delta L/L$，以及第 n 级条纹位置 x_n 的测量精度 $\delta x_n/x_n$。由于激光的高单色性，常用的 He－Ne 激光器波长的稳定性一般不低于 10^{-5}，所以第一项引起的误差很小；L 的取值一般在 100mm 数量级，其相对测量误差 $\delta L/L$ 不难小于 0.1%；至于条纹位置 x_n 的测量，若采用适当的测微计，或先光电转换再进行细分的方法，一般也可以达到 0.1% 的相对测量精度，故理论上衍射测量的精度可达到 0.2%。

3. 测量量程

由于激光衍射测量法把微小尺寸的测量变为扩大若干倍的尺寸 x_n 的测量，所以可达到如此高的测量精度。当 m、λ、L 确定后，对式(4－37)微分得：

$$\mathrm{d}x_n = -\frac{m\lambda L}{a^2}\mathrm{d}a \tag{4-42}$$

当缝宽 a 很小且衍射距离 L 又可选取较大值，故使得 $\mathrm{d}a$ 前的系数较大。比如当 $L = 1000\mathrm{mm}$、$a = 0.1\mathrm{mm}$、$m = 4$ 及 $\lambda = 0.6328\mu\mathrm{m}$ 时，该系数约为 253，这说明用衍射法使微小变量 $\mathrm{d}a$ 放大了 250 倍。但随着 a 值的增大，此系数很快减小，同时 L 的增大亦受到仪器结构和体积的限制，也即衍射法仅对微小尺寸的测量具有高精度。另一方面，当 a 取值非常小(如 1 μm)时，傍轴近似的条件得不到满足。一般地，若不采取其他方法进行相应修正，只有当 $0.01\mathrm{mm} < a < 0.5\mathrm{mm}$ 时，选择激光衍射测量法才有较高的测量精度和实用价值，即其量程范围为 0.01～0.5mm。

4.3.3　互补测量法——纤维直径激光衍射检测系统

近二十多年来，复合材料在宇航、原子能、国防及军事应用中发挥了越来越重要的作用，纤维增强复合材料是复合材料中的重要组成部分，引起了各发达国家的高度重视。表征纤维力学性能的主要指标是强度和模量。在纤维力学性能的测试中,通常强度测量的误差有六分之五来自纤径测量,模量测量的误差有三分之二来自纤径的测量。相比于显微镜、投影仪和接触式量仪(如杠杆千分尺等)等传统的测量方法,利用激光衍射测量纤维直径,具有精度高、重复性好、速度快、自动化程度高等特点。

1. 测量原理

依据巴俾涅原理,两个互补的衍射屏在光源像平面上产生的衍射图样,除去几何像所在处之外全都一样,这就为微小丝径的衍射测量提供了理论根据。一条直径很小的纤维与缝宽等于纤径的狭缝是一对互补的衍射屏,可按照单缝衍射规律来测量纤径。设待测纤维直径为 d,则有

$$d = \frac{m\lambda L}{x_n} \quad (n = 1,2,3,\cdots) \tag{4-43}$$

测出 L 和 x_n,就可以求出直径 d。

检测系统采用记录步进电机步进脉冲数的方式来测量 x_n,且步进电机的驱动位移为

$$x_n = \frac{\alpha}{360}t \cdot N \tag{4-44}$$

式中:α为步进电机的步距角;t 为步进导轨丝杠的螺距;N 为步进脉冲数。该系统中步进电机工作在三相六拍方式,$\alpha = 1.5°$,选择螺距 $t = 1\text{mm}$,故式(4-44)可写为

$$x_n = 4.1666N \tag{4-45}$$

式中:x_n 的单位是μm。若在测量第 $\pm n$ 级条纹时给出开关门信号,则通过开关门点之间的步进脉冲计数 N 可得到 $2x_n$,进一步求出 x_n。

2. 检测系统

纤维直径激光衍射检测系统的原理如图 4-7 所示。He-Ne 激光器发出的激光垂直纤维轴向入射到纤维上,产生一组明暗相间的衍射条纹。为了测量第 n 级条纹的位置 x_n,系统专门配置了一个用激光干涉仪标定步距的步进计数测长装置,该装置包括采用硬件电路驱动的一个步进电机和一个光学导轨。装有光电探测器 D 的导轨拖板由步进电机驱动,带有狭缝光阑 S 的光电探测器在步进驱动过程中沿条纹展开方向探测条纹光强。光电探测信号经前置放大、信号处理后由 12 位 A/D 转换成数字量送入微处理器。条纹的明暗及其级次是通过对条纹光强采样并依次比较判别而确定的。步进脉冲的计数由微处理器完成,计数开关门信号则由微处理器在光电探测器测到预定级次时发出。包括控制、处理以及运算在内的整个测试过程均由微处理器按设计程序自动进行,最

后可将测试结果直接显示或打印输出。

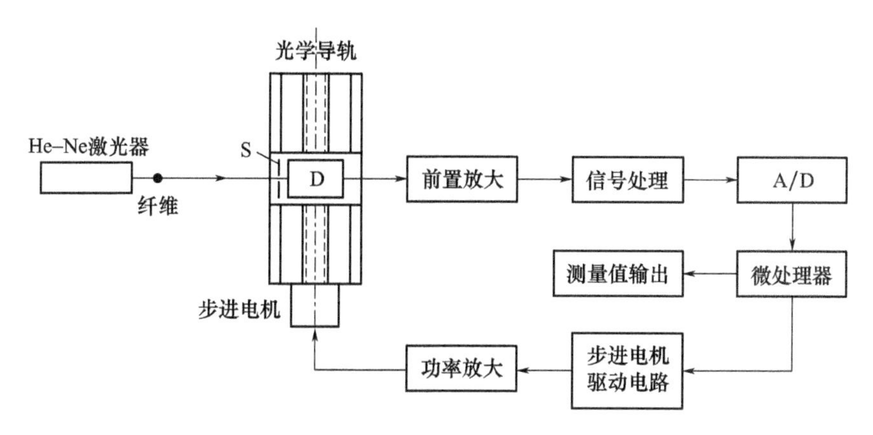

图4－7　纤维直径激光衍射检测系统

该检测系统测量纤维直径的量程范围为5～105μm，其量程上限还可作较大扩展。为了实现全量程的等精度测量，系统设计成四个量程档：①第一档，$d=5\sim10\mu m$，取 $L=200mm$，选取1级暗条纹进行测量；②第二档，$d=10\sim25\mu m$，取 $L=250mm$，选取2级暗条纹进行测量；③第三档，$d=25\sim50\mu m$，取 $L=350mm$，选取3级暗条纹进行测量；④第四档，$d=50\sim100\mu m$，取 $L=500mm$，选取4级暗条纹进行测量。通过对多批次碳化硅纤维以及多种绝缘丝材料进行的大量测试以及对测试数据的处理表明，系统全量程的重复测量精度优于1%。

4.3.4　衍射增量法——微孔径激光检测系统

1. 测量原理

由式(4－38)可知，要测量微孔的直径 d，必须测出 n 级圆环条纹的半径 r_n 和衍射距离 L。在具备一定条件的情况下（如专门设计便于定位的装夹具），L 的测定并不困难。但在通常的情况下，L 的精确测定并不是很容易。若通过测量衍射距离的增量来求得衍射距离 L，则可避免衍射距离的定位难题。该方法为衍射增量法，其基本原理如图4－8所示。由简单的几何关系可得到 L 的测定公式：

$$L=\frac{\Delta L\cdot r'_n}{r'_n-r_n} \tag{4-46}$$

式中：ΔL 为衍射距离的改变量；r_n、r'_n 分别为实施 ΔL 前后测得的第 n 级圆环条纹的半径。测量时先大致确定一个 L 值，测出对应的 r_n，然后改变 L 并测出改变量 ΔL，再测出对应的 r'_n，则由式(4－46)就可求出 L 的精确值。

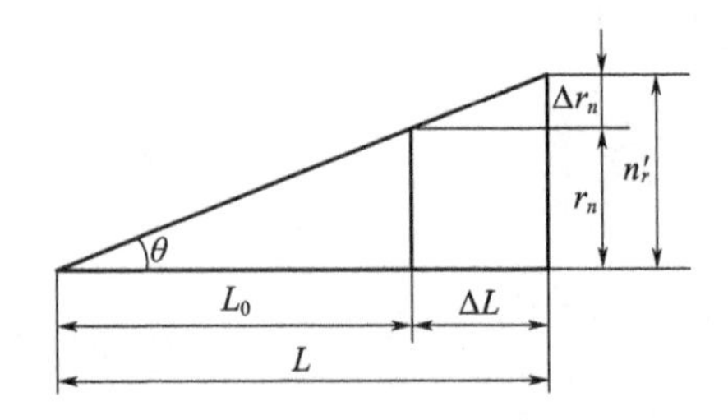

图 4-8 衍射增量法的基本原理

将式(4-46)代入式(4-38),有

$$d=\frac{m\lambda\Delta L}{\Delta r_n}\quad (n=1,2,3,\cdots) \tag{4-47}$$

式中:$\Delta r_n=r'_n-r_n$ 为衍射距离 L 改变前后第 n 级衍射环半径的变化量。根据式(4-47),只要将光电接收元件在圆孔和接收面的距离方向上移动一次,测出移动的距离 ΔL,然后测出衍射距离改变前后同级衍射环半径之差 Δr_n,就可以计算出微孔直径 d。

2. 检测系统

微孔径激光检测系统的光路由激光衍射光路和激光干涉光路两部分组成。激光衍射光路以夫琅和费衍射图样形式提供测量信息,然后采用激光干涉系统来测量两个位移量 ΔL 和 Δr_n。图 4-9 给出了测量系统的光路原理图。整个光路布置在一个专门设计的十字导轨上,十字导轨的上层导轨固定在下层导轨的拖板上。移动下层导轨拖板,就可改变衍射距离 L。上下层导轨各自的平直度和二者组合的垂直度均需满足较高的要求。

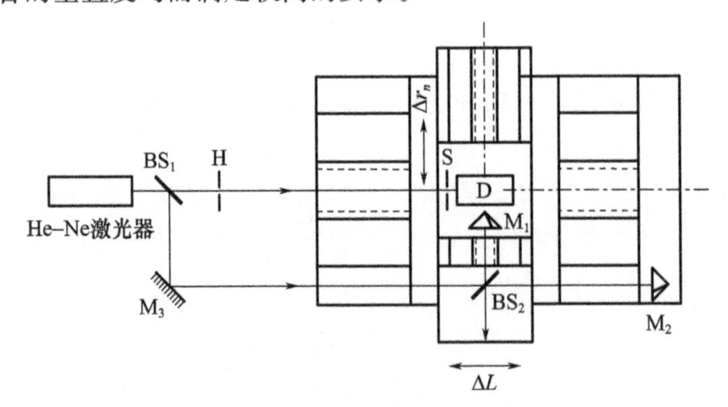

H—被测孔板; S—光阑; D—光电接收器; BS_1、BS_2—分光器;
M_1、M_2—角锥棱镜; M_3—平面反射镜。

图 4-9 微孔径激光检测系统光路原理图

He - Ne 激光器发出的光束透过分光器 BS_1,沿下层导轨的轴向垂直入射被测孔板 H,形成的夫琅和费衍射图样由放置在上层导轨拖板上且接收面与入射激光束相垂直的光电接收器 D 接收。经 BS_1、M_3 反射的激光束进入由分光器 BS_2、角锥棱镜 M_1 和 M_2 构成的迈克尔逊干涉光路,用以测量十字导轨两个拖板的移动量。当被测孔板 H 就位以后,在充分满足夫琅和费衍射条件以及接收器与衍射图样对心的前提下,移动上层导轨的拖板使光电接收器 D 扫描检测第 n 级衍射环的两个极值点,同时由激光干涉系统测出此两极值点之间的距离 $2r_n$。接着移动下层导轨的拖板,这时干涉光路的分光器 BS_2 和角锥棱镜 M_1 跟着移动,所移动的距离 ΔL 也由激光干涉系统测出。然后再次测量第 n 级衍射环的尺寸 $2r'_n$,则两次测得的 n 级衍射环的半径之差($r'_n - r_n$)就是 Δr_n。最后由微处理器对所测数据进行运算处理,便可输出微孔的直径值。

图 4 - 10 给出了微孔径激光检测系统的总框图。该系统的设计量程为孔径 5 ~ 50μm,考虑到测量下限孔径的衍射光信号很弱,设置了低通滤波器进行滤波。为了满足全量程的正常测量,采用了程控放大。测量过程的监控是由微处理器完成的,并自动判断衍射环的亮暗和级次。干涉系统的计数开关门信号由微处理器在光电接收器接收到预定衍射级次的极值信号时发出。

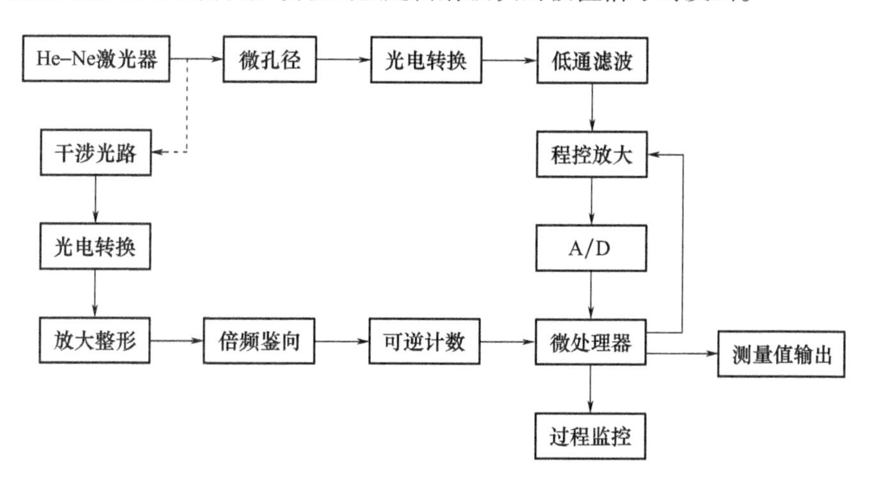

图 4 - 10　微孔径激光检测系统的总框图

该检测系统测量微孔直径的量程范围为 5 ~ 50μm,其量程上限还可作较大扩展。为了实现全量程的等精度测量,系统设计成三个量程档,以保证全量程范围内所测衍射环半径下限均在 10mm 左右。①第一档,$d = 5 \sim 15\mu m$,取 $L = 500mm$,选取 1 级暗条纹进行测量;②第二档,$d = 15 \sim 30\mu m$,取 $L = 500mm$,选取 2 级暗条纹进行测量;③第三档,$d = 30 \sim 50\mu m$,取 $L = 500mm$,选取 3 级暗条纹进行测量。

应当指出,该检测系统虽然采用了激光干涉系统,但仍然存在着图样检测时面光强接收引起的测量原理误差,不过这种系统误差可以通过修正有效地加以克服。其他影响测量精度的因素主要来源于其结构调整误差,因此检测系统的一次性精确装调十分重要。该系统全量程的重复测量精度约为1%。

4.3.5 反射衍射测量法

反射衍射测量法是利用试件棱缘和反射镜构成的狭缝来进行衍射测量的,其基本原理如图4-11所示。狭缝由棱缘A与反射镜组成,反射镜的作用是用来形成A的像A′。此时,相当于平行光束以φ角入射、缝宽为$2a$的单缝衍射。显然,当光程差满足下式时,出现暗条纹:

$$2a\sin\varphi - 2a\sin(\varphi - \theta) = n\lambda \quad (n = \pm 1, \pm 2, \pm 3, \cdots) \tag{4-48}$$

式中:φ角为平行激光束与平面反射镜之间的夹角;θ为光线的衍射角;a为试件边缘A和反射镜之间的距离。

将式(4-48)进行三角函数运算,可化为

$$2a[\cos\varphi\sin\theta + \sin\varphi(1 - \cos\theta)] = n\lambda \tag{4-49}$$

对于远场衍射,衍射角θ很小,有

$$\begin{cases} \sin\theta = \dfrac{x_n}{L} \\ \cos\theta = \sqrt{1 - \dfrac{x_n^2}{L^2}} \cong 1 - \dfrac{x_n^2}{2L^2} \end{cases} \tag{4-50}$$

代入式(4-49),则有

$$2a\,\frac{x_n}{L}\left(\cos\varphi + \frac{x_n}{2L}\sin\varphi\right) = n\lambda \tag{4-51}$$

整理后得

$$a = \frac{n\lambda L}{2x_n\left(\cos\varphi + \dfrac{x_n}{2L}\sin\varphi\right)} \tag{4-52}$$

由式(4-52)可知,由于反射效应,a的测量灵敏度可提高近1倍。若给定角度φ,已知n、λ,测定L和x_n,可求出边缘A和反射镜之间的距离a。也可对某一入射角φ测出某两级暗条纹的位置x_n和$x_m(n \neq m)$,得到两个方程,联立求解出φ和a。

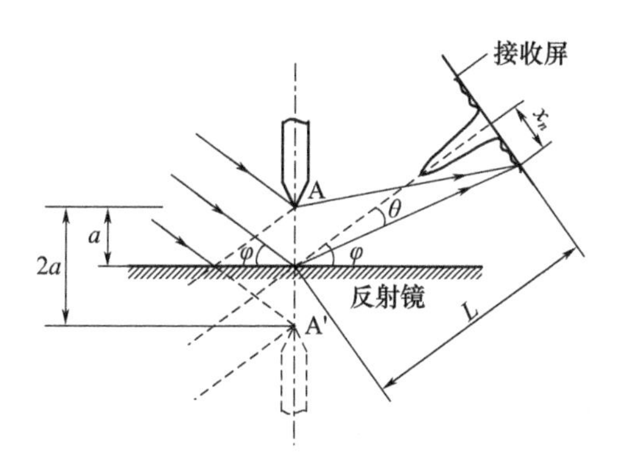

图 4-11　反射衍射法测量原理图

反射衍射测量技术主要应用于表面质量评价、直线度测定、间隙测定等方面,图 4-12 所示为反射衍射测量的三个应用实例。图 4-12(a)是利用标准的刃边来评价工件的表面质量;图 4-12(b)是利用标准的反射镜面(如水银面、液面等)来测定工件的直线性;图 4-12(c)是利用该技术来测定计算机磁盘系统的间隙。由以上实例可见,利用反射衍射法进行测量易于实现检测自动化,对生产线上的零件自动检测具有重要的实用价值。

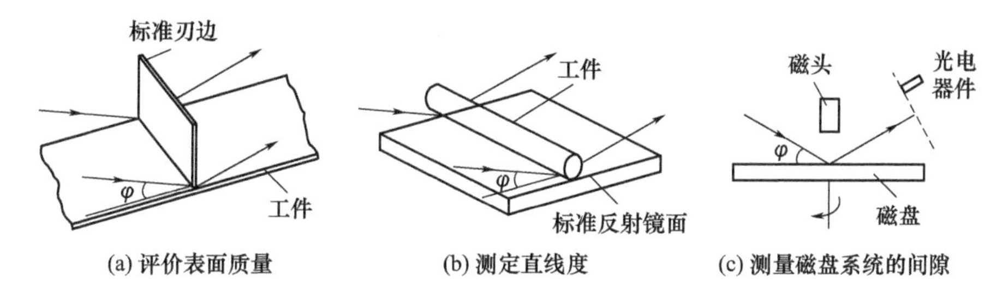

图 4-12　反射衍射法测量实例

4.3.6　艾里斑测量法

艾里斑测量法是基于圆孔的夫琅和费衍射,其测量原理如图 4-13 所示。He-Ne 激光器发出的激光束照射被测微孔,产生的衍射光束由分光器 BS 分成两部分,分别照射到光电探测器 D_1 和 D_2 上,输出的电信号送至电压比较器,并输出测量结果。

设计光电接收器时,让探测器 D_2 接收被分光器反射的衍射图样的全部能量,所产生的光电压幅度可作为不随孔径变化的参考量。实际上,中心亮斑和前三个亮环的能量之和为 95.23%(83.78% +7.22% +2.77% +1.46%),已接近全部能量,故光电探测器 D_2 上只要接收这部分能量即可。

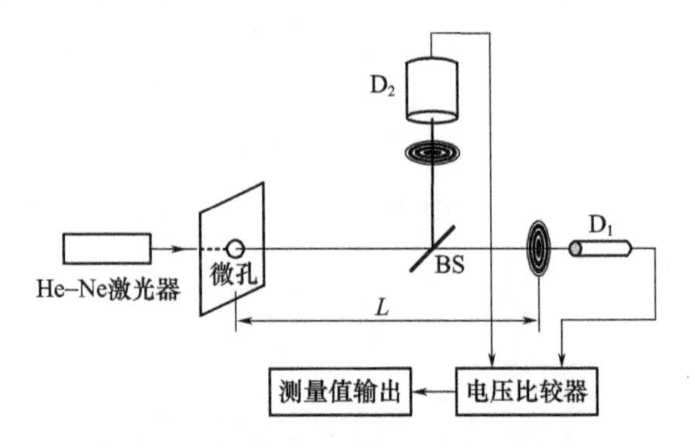

图 4 – 13　电压比较式激光微孔测量原理图

探测器 D_1 只接收艾里斑的部分能量,通常接收艾里斑一半面积的能量。由于艾里斑面积随被测孔径的变化而变化,其接收能量亦变化,从而使 D_1 的输出电压幅度也发生变化。利用圆孔衍射图样强度分布公式(4 – 31)和贝塞尔函数的性质,可导出半径为 r 的探测器接收到的光能量为

$$E(r)=\frac{4I_0\lambda^2L^2}{\pi d^2}\left[1-J_0^2\left(\frac{\pi d\theta}{\lambda}\right)-J_1^2\left(\frac{\pi d\theta}{\lambda}\right)\right] \tag{4-53}$$

式中:r 为探测器的有效半径;λ为激光波长;L 为衍射距离;d 为被测微孔直径;θ 为同探测器有效半径对应的衍射角,且 $\theta\approx r/L$。

探测器 D_2 接收全部衍射能量,利用贝塞尔函数$\lim\limits_{x\to\infty}J_0(x)=\lim\limits_{x\to\infty}J_1(x)=0$,可得:

$$E_2=\lim_{r\to\infty}E(r)=\frac{4I_0\lambda^2L^2}{\pi d^2} \tag{4-54}$$

故两探测器产生的光电压幅度之比为

$$\frac{U_1}{U_2}=\frac{g_1E_1(r_1)}{g_2E_2}=\frac{g_1E_1}{g_2E_2}\left[1-J_0^2\left(\frac{\pi d\theta_1}{\lambda}\right)-J_1^2\left(\frac{\pi d\theta_1}{\lambda}\right)\right] \tag{4-55}$$

式中:g_1、g_2 分别是光电探测器 D_1 和 D_2 的增益;E_1/E_2 是分光器的分光比(透射光能/反射光能);θ_1 为同探测器 D_1 有效半径对应的衍射角,且 $\theta_1\approx r_1/L$。

式(4 – 55)中,微孔直径 d 是未知数,将电压比对 d 或 $\pi d\theta_1/\lambda$ 画出曲线,如图 4 – 14 所示。调节衍射 L 使电压比 $U_1/U_2\approx1/4$(此时 U_1/U_2 相对于 d 的关系近似于线性,其曲线斜率最大)。例如,测量 0.05mm 的微孔,衍射距离 L 约为 450mm 时,$U_1/U_2\approx1/4$,d 值在 ±40% 内变化,还能很好地在线性区域内,从而

可准确地测定微孔直径。

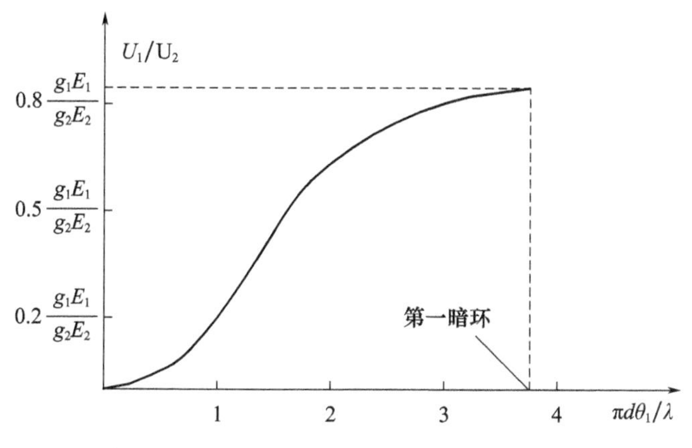

图 4－14　电压比 U_1/U_2 与 $\pi d\theta_1/\lambda$ 的关系曲线

4.3.7　转镜扫描法

由式(4－43)可知,当采用暗条纹进行测量时,细丝直径为

$$d=\frac{\lambda L}{s} \tag{4-56}$$

式中:λ为激光波长;L 为衍射距离;s 为暗条纹间距。采用匀速扫描的方法将间距 s 的测量转换成扫描时间 t 的测量。

转镜扫描式激光丝径测量的原理如图 4－15 所示,细丝与反射镜的距离为 L_1,反射镜与探测器的距离为 L_2。当激光束照射细丝时,在其后相距较远的反射镜屏上产生夫琅和费衍射条纹,该屏实际上是一个由同步电动机带动的转

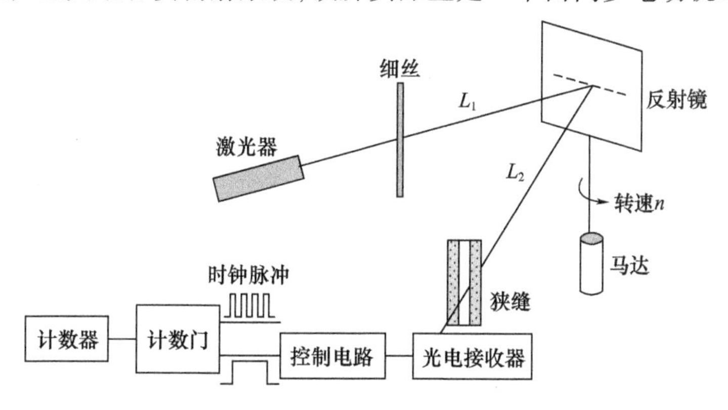

图 4－15　转镜扫描式激光丝径测量原理图

镜。随着反射镜的旋转，衍射条纹相继扫过狭缝而被光电探测器所接收，并产生相应的脉冲信号，脉冲间隔决定于条纹间距 s。这样，衍射图样中的条纹间隔 s 被转换成时间信号 t；通过控制电路将条纹中的某特定级的暗点信号变成一个正脉冲，并把计数门打开，随后下一个暗点信号把门关上。同时，计数门的另一输入端加上频率稳定的时钟脉冲，于是计数器所计时钟脉冲数和扫过距离 s 所需时间 t 成正比。

扫过暗条纹间隔 s 所用时间为

$$t = NT \tag{4-57}$$

式中：N 为计数器所计时钟脉冲数；T 为时钟脉冲的周期。扫描线速度为

$$v = 2n \cdot 2\pi L_2 = 4\pi nL_2 \tag{4-58}$$

式中：n 为反射镜的转速。则暗条纹间隔为

$$s = vt = 4\pi nL_2NT \tag{4-59}$$

衍射距离 $L = L_1 + L_2$，故细丝直径为

$$d = \frac{\lambda(L_1 + L_2)}{4\pi nL_2NT} \tag{4-60}$$

由式(4-60)可知，当λ、L_1、L_2、n、T 选定后，细丝直径 d 唯一地由计数器所计时钟脉冲数 N 确定。

需要说明的是，转镜扫描法测量细丝直径时，要求：①激光功率要大，光束必须平行，且其直径必须大于被测细丝直径数倍（最好大于 1mm）；②衍射距离 $L_1 + L_2 > 1 \sim 3\text{m}$；③马达转速和激光波长必须稳定。

4.3.8 衍射缩放法

1. 基本原理

在常见的激光衍射测量中，大多采用检测衍射图样尺寸的方法来测量单缝、细丝及微孔等微小尺寸。这样的测量系统一般都包含一个测长装置，因而其结构较为复杂，且操作判断也往往比较麻烦。而衍射缩放法是通过光强比较来测量微小尺寸，该方法无须进行图样尺寸的测量，系统结构比较简单，测量操作快速简便。

由衍射缩放定理可知：当衍射孔径的线度沿某方向均匀拉伸μ倍，则衍射图样上各点的光强为原衍射图样上各同级点光强的 μ^2 倍。对于单缝衍射，依缩放定理可得：

$$I_{n2} = \mu^2 I_{n1} \tag{4-61}$$

式中：$\mu = a_2/a_1$，a_1、a_2 分别为单缝缩放前后的缝宽；I_{n1}、I_{n2} 分别为单缝缩放前后

第 n 级衍射亮纹的光强。由此可得单缝线度与衍射光强的缩放关系为

$$a_2 = \sqrt{\frac{I_{n2}}{I_{n1}}} \cdot a_1 \tag{4-62}$$

根据巴俾涅原理,除了中央零级亮条纹以外,上述测量公式也适用于细丝。

对于圆孔,同样可导出光强的缩放关系为

$$I_{n2} = \mu^4 I_{n1} \tag{4-63}$$

则圆孔直径与衍射光强的缩放关系为

$$d_2 = \sqrt[4]{\frac{I_{n2}}{I_{n1}}} \cdot d_1 \tag{4-64}$$

式(4-63)和式(4-64)中:$\mu = d_2/d_1$;d_1、d_2 分别为圆孔缩放前后的直径;I_{n1}、I_{n2} 分别为圆孔缩放前后第 n 级衍射亮环的光强。

由式(4-62)和式(4-64)可见,若能标定某个衍射孔径,则通过测定衍射图样同级衍射点的光强比,就可以得出待测孔径的尺寸。

2. 光电面接收修正因子

式(4-62)和式(4-64)中的光强 I_{n1}、I_{n2} 都是第 n 级衍射亮条纹中心的点光强。但在实际测量中,不管接收光阑如何窄,总有一定的接收宽度。因此,光电接收器件不可能实现点光强接收。光电器件的这种面接收将造成测量误差。不过该误差是系统误差,可以进行修正。

对于光电面接收,式(4-62)应改写为

$$a_2 = \beta \sqrt{\frac{I'_{n2}}{I'_{n1}}} \cdot a_1 \tag{4-65}$$

式中:I'_{n1}、I'_{n2} 分别是缝宽为 a_1、a_2 时同级衍射亮纹的面接收光强;β 为光电面接收误差的修正因子。对比式(4-62)和式(4-65)可得:

$$\beta = \sqrt{\frac{I_{n2}}{I_{n1}} \cdot \frac{I'_{n1}}{I'_{n2}}} \tag{4-66}$$

若接收光阑宽度为 w,第 n 级亮点到图样中心的距离为 x_n,到光阑左边的距离为 e(图 4-16),则光电接收器接收到的第 n 级亮纹的面光强为

$$I'_n = \int_{x_n-e}^{x_n-e+w} I(x)\,\mathrm{d}x \tag{4-67}$$

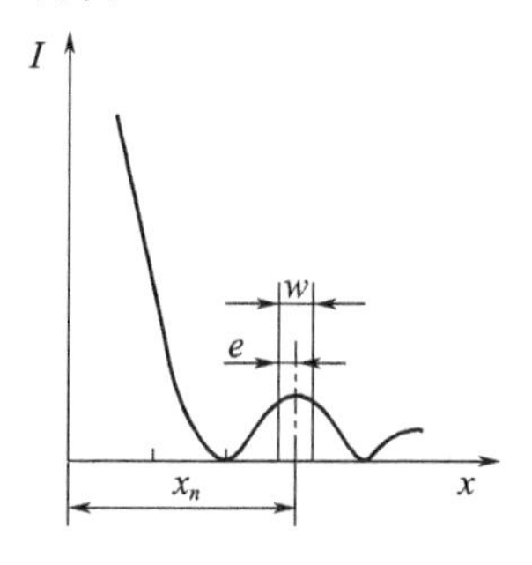

图 4-16　光阑接收位置

式中：$I(x)=I_0\left(\frac{\sin\alpha}{\alpha}\right)^2$，$I_0=CI_n$，$C$ 为比例常数，I_n 为第 n 级亮纹中心点的光强，$\alpha=\frac{\pi a x_n}{\lambda L}$，$a$ 为单缝的宽度，λ为激光波长，L 为衍射距离。根据式(4－67)得到 I'_{n1}和 I'_{n2}，代入式(4－66)，经整理后有

$$\beta=\sqrt{\frac{\int_{x_{n1}-e_1}^{x_{n1}-e_1+w}\left(\frac{\sin\alpha_1}{\alpha_1}\right)^2\mathrm{d}x}{\int_{x_{n2}-e_2}^{x_{n2}-e_2+w}\left(\frac{\sin\alpha_2}{\alpha_2}\right)^2\mathrm{d}x}}\tag{4-68}$$

式(4－68)就是衍射缩放法测量单缝和细丝用的光电面接收修正因子的表达式。各种不同缝宽或丝径的修正因子β值，可事先计算后储存备用。

对于圆孔，光电面接收时的测量公式应改写为

$$d_2=\beta\cdot\sqrt[4]{\frac{I'_{n2}}{I'_{n1}}}\cdot d_1\tag{4-69}$$

式中：I'_{n1}、I'_{n2}分别是孔径为 d_1、d_2 时同级衍射亮环的面接收光强；β为光电面接收修正因子。对比式(4－64)和式(4－69)可得

$$\beta=\sqrt[4]{\frac{I_{n2}}{I_{n1}}\cdot\frac{I'_{n1}}{I'_{n2}}}\tag{4-70}$$

由于小孔衍射的图样为同心圆环，因此采用圆形接收光阑。设光阑接收面积为 S，则光电接收器接收到的第 n 级亮环的面光强为

$$I'_n=\iint_S I(P)\,\mathrm{d}S\tag{4-71}$$

式中：$I(P)=I_0\left[\frac{2J_1(\xi)}{\xi}\right]^2$，$J_1(\xi)$为一阶贝塞尔函数，$I_0=CI_n$，$C$ 为比例常数，I_n 为第 n 级亮环中心点的光强，$\xi=\frac{\pi d\rho_n}{\lambda L}$，$d$ 为圆孔半径，ρ_n 为第 n 级亮环的半径，L 为衍射距离，由此可得到衍射缩放法测圆孔用的光电面接收修正因子表达式为

$$\beta=\sqrt[4]{\frac{\iint_S\left[\frac{2J_1(\xi_1)}{\xi_1}\right]^2\mathrm{d}S}{\iint_S\left[\frac{2J_1(\xi_2)}{\xi_2}\right]^2\mathrm{d}S}}\tag{4-72}$$

实践证明，如果测量分辨率要求较高（如 0.01 μm），则即便使用计算机，修正因子β值的计算量也是很大的。不过这种计算是一次性的，一经算定，计算结

果便可供长期使用。

3. 应用举例

实施这种衍射缩放法测量的实验装置极其简单。采用 He - Ne 激光器作衍射光源,在运动方向垂直于光轴的拖板上放置硅光电池来探测夫琅和费衍射图样上各级亮条纹的光强。为了保持接收光强与输出电信号的线性关系,采用了电流电压转换器。显然,激光器输出功率的波动将影响测量结果,为此实验装置中采用了激光功率稳定器。实验证明,采用 5‰稳定度的激光功率稳定器以后,可以得到良好的测量重复性。

实验中对几种规格的细丝进行了测量。由于目前对细丝尺寸无法进行更高精度的标定,因此先采用一般激光衍射测丝径的方法测出其中一根细丝的直径 d_1,并把它作为标准丝来测量其他细丝。表 4 - 4 列出了测量数据以及光电面接收修正前后的结果。

从表中数据可见,对 $n = 1$、2、3 三个级次测量所得到的结果都十分接近。这表明,只要保证激光输出功率足够稳定,就可以用缩放实现微尺寸的高精度测量。

表 4 - 4　衍射缩放法测量结果($L = 752\text{mm}, d_1 = 47.05\mu\text{m}$)

亮点级次 n		1	2	3
光电压* /V	U_1	0.5002	0.1746	0.0890
	U_2	1.4712	0.5128	0.2636
	U_3	2.1240	0.7385	0.3753
$d_2 = \sqrt{U_2/U_1}\,d_1(\mu\text{m})$		80.69	80.63	80.97
d_2修正值(μm)		83.48	83.41	83.80
$d_3 = \sqrt{U_3/U_1}\,d_1(\mu\text{m})$		96.95	96.76	96.62
d_3修正值(μm)		102.89	102.65	102.47

备注: * 表示对左右同级亮点五次测量光电压的平均值。

4.4　光学图样光电探测动态仿真及误差修正

在光学图样(如衍射图样和干涉图样)的光电探测中,常以亮条纹或暗条纹等极值点作为图样尺寸测量的起止特征点,因此亮、暗条纹位置的精确探测是提高光学图样尺寸测量精度的关键。由于光电探测器的有效接收面不可能是一个点或一条线,而是有一定的面积,从而造成极值特征点位置的探测误差。

该误差属于原理误差,其值有时会大到令人难以容忍的地步。

本节所介绍的光学图样光电探测误差的仿真修正技术直接模拟了光学图样的动态探测过程,并利用计算机仿真得到的结果对探测误差进行修正,其计算过程较为简单,且修正精度高。

4.4.1 基本原理

设光学图样光强的分布函数为 $I(x,y)$,以极值点 O_p(比如 n 级暗条纹)为光学图样待测尺寸 d 的特征点,设极值点 O_p 的理论位置为 (x_n,y_n),则有:

$$d=f(x_n,y_n) \tag{4-73}$$

上述函数关系中还包括波长 λ 等其他参数,它们在同一光学图样的光电探测中为常数。

由于极值点附近的光强分布并不都是对称的,而且光电探测器的有效接收面不可能是一个点或一条线,而是有一定的面积,从而造成实际探测光强为极值时,探测面积 S 的中心位置(又称图样极值点的实际探测位置)与图样极值点的理论位置并不重合。若粗略认为极值点的实际探测位置 $O_s(x'_n,y'_n)$ 就是图样极值点的理论位置 $O_p(x_n,y_n)$,则得到的光学图样尺寸为

$$d'=f(x'_n,y'_n) \tag{4-74}$$

由于 $x_n\neq x'_n$、$y_n\neq y'_n$,则 $d\neq d'$,这就造成了光电探测的原理误差。

下面介绍计算机仿真修正误差的基本原理。

设落在探测面积 S(S 常为圆孔或长方形孔)内的总光强为 $I_s(x_s,y_s)$,则

$$I_s(x_s,y_s) = \iint_S I(x,y)\,\mathrm{d}S = \iint_S I(x,y)\,\mathrm{d}x\mathrm{d}y \tag{4-75}$$

显然 $I_s(x_s,y_s)$ 的大小与探测面积 S 中心 $O_s(x_s,y_s)$ 的位置有关。应当满足:

$$\begin{cases} \dfrac{\mathrm{d}I_s(x_s,y_s)}{\mathrm{d}x_s}=0 \\ \dfrac{\mathrm{d}I_s(x_s,y_s)}{\mathrm{d}y_s}=0 \end{cases} \tag{4-76}$$

此时总光强 $I_s(x_s,y_s)$ 取极值,探测面积 S 中心 $O_s(x_s,y_s)$ 的位置即为极值点的实际探测位置 $O_s(x'_n,y'_n)$,即满足上式时的 x_s 就是 x'_n、y_s 就是 y'_n。

由式(4-76)可求出 x'_n、y'_n,但由于联立求解过程一般较为复杂,甚至得不到解析解,所以通过计算机仿真光学图样光电探测的全过程,采用逐步逼近的方法求出 x'_n、y'_n,即可得到对应于光学图样测量尺寸 d' 的误差修正因子 C_d:

$$C_d = \frac{d}{d'} = \frac{f(x_n, y_n)}{f(x'_n, y'_n)} \tag{4-77}$$

以上在平面直角坐标系中推导得到了光学图样光电探测计算机仿真误差修正的一般原理,同样也可以在极坐标系中进行上述推导过程,考虑到篇幅,这里不再给出。

4.4.2　应用举例

下面以圆孔夫琅和费衍射图样的光电探测为例,介绍计算机仿真误差修正的有关技术。

由衍射理论知,圆孔夫琅和费衍射图样是以爱里斑点为中心的中心对称图样,故以爱里斑中心点 O 为原点建立极坐标系。设第 n 级衍射条纹的理论半径值为 r_n,半径为 r 的衍射环线上任一点的光强为

$$I(r,\theta) = I(r) = I_0 \left\{ \frac{2J_1[\xi(r)]}{\xi(r)} \right\}^2 \tag{4-78}$$

式中:I_0 是爱里斑中心点 O 的光强;$J_1[\xi(r)]$ 是一阶贝塞尔函数,$\xi(r) = \dfrac{\pi dr}{\lambda L}$,$L$ 是夫琅和费衍射距离,d 是待测圆孔直径。

设光电探测器有效探测面积 S 是半径为ρ的圆孔,圆孔中心 O_s 的极坐标为 (r_s, θ_s),考虑到圆孔夫琅和费衍射图样的中心对称性,可通过适当的旋转坐标变换,使 $\theta_s = 0$,如图 4-16 所示。

光电探测器有效探测面积 S 上接收到的总光强为

$$I_s(r_s,\theta_s) = \iint_S I(r,\theta) r\mathrm{d}r\mathrm{d}\theta = \int_{r_s-\rho}^{r_s+\rho} \int_{-\alpha(r)}^{\alpha(r)} \mathrm{d}\theta \cdot I(r) r\mathrm{d}r = \int_{r_s-\rho}^{r_s+\rho} 2I(r)\alpha(r) r\mathrm{d}r \tag{4-79}$$

式中:

$$\alpha(r) = \cos^{-1}\left(\frac{r_s^2 + r^2 - \rho^2}{2r_s r} \right) \tag{4-80}$$

光电探测器沿圆孔衍射图样中 $\theta_s = 0$ 的直线按一定步长进行扫描,对光电探测过程进行计算机仿真,并同时根据式(4-79)计算探测面积 S 上接收到的总光强 $I_s(r_s, \theta_s)$。以第 n 级极值环的理论半径 r_n 作为计算机仿真的起始点,即赋初值 $r_s = r_n$,假设仿真时其扫描步长的大小为 Δr_s,经第 i 步扫描后,则有:

$$r_s = r_n \pm i \cdot \Delta r_s \tag{4-81}$$

式中:符号"±"的选择原则是暗环探测时取"+",亮环探测时取"-"。令 I_{si} 表

示经第 i 步扫描后探测面积 S 上接收到的总光强。每增加一个扫描步长，就计算出一个新的探测总光强 $I_{s(i+1)}$，并与前一探测总光强 I_{si} 比较，直到满足：

$$I_{s(i+1)} \geqslant I_{si} \quad (\text{暗环探测}) \tag{4-82}$$

$$I_{s(i+1)} \leqslant I_{si} \quad (\text{亮环探测}) \tag{4-83}$$

此时的 I_{si} 即为光电探测器探测到的对应于第 n 级衍射极值环的光强，r_s 即为第 n 级衍射极值环的探测半径 r'_n，则

$$r'_n = r_n + i \cdot \Delta r_s \quad (\text{暗环探测}) \tag{4-84}$$

$$r'_n = r_n - i \cdot \Delta r_s \quad (\text{亮环探测}) \tag{4-85}$$

上述仿真结果可直接用于光电探测原理误差的修正，依据式(4-38)，孔径测量值 d' 的误差修正因子可表示为

$$C_d = \frac{d}{d'} = \frac{\dfrac{m\lambda L}{r_n}}{\dfrac{m\lambda L}{r'_n}} = \frac{r'_n}{r_n} \tag{4-86}$$

在圆孔夫琅和费衍射图样的光电探测中，L 取值为 472.0mm，$\lambda = 0.6328\mu m$，以高增益接法的光电倍增管 GDB-423 作为光电探测器，其有效探测面积 S 是半径 $\rho = 1.0mm$ 的圆孔，选取第一级暗环进行探测，即 $n = 1$。仿真修正时扫描步长 Δr_s 取值为 0.001mm。表 4-5 给出了仿真修正结果。

表 4-5　极值探测误差仿真修正结果

测量次数	第一级暗环探测直径/mm	圆孔探测直径/μm	仿真修正后圆孔直径/μm
1	30.065	24.24	24.48
2	29.976	24.31	24.56
3	29.918	24.35	24.60
4	29.936	24.34	24.60
5	29.970	24.31	24.56
平均	29.973	24.31	24.56

需要说明的是，当计算机模拟光电探测过程时，其扫描步长取得越小，仿真精度就越高，虽然增加了计算次数，加大了运算量，但只是计算过程的简单重复。若要得到全量程范围内探测误差的分布规律，可从量程下限开始，以某一步长为递增量重复运算，直到量程上限为止，显然其运算量非常大，但一经算定，计算结果便可保存供长期使用。

第 5 章　光纤传感测量技术

光纤传感与测量是随着光纤通信技术的发展而逐渐形成的,以光波为载体、以光纤为媒介,感知和传输外界被测信息的一门新兴技术。与传统的传感器相比,光纤传感器具有电绝缘、抗电磁干扰、耐高温、抗腐蚀、体积小、质量小、灵活性好、多参量测量、灵敏度高、频带宽、动态范围大、响应速度快、可嵌入、易组网、可远程监控等特点,并可实现复用式和分布式测量。目前,光纤传感技术已成为测量技术前沿最为活跃的研究方向之一,在航空、航天、航海、生物医学、石油化工、电力、核工业、土木工程、安全监控、国防军事等领域有着广阔的应用前景。

5.1　光纤传感器概述

5.1.1　光纤传感器的原理

光纤传感器的基本原理如图 5－1 所示,光源发出的光波经过光纤耦合器传输到传感头,在传感头内部被测物理量与光相互作用,调制光波的参数(光强、相位、偏振态、频率、波长等),使其发生变化成为被调制的光信号,该光信号

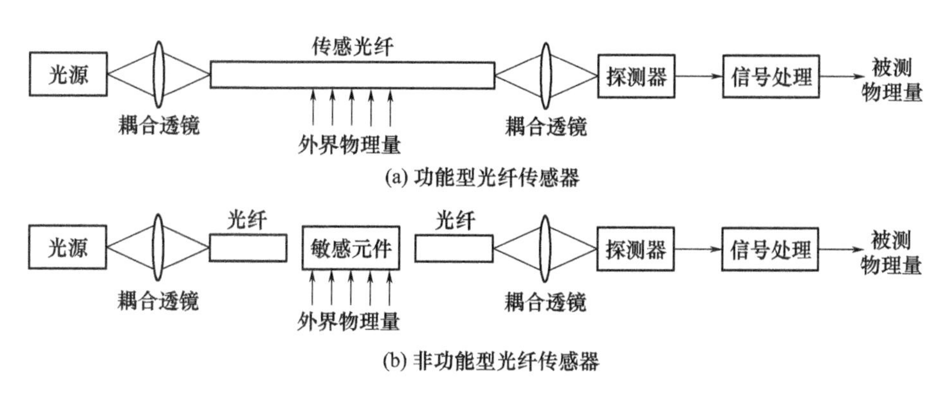

图 5－1　光纤传感器的基本原理

再经光纤耦合器传输到光电探测器,对探测到的电信号进行解调而获得被测参数。

5.1.2 光纤传感器的分类

光纤传感器种类繁多,有三种常用的分类方式:按传感原理、光波调制方式或被测物理量等进行分类。

1. 按传感原理分类

光纤传感器按传感原理可分为功能型和非功能型两类。

功能型光纤传感器是指利用对外界信息具有敏感能力和检测功能的光纤作为传感元件,实现对外界物理量感知的传感器,如图 5-1(a)所示。其调制区位于光纤内,外界信号通过直接改变光纤的某些传输特征参量对光波实施调制,与光源耦合的发射光纤同与光探测器耦合的接收光纤为一根连续光纤,该光纤同时具有“传”和“感”两种功能。功能型光纤传感器又被称为传感型光纤传感器、全光纤型传感器、本征型光纤传感器或内调制型光纤传感器。

非功能型光纤传感器是指利用其他敏感元件感受被测量的变化,光纤仅作为传输介质的传感器,如图 5-1(b)所示。其调制区在光纤之外,外界信号通过外加调制装置对进入光纤中的光波实施调制,发射光纤与接收光纤之间有敏感元件,不具有连续性,光纤仅起传输光波的作用。非功能型光纤传感器又被称为传光型光纤传感器、非本征型光纤传感器或外调制型光纤传感器。

功能型光纤传感器在结构上比非功能型光纤传感器简单,具有更高的灵敏度,发展前景广阔,但往往需要非通信用的特种光纤(如特殊截面、特殊用途)。非功能型光纤传感技术相对成熟,传感器在数量上占有优势,用普通的通信光纤甚至多模光纤就能满足传光要求。

2. 按光波调制方式分类

光纤传感器按光波调制方式可分为强度调制光纤传感器、相位调制光纤传感器、频率调制光纤传感器、偏振调制光纤传感器和波长(颜色)调制光纤传感器。目前任何一种光电探测器都只能响应光波的强度,而不能直接检测光波的频率、波长、相位和偏振态,故信号需要通过某种转换技术转换成强度信号,才能为光电探测器接收并实现测量。

3. 按被测物理量分类

光纤传感器按被测物理量可分为光纤温度传感器、光纤位移传感器、光纤浓度传感器、光纤电流传感器、光纤应变传感器和光纤流速传感器等。目前光纤传感器能够测量的物理量包括速度、加速度、位移、振动、压力、应变、角速度、角位移、弯曲、电流、电压、磁场、温度、声场、流量、浓度、折射率、核辐射等100余种。

5.1.3　光纤传感系统的组成

光纤传感系统主要由光源、敏感元件或传感光纤、传输光纤、光纤器件、光电探测器、光调制器等器件组成，常用器件如表5-1所列。

表5-1　光纤传感系统的常用器件

器件类型	常用器件
光源	白炽灯、发光二极管、半导体激光器、超辐射发光二极管、光纤激光器、He-Ne激光器等
光纤	多模光纤、单模光纤、保偏光纤、光子晶体光纤等
光纤器件	光连接器、光纤耦合器、波分复用/解复用器、光纤起偏器、偏振控制器、光隔离器、光环形器、光衰减器、光开关、光纤滤波器、光纤光栅等
光电探测器	光电二极管、光电池、光电倍增管、CCD、雪崩光电二极管、PIN光电二极管等
光调制器	电光效应调制器、声光效应调制器、磁光效应调制器等
体光学器件	光栅、反射镜、棱镜、分光器、滤光片、透镜等

5.2　强度调制光纤传感器

强度调制光纤传感器的基本原理是待测物理量引起光纤中传输光的强度发生变化，通过检测出光信号强度的变化量实现对被测物理量的测量。强度调制的特点是简单、可靠和经济，但容易受到环境干扰。强度调制方式很多，大致可分为反射式强度调制、透射式强度调制、光模式强度调制，以及折射率和吸收系数强度调制等。

5.2.1　反射式强度调制

反射式强度调制光纤传感器（RIM-FOS）是一种非功能型光纤传感器，光纤本身只起到传光作用。光纤分为输入光纤和输出光纤两部分，也称为发射光纤和接收光纤。该种光纤传感器具有原理简单、设计灵活、价格低廉等特点，并已成功应用于位移、压力、振动和表面粗糙度等多种物理量的测量中。RIM-FOS的调制机理是输入光纤将光源发出的光射向被测物体表面，再从被测面反射到另一根输出光纤中,其光强的大小随被测表面与光纤之间的距离而变化,如图5-2(a)所示。在距离光纤端面d的位置,垂直于输入和输出光纤轴向放置反光物体(被测工件表面),且该反射器可沿光纤轴向移动,故在反射器之后相距d处形成一个输入光纤的虚像。因此,确定传感器的响应等效于计算虚光纤与输出光纤之间的耦合效率。

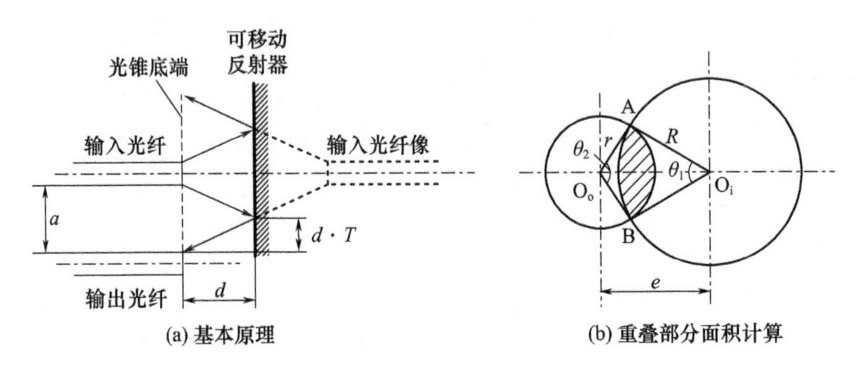

图5-2　反射式强度调制光纤传感器

设输入光纤与输出光纤为同型号的阶跃折射率光纤,其间距为a,芯径为$2r$,数值孔径为NA。图5-2中,$T=\tan(\arcsin \mathrm{NA})$,输入光纤像所发出的光锥(称为反射光锥)到达光纤端面处的光斑半径$R=2dT+r$,输入光纤与输出光纤中心间距$e=a+2r$。由简单的几何关系可知,当$d<a/2T$时,耦合进输出光纤的光功率为0;当$d>(a+2r)/2T$时,输出光纤端面与反射光锥底端相交,且相交的截面积恒为πr^2;当$a/2T \leqslant d \leqslant (a+2r)/2T$时,耦合进输出光纤的光功率由反射光锥底端与输出光纤端面间重叠部分的面积决定。重叠部分的面积计算如图5-2(b)所示,图中角度:

$$\theta_1 = 2\arccos\left(\frac{R^2+e^2-r^2}{2Re}\right) \tag{5-1}$$

$$\theta_2 = 2\arccos\left(\frac{r^2+e^2-R^2}{2re}\right) \tag{5-2}$$

重叠部分面积:

$$S = \frac{\theta_1}{2}R^2 + \frac{\theta_2}{2}r^2 - er\sin\frac{\theta_2}{2} \tag{5-3}$$

假设反射光锥内功率密度分布是均匀的,被测表面的反射系数为1,光纤轴线与被测表面垂直,输出光纤接收到的光功率百分比,即耦合效率为

$$F=\frac{P_o}{P_i}=\begin{cases}0, & d<\dfrac{a}{2T}\\ \dfrac{1}{\pi}\left(\dfrac{\theta_1}{2}+\dfrac{\theta_2 r^2}{2R^2}-\dfrac{er}{R^2}\sin\dfrac{\theta_2}{2}\right), & \dfrac{a}{2T}<d<\dfrac{a+2r}{2T}\\ \dfrac{r^2}{R^2}, & d>\dfrac{a+2r}{2T}\end{cases}\tag{5-4}$$

式中:P_i 和 P_o 分别为输入、输出光纤中的光功率。

已知光纤芯径 $2r=200\mu m$,数值孔径 NA = 0.5,光纤间距 $a=100\mu m$,由式(5-4)可计算出耦合效率 F 和 d 的关系曲线,如图 5-3 所示。距离 d 从 0 开始增大,当耦合效率刚好不为零时对应的距离称为起始距离 d_0,图中 $d_0=86.6\mu m$;区间 $[0,d_0]$ 为死区,耦合效率为 0。曲线峰值点 P 处耦合效率取最大值,$F_{max}=6.53\%$,对应的距离称为峰值距离 d_P,图中 $d_P=236.3\mu m$;其附近的区间称为峰值区,一般用于反射面粗糙度的测量。区间 $[d_0,d_P]$ 为前坡,灵敏度较高,线性较好,可用于位移、振动、压力等物理量的测量;前坡中 A 点($d_A=114.4\mu m$)处曲线斜率取最大值,对应测量灵敏度为 $7.2\times10^{-4}/\mu m$。满足 $d>d_P$ 的区间称为后坡,其斜率为负值。

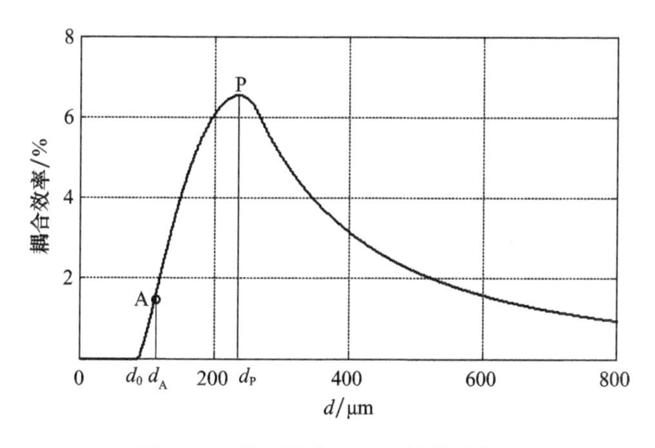

图 5-3　耦合效率 F 和 d 的关系曲线

式(5-4)是理想条件下单光纤对的耦合效率模型,也称为光强调制函数,其自变量包括光纤芯径、数值孔径、光纤间距。实际上,耦合效率还受到反射面倾斜(反射面不垂直光纤轴线)、反射面特性(如表面形状、表面粗糙度、刀痕形态、材质)等因素的影响。一般情况下,单光纤对的耦合效率较低,为提高测量灵敏度,除采用大数值孔径、大芯径光纤外,更多的是增加光纤数目,并可选择不同的端面排列方式,如图 5-4 所示。

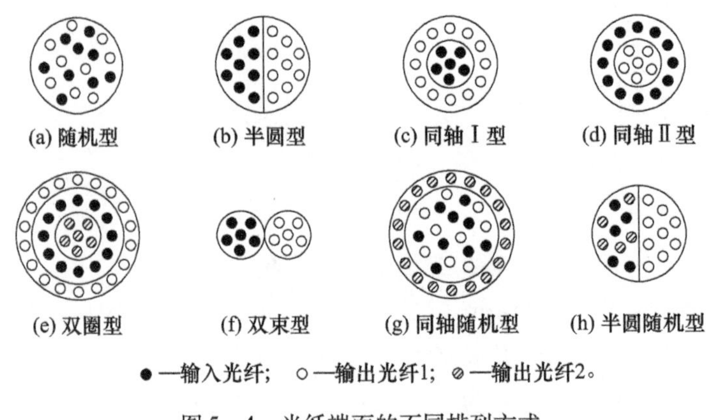

图5-4　光纤端面的不同排列方式

5.2.2　透射式强度调制

发射光纤与接收光纤对准，光强调制信号加在移动的遮光屏上，或直接移动接收光纤，使接收光纤只能收到发射光纤发出的部分光，从而实现光强调制，称为透射式强度调制。该种传感器常用来测量位移、压力、温度、振动等物理量，这些物理量作用于遮光屏或动光纤上，使输入、输出光纤的耦合效率发生改变。图5-5为常见的动光纤透射式光强调制的基本原理，这些传感器的线性度和灵敏度都很好，相比较而言，输出光强随径向位移的变化比轴向位移更快，即径向测量灵敏度更高，但动态范围要小得多。

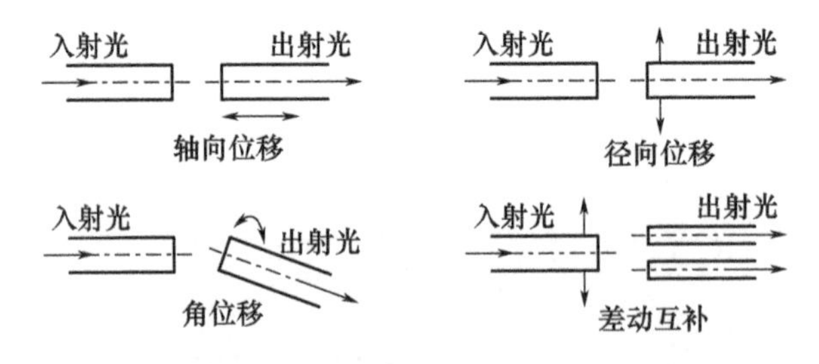

图5-5　动光纤透射式光强调制原理

图5-6为遮光屏透射式光强调制的基本原理。采用双透镜系统使出射光束准直，再聚焦到接收光纤端面，遮光屏的移动方向垂直于两个透镜之间的平行光，遮光距离为δ。由于采用了透镜系统，扩展了透射光束口径，扩大了测量范围，并提高了光纤之间的耦合效率。

为提高测量灵敏度，可利用两个周期结构的遮光屏对上述传感器实施改进,其原理如图5－7所示。遮光屏是由等宽度、交替排列的透明区和非透明区的光栅组成,其中一个光栅固定不动,另一个光栅随外界参数而移动。两个光栅做相对运动时,通过两个光栅之间的光强就会发生变化。当两个光栅完全重叠(两个光栅的透光部分与透光部分重叠,不透光部分与不透光部分重叠)时,透过率为最大值50%;当两个光栅完全交叠(一个光栅的不透光部分与另一个光栅的透光部分重叠)时,透过率为最小值0,且透过率是周期性变化的。

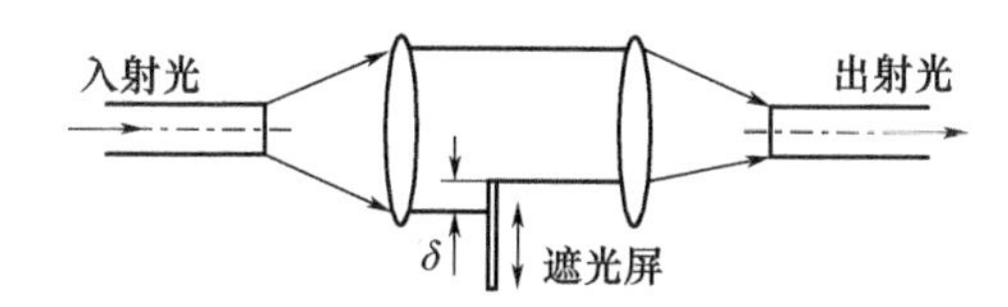

图5－6　遮光屏透射式光强调制原理

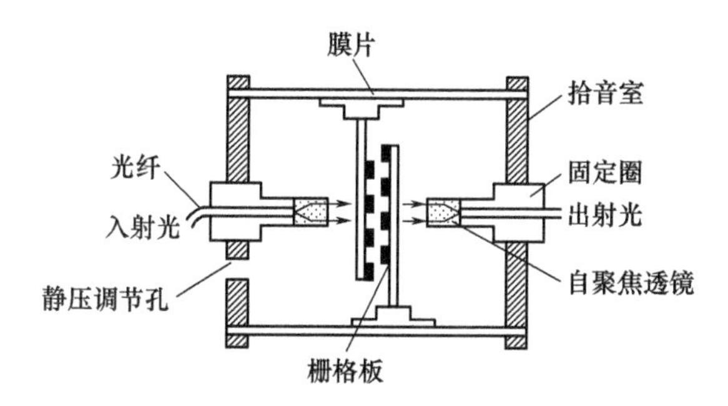

图5－7　光栅遮光屏透射式光强调制原理

5.2.3　光模式强度调制

光纤中光波模式的改变引起的光强调制称为光模式强度调制。当光纤空间状态发生变化时,会引起光纤中的模式耦合,其中有些导波模变成了辐射模,从而引起损耗,这就是微弯损耗。微弯损耗与微弯的位置与压力等物理量有关。

图5－8为微弯损耗光模式强度调制原理图。一根多模光纤夹在一个空间周期为Λ的梳状结构的微弯变形器中,选取Λ使它与光纤中的某两个模之间的传播常数差相匹配,光纤中的光功率分布会随着变形器的位置而变化。引起耦合的两个模的传播常数β和β'须满足:

$$\Delta\beta = |\beta - \beta'| = \frac{2\pi}{\Lambda} \tag{5-5}$$

此时相位失配为零,模间耦合达到最佳,故微弯变形器的最佳周期决定于光纤的模式性能。而变形器的位移改变了光纤的弯曲程度,从而改变了光纤的弯曲损耗,产生强度调制。

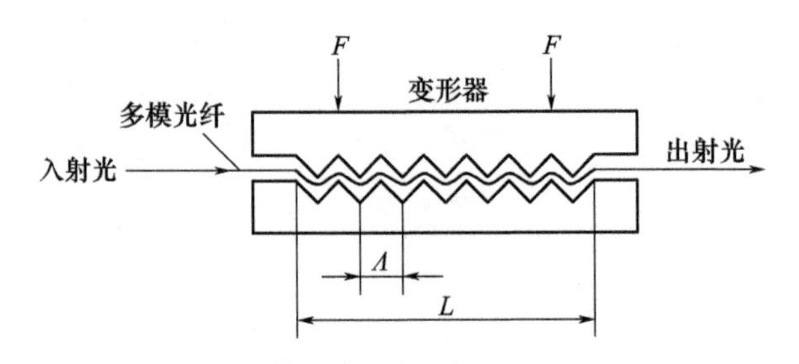

图 5-8　微弯损耗光模式强度调制原理

假设光纤的微弯变型函数为

$$F(z)=D(t)\sin(qz) \tag{5-6}$$

式中:$D(t)$为随时间 t 变化由外界信号(被测量)导致的弯曲幅度;z 为变形点到光纤入射端的距离;空间频率 $q=2\pi/\Lambda$。

根据光的波动理论可导出微弯损耗系数的一阶近似表达式:

$$\alpha=\frac{1}{4}KD^2(t)L\left\|\frac{\sin\left[\frac{(q-\Delta\beta)L}{2}\right]}{\frac{(q-\Delta\beta)L}{2}}\right\|^2 \tag{5-7}$$

式中:K 为比例系数;L 为光纤产生微弯变形部位的长度。

由式(5-7)可知:

(1)损耗系数与弯曲幅度平方成正比,即光纤微弯幅度越大,模式耦合越严重,光能辐射越多,损耗越大;

(2)损耗系数与光纤微弯部位长度成正比,发生微弯的部位越长,耦合越严重,但不如微弯幅度影响显著;

(3)损耗系数随光纤微弯周期而变化,当 $q=\Delta\beta$ 时产生谐振,微弯损耗最大,即调制最灵敏,因此选择合适的微弯周期对于提高调制灵敏度具有重要意义。

光纤的最佳微弯周期为

$$\Lambda_0=\frac{2\pi}{\Delta\beta}=\left(\frac{g+2}{g}\right)^{\frac{1}{2}}\frac{\pi a}{\sqrt{\Delta}}\left(\frac{m}{M}\right)^{\frac{g-2}{g+2}} \tag{5-8}$$

式中:g 为光纤的折射率分布参数;a 为纤芯半径;Δ是纤芯和包层的相对折射率差;m 为模式序数;M 为总模式数。

对于阶跃光纤，$g=\infty$，有

$$\Lambda_0=\frac{\pi a}{\sqrt{\Delta}}\frac{m}{M} \tag{5-9}$$

因为辐射模与高阶导模最容易耦合，可令 $m=M$，故阶跃光纤的最佳微弯周期可写为

$$\Lambda_0=\frac{\pi a}{\sqrt{\Delta}} \tag{5-10}$$

对于抛物线折射率分布的梯度光纤，$g=2$，光纤的最佳微弯周期为

$$\Lambda_0=\frac{\sqrt{2}\pi a}{\sqrt{\Delta}} \tag{5-11}$$

当光纤由变形器引起微弯变形时，纤芯中的光有一部分逸出到包层。若采取适当的方式探测光强的变化，就可测出位移量。由此可制作出温度、振动、压力、应变等光纤传感器，且该种传感器具有灵敏度高、响应速度快等优点。从上面的分析可知，微弯损耗光纤传感器是一种功能型的强度调制传感器。

5.3　相位调制光纤传感器

5.3.1　相位调制原理

相位调制光纤传感器的基本原理是通过被测物理量的作用，使光纤内传播的光波相位发生变化，再用干涉测量技术把相位变化转换为光强变化，实现对待测物理量的测量。光纤中光波的相位由光纤波导的物理长度、折射率及其分布、波导横向几何尺寸所决定。一般来说，应力、应变、温度等外界物理量能直接改变上述三个波导参数，产生相位变化，实现光纤的相位调制。但是，目前各类光电探测器均不能直接感知光波相位的变化，必须采用干涉技术将相位变化转换为光强变化，才能实现对外界物理量的检测。引起敏感光纤中光波相位调制的物理效应主要有应力应变效应、温度应变效应等。

1. 应力应变效应

当光纤受到纵向（轴向）的机械应力作用时，光纤的长度、芯径、纤芯折射率都将发生变化，并将导致光纤中光波相位的变化。光波通过长度为 L 的光纤后，出射光波的相位延迟为

$$\varphi=\beta L \tag{5-12}$$

式中:$\beta=2\pi/\lambda$ 为光波在光纤中的传播常数,$\lambda=\lambda_0/n$ 是光波在光纤中的传播波长,λ_0 为真空中的波长。

当光纤长度或传播常数发生变化时,引起的光波相位变化为

$$\Delta\varphi=\beta\Delta L+L\Delta\beta=\beta L\frac{\Delta L}{L}+L\frac{\partial\beta}{\partial n}\Delta n+L\frac{\partial\beta}{\partial a}\Delta a \tag{5-13}$$

式中:n 为纤芯的折射率;a 为纤芯的半径。式(5-13)中,第一项表示光纤长度变化引起的相位延迟(应变效应);第二项为纤芯折射率变化引起的相位延迟(光弹效应);第三项表示纤芯半径变化引起的相位延迟(泊松效应)。一般来说,泊松效应引起的相位延迟相对前两项要小得多,可以忽略,则式(5-13)可写为

$$\Delta\varphi=\beta L\frac{\Delta L}{L}+L\frac{\partial\beta}{\partial n}\Delta n \tag{5-14}$$

根据弹性力学原理,对各向同性材料,其折射率的变化与对应的应变 ε_i 有如下关系:

$$\begin{bmatrix}\Delta B_1\\ \Delta B_2\\ \Delta B_3\\ \Delta B_4\\ \Delta B_5\\ \Delta B_6\end{bmatrix}=\begin{bmatrix}P_{11} & P_{12} & P_{12} & 0 & 0 & 0\\ P_{12} & P_{11} & P_{12} & 0 & 0 & 0\\ P_{12} & P_{12} & P_{11} & 0 & 0 & 0\\ 0 & 0 & 0 & P_{44} & 0 & 0\\ 0 & 0 & 0 & 0 & P_{44} & 0\\ 0 & 0 & 0 & 0 & 0 & P_{44}\end{bmatrix}\begin{bmatrix}\varepsilon_1\\ \varepsilon_2\\ \varepsilon_3\\ 0\\ 0\\ 0\end{bmatrix} \tag{5-15}$$

式中:P_{11}、P_{12}为光纤材料的光弹系数;$P_{44}=(P_{11}-P_{12})/2$;ε_1、E_2 为光纤的横向应变;E_3 是光纤的纵向应变。对于石英材料,$P_{11}=0.13$,$P_{12}=0.28$,$n=1.46$。

考虑到

$$B_i=\frac{1}{n_i^2}\quad(i=1,2,3) \tag{5-16}$$

式(5-16)两边求导后经整理得

$$\Delta n_i=-\frac{n_i^3}{2}\Delta B_i\quad(i=1,2,3) \tag{5-17}$$

假设光纤的纤芯材料为各向同性材料,有 $\varepsilon_1=\varepsilon_2$,且 $n_1=n_2=n_3=n$。综合考虑式(5-15)、式(5-17)可得

$$\Delta n_1=-\frac{n^3}{2}[(P_{11}+P_{12})\varepsilon_1+P_{12}\varepsilon_3] \tag{5-18}$$

$$\Delta n_2=-\frac{n^3}{2}[(P_{11}+P_{12})\varepsilon_1+P_{12}\varepsilon_3] \tag{5-19}$$

$$\Delta n_3 = -\frac{n^3}{2}[2P_{12}\varepsilon_1 + P_{11}\varepsilon_3] \tag{5-20}$$

下面考虑各项应力应变效应引起的相位调制。

1)纵向应变的相位调制

在式(5-14)中,设$\beta \approx nk_0$,$\partial\beta/\partial n = k_0 = 2\pi/\lambda_0$,$\varepsilon_3 = \Delta L/L$,则

$$\Delta\varphi = nk_0L\varepsilon_3 + k_0L\Delta n \tag{5-21}$$

只有纵向应变时,$\varepsilon_1 = \varepsilon_2 = 0$,由于光纤中光波的传播是沿横向偏振的,仅考虑折射率的径向变化,将式(5-18)代入式(5-21),有

$$\Delta\varphi = nk_0L\left(1 - \frac{n^2}{2}P_{12}\right)\varepsilon_3 \tag{5-22}$$

2)径向应变的相位调制

只有径向应变时,$\varepsilon_3 = 0$,对于轴向对称的径向应变,$\varepsilon_1 = \varepsilon_2 = \Delta a/a$。考虑泊松效应时,由式(5-13)得相位变化量为

$$\Delta\varphi = nk_0L\left[\frac{a}{nk_0}\frac{\mathrm{d}\beta}{\mathrm{d}a} - \frac{n^2}{2}(P_{11} + P_{12})\right]\varepsilon_1 \tag{5-23}$$

式中:$\mathrm{d}\beta/\mathrm{d}a$为传播常数应变因子。

不考虑泊松效应时,由式(5-14)得相位变化量为

$$\Delta\varphi = -\frac{1}{2}n^3k_0L(P_{11} + P_{12})\varepsilon_1 \tag{5-24}$$

3)光弹效应的相位调制

此时纵横向效应同时存在,将式(5-18)代入式(5-21),有

$$\Delta\varphi = nk_0L\left[\varepsilon_3 - \frac{n^2}{2}(P_{11} + P_{12})\varepsilon_1 - \frac{n^2}{2}P_{12}\varepsilon_3\right] \tag{5-25}$$

2. 温度应变效应

温度应变效应与应力应变效应类似。若光纤置于变化的温度场中,温度场变化可能引起光纤的长度和折射率的改变,由此引起的相位变化为

$$\frac{\mathrm{d}\varphi}{\mathrm{d}T} = k_0n\frac{\mathrm{d}L}{\mathrm{d}T} + k_0L\frac{\mathrm{d}n}{\mathrm{d}T} \tag{5-26}$$

式中:第一项表示光纤几何长度变化引起的相位变化;第二项表示折射率变化引起的相位变化,式中未考虑纤芯半径变化对相位变化的影响。由于光纤中光波的传播是沿横向偏振的,当仅考虑径向折射率的变化时,其相位随温度的变

化关系为

$$\frac{\Delta\varphi}{\varphi\Delta T}=\frac{\mathrm{d}L}{L\mathrm{d}T}+\frac{\mathrm{d}n}{n\mathrm{d}T}=\frac{1}{n}\frac{\partial n}{\partial T}+\frac{1}{\Delta T}\left[\varepsilon_3-\frac{n^2}{2}(P_{11}+P_{12})\varepsilon_1-\frac{n^2}{2}P_{12}\varepsilon_3\right] \tag{5-27}$$

式中：ε_1、ε_3 同应力应变的物理意义相同，且应变 ε_1 和 ε_3 与光纤材料有关。

5.3.2 光纤干涉仪类型

光纤干涉仪与传统的分离元件干涉仪相比，光波的干涉是在光纤干涉仪中实现的，并具有如下优点：①容易准直；②可通过增加光纤长度来增加光程以提高干涉仪的灵敏度；③采用封闭式光路，不受外界干扰；④测量的动态范围大。目前常用的光纤干涉仪主要包括迈克尔逊光纤干涉仪、马赫－泽德光纤干涉仪、萨格纳克光纤干涉仪等。

1. 迈克尔逊光纤干涉仪

图5－9为迈克尔逊光纤干涉仪的原理图。激光器发出的相干光被3dB耦合器分成两束，一束经参考臂到达固定的光纤反射端面，另一束经信号臂到达可动光纤端面，反射回来的光经3dB耦合器后，一部分耦合到光电探测器中并被其接收。外界信号 $S(t)$ 作用于信号臂，在两臂之间产生光程差，使探测器接收到的干涉光强信号发生变化，且光强为

$$I=\frac{1}{2}I_0(1+\cos\Delta\varphi) \tag{5-28}$$

式中：I_0 为激光器发出的光强；$\Delta\varphi$ 为两臂的相位差，包括外界信号 $S(t)$ 引起的相位变化量 $s(t)$ 和无外界信号作用时两臂的初始相位差 $\varphi_0=\varphi_S-\varphi_R$，$\varphi_S$、$\varphi_R$ 分别为信号臂和参考臂的初始相位值。

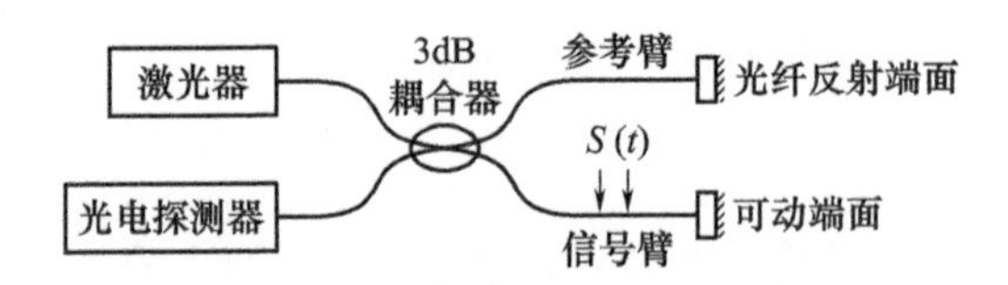

图5－9 迈克尔逊光纤干涉仪原理

2. 马赫－泽德光纤干涉仪

图5－10为马赫－泽德光纤干涉仪的原理图。激光器发出的相干光被第一个3dB耦合器分成两束，分别在参考臂和信号臂中传输，外界信号 $S(t)$ 作用于信号臂。第二个3dB耦合器把两束光再耦合，并又分成两束光由两个探测器

D_1 和 D_2 分别接收。两个光电探测器接收到的光强分别为

$$I_1 = \frac{1}{2}I_0(1 + \alpha\cos\Delta\varphi) \tag{5-29}$$

$$I_2 = \frac{1}{2}I_0(1 - \alpha\cos\Delta\varphi) \tag{5-30}$$

式中:α为耦合系数。这两路干涉输出光的相位相差180°。

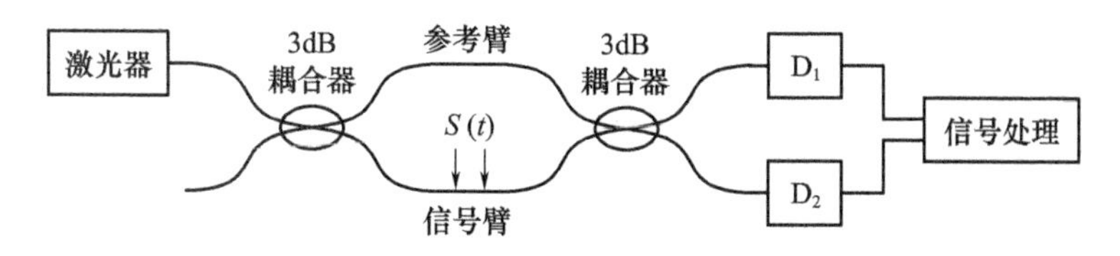

图5-10　马赫-泽德光纤干涉仪原理

相比于迈克尔逊光纤干涉仪,马赫-泽德光纤干涉仪没有或很少有光返回到激光器中,因为返回到激光器的光会造成激光器的不稳定,不利于干涉测量。

3. 萨格纳克光纤干涉仪

图5-11为萨格纳克光纤干涉仪的原理图。激光器发出的光经3dB耦合器分成两束,耦合进入一个半径为 R 的 N 匝单模光纤环的两端,分别沿顺时针和逆时针方向在光纤中传播,光纤两端的出射光再经3dB耦合器后,构成一个闭合光路,并耦合到光电探测器中被其接收。

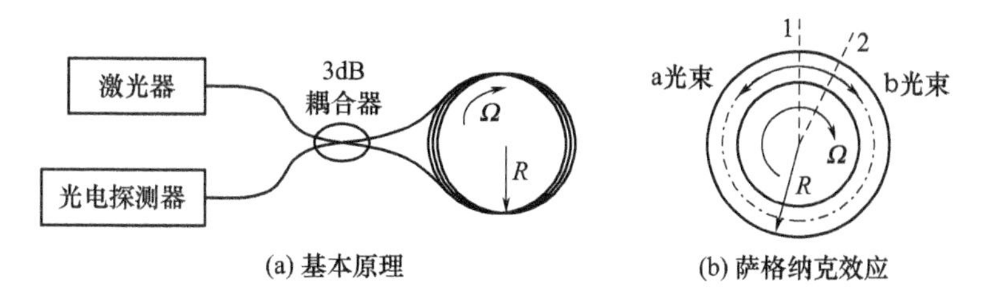

(a) 基本原理　　(b) 萨格纳克效应

图5-11　萨格纳克光纤干涉仪原理

当闭合光路静止时,两束光传播的路程相等,没有光程差。如图5-11(b)所示,从位置1发出的两束相反方向的光经 $t = 2\pi RN/c$ 时间后仍回到位置1。当光纤环相对惯性空间以转速Ω顺时针转动时(设Ω垂直光纤环路平面),两束光传播的路程不等,产生光程差。此时,经 $t = 2\pi RN/c$ 时间后两束光会于位置2,其中逆时针传播的a光束所走的光程为

$$L_a = 2\pi RN - \Omega Rt \tag{5-31}$$

顺时针传播的 b 光束所走的光程为

$$L_b = 2\pi RN + \Omega Rt \tag{5-32}$$

两束光的光程差为

$$\Delta L = L_b - L_a = 2\Omega Rt = \frac{4\pi R^2 N\Omega}{c} = \frac{4AN\Omega}{c} \tag{5-33}$$

式中:A 为光纤环的面积;c 为真空中的光速。对应的相位差为

$$\Delta\varphi = \frac{2\pi}{\lambda}\Delta L = \frac{8\pi AN\Omega}{\lambda c} \tag{5-34}$$

式中:λ为真空中的激光波长。

由以上分析可知,萨格纳克光纤干涉仪可用来测量转速Ω,而且增加光纤环的匝数,可提高测量灵敏度,因此光纤总长度可达上千米。萨格纳克光纤干涉仪最典型的应用就是光纤陀螺,与其他陀螺相比,光纤陀螺具有灵敏度高、无转动部分、体积小、成本低、功耗低等优点,已成功用于舰船、飞机、导弹等的导航定位中。

5.3.3 相位检测原理

相位检测是从光纤干涉仪输出的光强信号中解调出相位变化量,也称为相位解调。根据参考臂中光频率是否改变,可将相位检测方法分成零差法和外差法两大类。其中,零差法又包括无源(或被动)零差法和有源(或主动)零差法。下面对主要的相位检测方法做简单的介绍。

1. 无源零差法

无源零差法属开环相位解调方法,需要两路正交信号,并常用"微分交叉相乘法"求出相位变化量。设两路正交信号分别为

$$\begin{cases} V_a(t) = V_0\cos[s(t) + \varphi_S - \varphi_R] \\ V_b(t) = V_0\sin[s(t) + \varphi_S - \varphi_R] \end{cases} \tag{5-35}$$

式中:$s(t)$为待测相位变化量;φ_S 和 φ_R 分别为信号臂和参考臂的初始相位值;V_0 代表与信号强度有关的电压常数。

分别对 V_a 和 V_b 进行微分和交叉相乘,有

$$f(t) = V_a\frac{dV_b(t)}{dt} - V_b\frac{dV_a(t)}{dt} = V_0^2\frac{ds(t)}{dt} \tag{5-36}$$

则相位变化量为

$$s(t) = \frac{1}{V_0^2}\int_0^t f(t)\,dt + C \tag{5-37}$$

式中：C 为积分常数。故上式求得的 $s(t)$ 是一个相对相位，这在大多数应用中是可以接受的。

有多种方式可得到如式(5－35)所示的两路正交信号。比如，针对图5－10所示的马赫－泽德光纤干涉仪，探测器 D_1、D_2 将接收到光强转换成电信号：

$$V_1(t)=V_0\{1+\alpha\cos[s(t)+\varphi_S-\varphi_R]\} \tag{5-38}$$

$$V_2(t)=V_0\{1-\alpha\cos[s(t)+\varphi_S-\varphi_R]\} \tag{5-39}$$

两路电压信号经差分放大器后合成为

$$V_a(t)=2\alpha V_0\cos[s(t)+\varphi_S-\varphi_R] \tag{5-40}$$

利用电路方法对上述信号移相 $\pi/2$，可构造一个与 $V_a(t)$ 正交的信号：

$$V_b(t)=2\alpha V_0\sin[s(t)+\varphi_S-\varphi_R] \tag{5-41}$$

另外，利用3×3光纤耦合器也可得到两路正交信号。如图5－12所示，将马赫－泽德光纤干涉仪(图5－10)中的第二个3dB耦合器换成3×3耦合器，当输入3×3耦合器的两路光功率相同时，三个探测器的输出信号可表示为

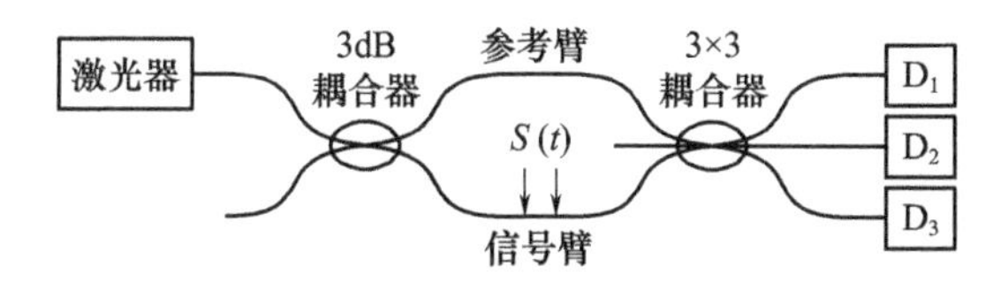

图5－12　基于3×3耦合器的无源零差法

$$V_1(t)=A+B\cos[s(t)+\varphi_s-\varphi_R]+C\sin[s(t)+\varphi_s-\varphi_R] \tag{5-42}$$

$$V_2(t)=-2B\{1+\cos[s(t)+\varphi_S-\varphi_R]\} \tag{5-43}$$

$$V_3(t)=A+B\cos[s(t)+\varphi_s-\varphi_R]-C\sin[s(t)+\varphi_s-\varphi_R] \tag{5-44}$$

式中：A、B 和 C 是同耦合器性能相关的常数。对式(5－42)、式(5－44)分别进行加、减运算，可得到：

$$\begin{cases}V_a(t)=2A+2B\cos[s(t)+\varphi_S-\varphi_R]\\V_b(t)=2C\sin[s(t)+\varphi_S-\varphi_R]\end{cases} \tag{5-45}$$

无源零差法的动态范围受到解调电路的限制，但传感器的相位解调范围理论上无限制，而且对光源的相位噪声不敏感。不过无源零差法的相位检测电路比有源零差法复杂得多。

2. 相位载波零差法

干涉型光纤传感器的相位载波(Phase Generated Carrier，PGC)检测方法是通过在干涉仪中引入检测信号带宽外某一频率的大幅度相位调制信号，使所检测信号成为该大幅度载波的边带，并用相关检测和微分－叉乘方式分离光纤干

涉仪的交流传感信号和随机相位漂移，使相位的随机漂移表现为传感信号直流基线的变化，从而得到稳定的传感信号输出。相位载波零差法常用外调制或内调制方式产生高频载波，然后提取傅里叶－白塞尔函数中的一对正交信号进行解调，如图5－13所示。

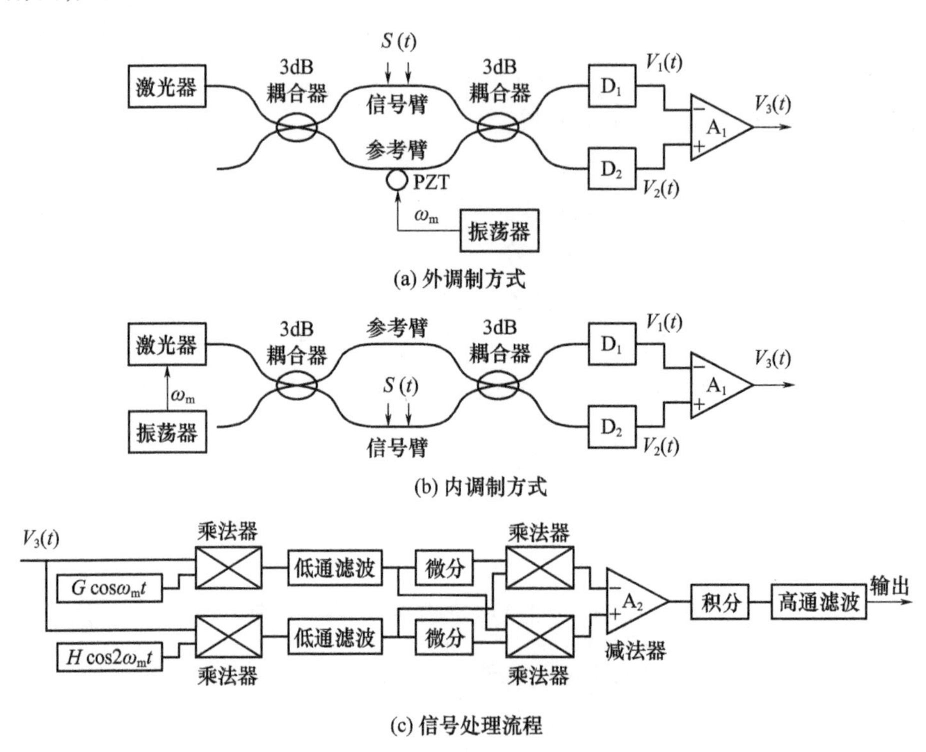

图5－13　相位载波零差法

所谓外调制是在干涉仪的参考臂上加压电陶瓷（锆钛酸铅，PZT）作为相位调制器件，基于压电效应，利用高频电信号改变缠绕在PZT上的光纤长度来实现相位调制。该调制方式可以实现零光程差，对降低由光源频率随机漂移造成干涉仪输出的相位噪声有利，但PZT的存在不利于多个光纤传感器的集成。而内调制就是直接调制半导体激光器的波长来实现，其基本机理是：某些光源（如DFB同轴激光器）在一定发光功率范围内，其输出光的频率随调制电流的变化而近似线性变化，但同时伴生了幅度调制。

受角频率为ω_m的振荡信号调制，在光纤干涉仪中引入检测信号带宽外频率为ω_m的大幅度M相位调制信号，经差分放大后的输出信号为

$$V_3(t)=2\alpha V_0\cos[M\cos\omega_m t+\Delta\varphi(t)] \tag{5-46}$$

式中：$\Delta\varphi(t)=s(t)+\varphi_S-\varphi_R$。将式(5-46)以 Bessel 函数展开：

$$V_3(t)=2\alpha V_0\left\{\left[J_0(M)+2\sum_{k=1}^{\infty}(-1)^k J_{2k}(M)\cos 2k\omega_m t\right]\cos[\Delta\varphi(t)]-\right.$$
$$\left.2\left[\sum_{k=0}^{\infty}(-1)^k J_{2k+1}(M)\cos(2k+1)\omega_m t\right]\sin[\Delta\varphi(t)]\right\} \tag{5-47}$$

式中：$J_k(M)$是 k 阶 Bessel 函数。将式(5-47)与 $G\cos\omega_m t$、$H\cos 2\omega_m t$ 混频，可得

$$\begin{aligned}V_3(t)G\cos\omega_m t = {} & 2\alpha V_0 G J_0(M)\cos\omega_m t\cos[\Delta\varphi(t)]+2\alpha V_0 G\sum_{k=1}^{\infty}(-1)^k J_{2k}(M)\\ & [\cos(2k+1)\omega_m t+\cos(2k-1)\omega_m t]\cos[\Delta\varphi(t)]-2\alpha V_0 G\\ & \sum_{k=0}^{\infty}(-1)^k J_{2k+1}(M)[\cos 2(k+1)\omega_m t+\\ & \cos 2k\omega_m t]\sin[\Delta\varphi(t)]\end{aligned} \tag{5-48}$$

$$\begin{aligned}V_3(t)H\cos 2\omega_m t = {} & 2\alpha V_0 H J_0(M)\cos 2\omega_m t\cos[\Delta\varphi(t)]+\\ & 2\alpha V_0 H\sum_{k=1}^{\infty}(-1)^k J_{2k}(M)[\cos 2(k+1)\omega_m t+\\ & \cos 2(k-1)\omega_m t]\cos[\Delta\varphi(t)]-2\alpha V_0 H\sum_{k=0}^{\infty}(-1)^k J_{2k+1}\\ & (M)[\cos(2k+3)\omega_m t+\cos(2k-1)\omega_m t]\sin[\Delta\varphi(t)]\end{aligned} \tag{5-49}$$

因载波频率 ω_m 远远大于被测信号频率，故式(5-48)、式(5-49)经低通滤波器后所有含 ω_m 及其倍频项均被滤去，此时上两式变为两正交信号：

$$\begin{cases}V_a(t)=-2\alpha V_0 G J_1(M)\sin[\Delta\varphi(t)]\\ V_b(t)=-2\alpha V_0 H J_2(M)\cos[\Delta\varphi(t)]\end{cases} \tag{5-50}$$

采用“微分交叉相乘法”(详见无源零差法)，可得到

$$f(t)=4\alpha^2 V_0^2 GHJ_1(M)J_2(M)\frac{\mathrm{d}\Delta\varphi(t)}{\mathrm{d}t} \tag{5-51}$$

对式(5-51)积分可得到同相位 $\Delta\varphi(t)$ 成正比的信号，再经高通滤波可获得被测信号的相移 $s(t)$。

相位载波零差法具有动态范围大、线性度好、相位测量精度高等优点,但低通滤波处理对边带频谱(被测信号的频谱)做了截断。为把信号的失真程度控制在许可的范围内,就必须提高载波的频率,同时改善低通滤波器的性能。考虑相位调制器和处理电路的响应特性,载波频率不可能无限制地提高,使该解调方法的动态范围受到调制器件性能的影响;同时其测量精度也容易受到光源功率波动、混频信号幅度的漂移和相位调制幅度 M 的变化等因素的影响。

3. 直流相位跟踪零差法

直流相位跟踪零差法(PTDC)是工作于直流正交偏置状态的闭环相位解调方法,基本原理如图 5-14 所示。相位调制器加入参考臂,调制量 $A(t)$ 受输出反馈控制,经差分放大后的信号为

$$V_3(t)=2\alpha V_0\cos[s(t)+\varphi_S-\varphi_R-A(t)] \tag{5-52}$$

系统工作在直流正交偏置状态下应满足正交条件,即

$$s(t)+\varphi_S-\varphi_R-A(t)=k\pi+\frac{\pi}{2} \tag{5-53}$$

在正交条件下有

$$V_3(t)\approx 2\alpha V_0\left[s(t)+\varphi_S-\varphi_R-A(t)-\frac{\pi}{2}\right] \tag{5-54}$$

式(5-54)表明,若偏离正交状态,则 $V_3(t)\neq 0$,它相当于一个误差信号。若使相位调制器产生相应的补偿相移 $A(t)$,以抵消 $s(t)$ 变化产生的影响,则系统重回正交状态。反馈信号由 $V_3(t)$ 对时间 t 的积分得到

$$V_4(t)=G\int_0^t V_3(t)\,dt \tag{5-55}$$

式中:G 是积分电路的增益系数。

调制器产生的相移 $A(t)$ 正比于反馈电压,即 $A(t)=gV_4(t)$,故式(5-54)可改写为

$$V_3(t)=2\alpha V_0\left[s(t)+\varphi_S-\varphi_R-gV_4(t)-\frac{\pi}{2}\right] \tag{5-56}$$

在跟踪状态下,$V_3(t)\to 0$,故

$$s(t)=gV_4(t)-\varphi_S+\varphi_R+\frac{\pi}{2} \tag{5-57}$$

$s(t)$ 是 $V_4(t)$ 的线性函数。当 $s(t)$ 与 $\varphi_S-\varphi_R$ 的频谱不交叠时,可从 $V_4(t)$ 中滤出 $s(t)$。

由于 PZT 产生的相移是反馈电压的线性函数,故直流相位跟踪零差法只包含线性操作;而且反馈与平衡混合器使 $V_3(t)$ 接近于零,故两臂的相位幅度起伏

是共模的，可以抵消掉；但实际系统中积分器的电压范围被限制于 ±10V，一旦接近极限值，必须把 $V_4(t)$ 复位为零；虽然通过增大 PZT 尺寸和缠绕光纤长度可降低复位频率，但压电元件尺寸变大，随之会带来共振问题。

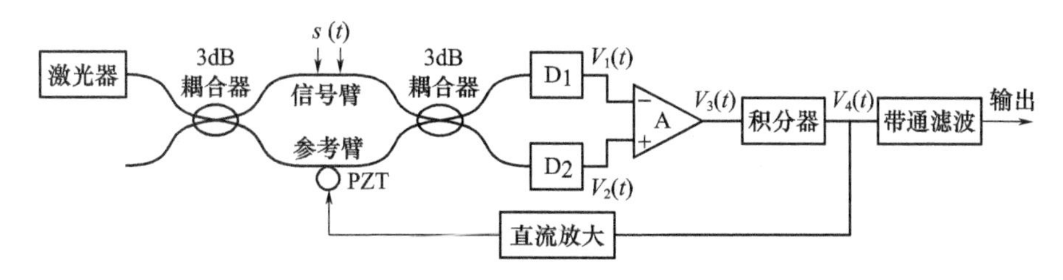

图5－14　直流相位跟踪零差法

4. 交流相位跟踪零差法（PTAC）

交流相位跟踪零差法是直流相位跟踪零差法的衍生方法，在参考臂上加入一只受反馈信号控制的相位调制器实现相位跟踪，同时还加入一个固定振荡频率 ω_m（一般为 100kHz）的相位调制器提供交流相位偏置，如图 5－15 所示。偏置相位调制器使信号 $V_1(t)$ 和 $V_2(t)$ 在频率 ω_m 及其谐波下产生振荡，经差分放大后的信号与激励振荡器的本征信号混合，产生一个正比于 $\cos[s(t)+\varphi_S-\varphi_R-A(t)]$ 的慢变信号。该信号与 PTDC 系统中的 $V_3(t)$（图 5－14）具有相同形式，故 PTAC 系统中反馈线路的其他细节与 PTDC 系统基本相同。二者的区别是 PTDC 利用低频信号直接作为误差信号，而 PTAC 利用高频振荡的幅度作为误差信号。当然，交流相位跟踪零差方案复杂程度高，但增益带宽乘积较好控制，在一些水听器中采用 PTAC 方案取得了良好的效果。

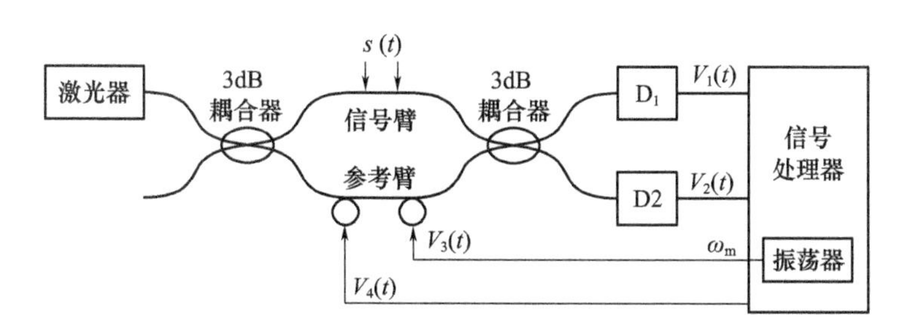

图5－15　交流相位跟踪零差法

5. 经典外差法

经典外差法的原理如图 5－16 所示，在参考臂中加入一个布拉格盒，即声光调制器（Acousto－Optic Modulator，AOM），使参考光的频率变为 $\omega_0-\omega_1$，ω_0 为光源的光波频率，ω_1 为布拉格盒引入的频移，约为 100kHz。

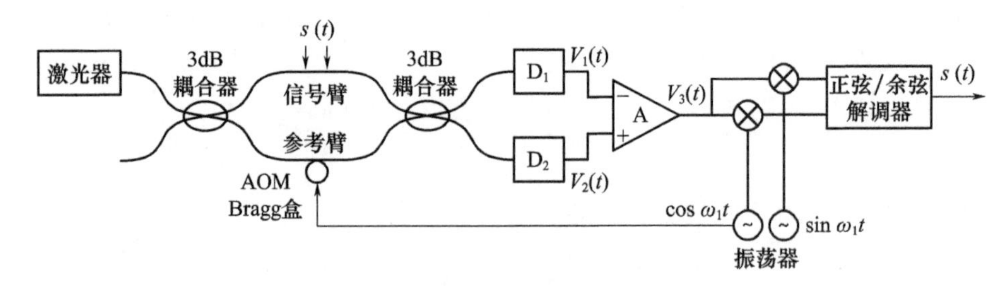

图 5-16　经典外差法

图 5-16 中，探测器 D_1、D_2 将接收到的光强转换成电信号：

$$V_1(t)=V_0\{1+\alpha\cos[\omega_1 t+s(t)+\varphi_S-\varphi_R]\} \tag{5-58}$$

$$V_2(t)=V_0\{1-\alpha\cos[\omega_1 t+s(t)+\varphi_s-\varphi_R]\} \tag{5-59}$$

两路电压信号经差分放大器后合成为

$$V_3(t)=2\alpha V_0\cos[\omega_1 t+s(t)+\varphi_S-\varphi_R] \tag{5-60}$$

式(5-60)是相位调制载波的典型形式，有多种方法来提取 $s(t)$ 的线性信号，如把 $V_3(t)$ 作为频率调谐为 ω_1 的调频锁相环路的输入信号，得到的输出信号为 $\mathrm{d}[s(t)+\varphi_S-\varphi_R]/\mathrm{d}t$。另一种解调方法如图 5-16 所示，将 $V_3(t)$ 分别同 $\cos\omega_1 t$ 和 $\sin\omega_1 t$ 相乘，经低通滤波后可得到

$$\begin{cases}V_a(t)=B\cos[s(t)+\varphi_S-\varphi_R]\\V_b(t)=B\sin[s(t)+\varphi_S-\varphi_R]\end{cases} \tag{5-61}$$

式中：B 为比例常数。将式(5-61)的一对信号送至正弦/余弦解调器，解调后可得到被测信号 $s(t)+\varphi_S-\varphi_R$。

经典外差法需要在干涉仪光路中加入含有空气间隙的声光调制器，该器件与光纤耦合困难，使得测量系统变得复杂，且难以实现全光纤化，影响了其实用价值。

6. 合成外差法

合成外差法实质上是一种有源开环零差法，经压电元件反馈至光路以获得频移，如图 5-17 所示，干涉仪光路仍保持光频零差。

在参考臂上施加频率为 ω_m 的载波信号，经差分放大后的输出信号：

$$V_3(t)=2\alpha V_0\cos[M\cos\omega_m t+\Delta\varphi(t)] \tag{5-62}$$

式中：$\Delta\varphi(t)=s(t)+\varphi_S-\varphi_R$。将式(5-62)以 Bessel 函数展开，见式(5-47)，并通过中心频率为 ω_m 和 $2\omega_m$ 的带通滤波器，得到

$$s_1(t) = -4\alpha V_0 J_1(M)\cos\omega_m t\sin[\Delta\varphi(t)] \tag{5-63}$$

$$s_2(t) = -4\alpha V_0 J_2(M)\cos 2\omega_m t\cos[\Delta\varphi(t)] \tag{5-64}$$

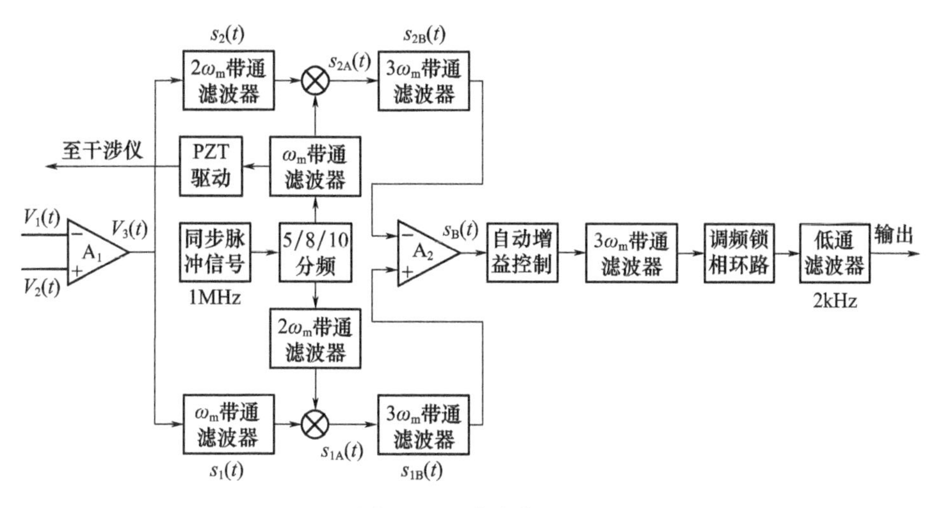

图5－17 合成外差法

$s_1(t)$同本征信号 $\sin 2\omega_m t$ 混频,$s_2(t)$同本征信号 $\cos\omega_m t$ 混频,可得

$$s_{1A}(t) = -2\alpha V_0 J_1(M)(\sin 3\omega_m t + \sin\omega_m t)\sin[\Delta\varphi(t)] \tag{5-65}$$

$$s_{2A}(t) = -2\alpha V_0 J_2(M)(\cos 3\omega_m t + \cos\omega_m t)\cos[\Delta\varphi(t)] \tag{5-66}$$

再分别经中心频率为 $3\omega_m$ 的带通滤波器后,有

$$s_{1B}(t) = -2\alpha V_0 J_1(M)\sin 3\omega_m t\sin[\Delta\varphi(t)] \tag{5-67}$$

$$s_{2B}(t) = -2\alpha V_0 J_2(M)\cos 3\omega_m t\cos[\Delta\varphi(t)] \tag{5-68}$$

调整相位调制器的相位幅度 M,使 $J_1(M) = J_2(M) = C$(常数),则合成外差信号:

$$s_B(t) = s_{1B}(t) - s_{2B}(t) = 2\alpha V_0 C\cos[3\omega_m t + \Delta\varphi(t)] \tag{5-69}$$

再利用调频锁相环路和低通滤波器可求出待测相位 $s(t) + \varphi_S - \varphi_R$。

合成外差法去掉了作为声光调制器的布拉格盒,在参考臂上使用相位调制器(如PZT),有利于实现全光纤化;使用开环解调方式,电路结构比较简单;并且对幅度波动和偏振态变化不敏感。但两个本振信号的初相位是否精确匹配以及锁相环电路的测相精度会影响合成外差系统的性能。此外,相移和振幅失配会导致输出信号不是纯粹的外差信号,降低了检测阈值。总之,该方法仅适合大漂移率检测系统,不适合对漂移率要求很高的检测系统。

5.4 偏振调制光纤传感器

5.4.1 偏振调制原理

偏振调制光纤传感器的基本原理是利用外界因素改变光纤中光的偏振状态,通过检测光的偏振态的变化来测量被测物理量。偏振调制中常用的物理效应包括泡克耳效应、克尔效应、光弹效应和法拉第效应等。

1. 泡克耳效应

当强电场施加于光正在穿行的各向异性晶体时,所引起的感应双折射正比于所加电场的一次方称为线性电光效应,也称为泡克耳效应。

泡克耳效应使晶体的双折射性质发生改变,该变化从理论上可用描述晶体双折射性质的折射率椭球来表示。以主折射率表示的折射率椭球方程为

$$\frac{x^2}{n_x^2}+\frac{y^2}{n_y^2}+\frac{z^2}{n_z^2}=1 \tag{5-70}$$

式中:n_x、n_y 和 n_z 分别是沿晶体三个主轴 x、y 和 z 方向的折射率。对于双轴晶体,$n_x \neq n_y \neq n_z$;对于单轴晶体,$n_x = n_y = n_o$,$n_z = n_e$,n_o 为寻常光(o 光)折射率,n_e 为非常光(e 光)折射率。

外加电场施加在晶体上的方式有两种:电场平行于通光方向称为纵向调制式,垂直于通光方向称为横向调制式。对于 KDP 晶体,纵向调制方式的折射率变化量为

$$\Delta n = n_e - n_o = n_o^3\gamma_{63}E \tag{5-71}$$

式中:γ_{63}是 KDP 晶体的纵向电光系数;E 为外电场强度。

两正交的线偏振光穿过长度为 L 的晶体后,光程差为

$$\Delta = (n_e - n_o)L = n_o^3\gamma_{63}EL = n_o^3\gamma_{63}U \tag{5-72}$$

式中:U 为外加电压。由此产生的相位差为

$$\Delta\varphi = \frac{2\pi}{\lambda_0}(n_e - n_o)L = \frac{2\pi n_o^3\gamma_{63}U}{\lambda_0} \tag{5-73}$$

式中:λ_0 为真空中的波长。

同理,可导出横向调制方式的相位差为

$$\Delta\varphi = \frac{2\pi n_o^3\gamma_{63}U}{\lambda_0}\cdot\frac{L}{d} \tag{5-74}$$

式中:d 为电场方向晶体的厚度。且适当调整电光晶体的 L/d 比值(纵横比),

可降低横向电压值，这是横向调制式的优点。

需要说明的是，不是所有的晶体都具有泡克耳效应，只有那些不具备中心对称的晶体才有该效应；且利用纵向、横向泡克耳效应均可构成光纤电压传感器。

2. 克尔效应

当外加电场作用在各向同性的透明物质上时，各向同性物质的光学性质发生变化，变成具有双折射现象的各向异性物质，并且与单轴晶体的情况相同，称为克尔效应。克尔效应也是一种电感应双折射，当线偏振光沿与电场垂直的方向通过克尔调制器时，分解为两束线偏振光，其中一束的光矢量沿着电场方向为寻常光，另一束的光矢量与电场垂直为非常光，并有：

$$\Delta n = n_e - n_o = K\lambda_0 E^2 \tag{5-75}$$

式中：K 为克尔常数。由于折射率变化量与电场强度的平方成正比，故克尔效应也称为二次电光效应，且该效应存在一切物质中。

通过克尔调制器后，两线偏振光的光程差为

$$\Delta = (n_e - n_o)L = K\lambda_0 L\left(\frac{U}{d}\right)^2 \tag{5-76}$$

式中：L 为光在克尔调制器中的光程长度；U 为外加电压；d 为两电极间距离。相应的相位差为

$$\Delta\varphi = \frac{2\pi}{\lambda_0}(n_e - n_o)L = 2\pi KL\left(\frac{U}{d}\right)^2 \tag{5-77}$$

若起偏器与检偏器正交且与电场方向成45°角时，透射光的强度为

$$I = I_0\sin^2\left(\frac{\Delta\varphi}{2}\right) = I_0\sin^2\left[\pi KL\left(\frac{U}{d}\right)^2\right] \tag{5-78}$$

式中：I_0 为入射光的强度。

利用克尔效应可制成光纤电场、电压传感器，且传感器具有极快的响应速度，响应频率可达10MHz。应用克尔效应的吸引力在于其物质选择的普遍性及其不依赖于晶体的对称性，但大多数材料的克尔效应相当弱，又限制了其在测量系统中的推广应用。

3. 光弹效应

光弹效应就是应力双折射，其原理如图5-18所示。若沿AB方向有压力或张力时，则沿该方向的折射率和其他方向不同，即存在力学形变时材料会变成各向异性。压缩时材料具有负单轴晶体的性质，伸长时材料具有正单轴晶体的性质。材料的等效光轴在应力方向，感应双折射的大小正比于应力。设沿光

轴方向偏振光的折射率为 n_e，与 AB 方向垂直的偏振光的折射率为 n_o，则折射率的变化率与外界压强 p 的关系为

$$\Delta n = n_o - n_e = Kp \tag{5-79}$$

式中：K 为物质常数。

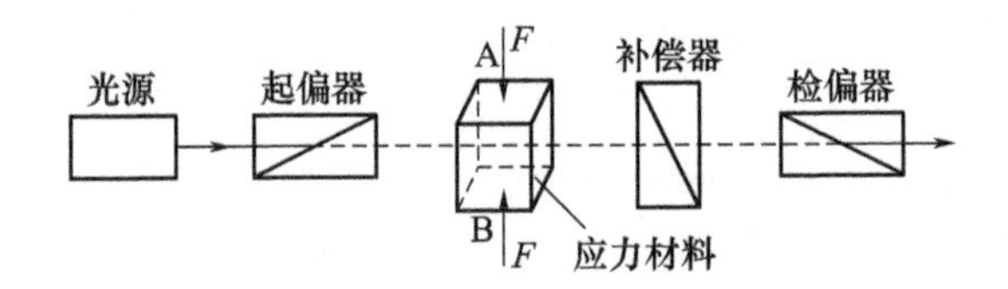

图 5 - 18　光弹效应原理

设光波通过的材料厚度为 L，则由光弹效应产生的相位差为

$$\Delta\varphi = \frac{2\pi}{\lambda_0}(n_o - n_e)L = \frac{2\pi KpL}{\lambda_0} \tag{5-80}$$

若起偏器与检偏器正交且与电场方向成 45°角，此时出射光的强度为

$$I = I_0 \sin^2\left(\frac{\Delta\varphi}{2}\right) = I_0 \sin^2\left[\frac{\pi KpL}{\lambda_0}\right] \tag{5-81}$$

利用物质的光弹效应可以制作压力、声、振动、位移等光纤传感器。但利用电感应和应力等人为双折射构成的光纤传感器必须考虑光纤自身双折射的影响。由于内部残余应力、芯径不对称、外部弯曲、各种外应力和外电磁场等原因，光纤自身的双折射是客观存在的，对偏振调制影响很大，严重时甚至完全淹没人为偏振调制作用，即使采用极低双折射的保偏光纤，在弯曲时也将存在弯曲双折射的影响。因此，在采用偏振调制原理构成的实用光纤传感器中，需采用超低双折射光纤，对于弯曲和外应力引起的双折射，需要在探头制作时做一些特殊处理。

4. 法拉第效应

当线偏振光沿磁场方向通过置于磁场中的磁光介质时，其偏振面发生旋转的现象称为磁致旋光效应或法拉第效应。如图 5 - 19 所示，设有一圆柱形磁光介质，沿着轴线方向外加一个稳恒磁场 H，光波的偏振面绕传输轴连续旋转，直至磁光介质的终端，旋转的角度为

$$\theta = V_d LH \tag{5-82}$$

式中：V_d 为介质的维尔德常数；L 为介质的长度。

法拉第效应可分为左旋和右旋两种，当线偏振光沿磁场方向传播时，振动面向左旋；当线偏振光逆着磁场方向传播时，振动面向右旋。因此，一束光正、

反向两次通过磁光介质时，旋转的角度为2θ。

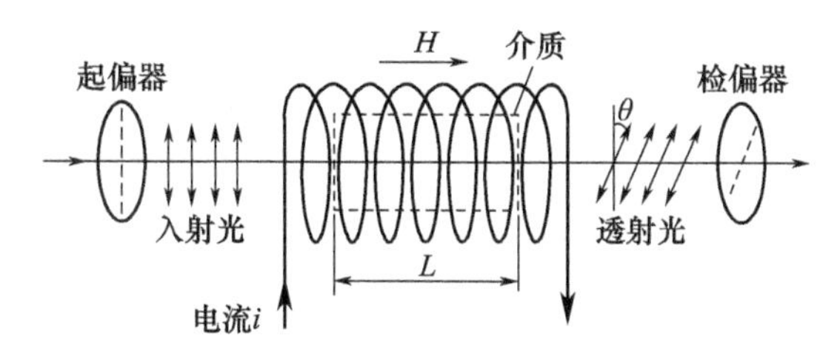

图5-19　法拉第效应原理

法拉第效应在铁磁材料中表现最强，在抗磁材料中最弱，且在铁磁材料和顺磁材料中有较强的温度依赖性，而抗磁材料对温度的依赖性很小。利用法拉第效应可制作光纤电流传感器和磁场传感器。

5.4.2　偏振检测及典型应用

在偏振调制光纤传感器中，常用检偏器与光电探测器相结合来检测偏振态。下面介绍两个典型的偏振调制光纤传感器。

1. 基于泡克耳效应的光纤电压传感器

考虑到$Bi_4Ge_3O_{12}$(BGO)晶体是一种从熔体中生长出来的人工晶体，理论上不存在自然双折射，无热释电性、无旋光性，在350nm～4 μm波长范围内透明，在800～1500nm波长范围具有良好的温度稳定性，故采用BGO晶体横向电光调制方式来制作泡克耳元件，设计性能优良的光纤电压传感器，其原理如图5-20所示。图中，起偏器、1/4波片、电光晶体和自聚焦透镜等光学元件一般通过光学胶黏接成一个整体器件。在外加电压的作用下BGO晶体变成双轴晶体，产生人工双折射，由式(5-74)可得到两束线偏振光的相位差：

$$\Delta\varphi=\frac{2\pi n_o^3\gamma_{41}UL}{\lambda_o d}=\frac{\pi U}{U_\pi}\tag{5-83}$$

式中：γ_{41}为BGO晶体的电光系数；半波电压为

$$U_\pi=\frac{\lambda_o d}{2n_o^3\gamma_{41}L}\tag{5-84}$$

设LED光源的波长$\lambda_0=0.82\mu m$，BGO晶体的折射率$n_o=2.07$，电场方向厚度$d=5mm$，通光方向长度$L=6mm$，电光系数$\gamma_{41}=1.03\times10^{-10}cm/V$，可得到半波电压$U_\pi=37.40kV$。

利用检偏器将外加电压对光的相位调制转变为光强调制，通过检测输出光强即可求得外加电压。当起偏器的偏振轴与1/4波片的快(慢)轴成45°夹角，

电光晶体两个相互垂直的感应主轴与检偏器的偏振轴成45°夹角时,利用偏振光干涉原理可知输出光强:

$$I = \frac{I_0(1+\sin\Delta\varphi)}{2} \tag{5-85}$$

式中:I_0 为入射光经起偏器后的强度。当 $\Delta\varphi \ll 1$ 时:

$$I = \frac{I_0}{2}\left(1+\frac{\pi}{U_\pi}U\right) \tag{5-86}$$

式(5-86)说明,在满足 $\pi U/U_\pi \ll 1$ 条件时,传感器的输出光强与被测电压之间具有线性关系。

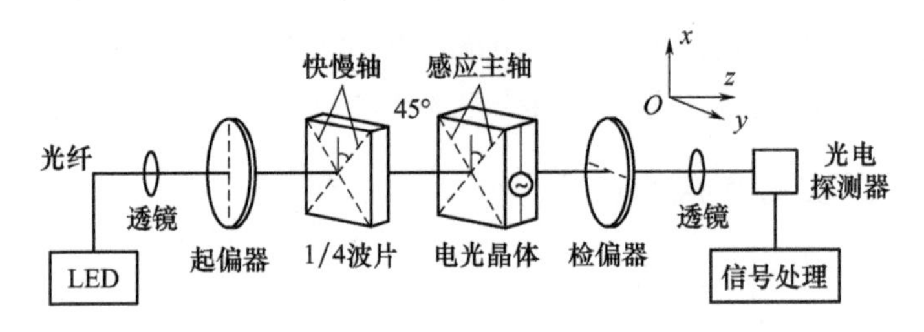

图5-20　基于泡克耳效应的光纤电压传感器原理

2. 基于法拉第效应的光纤电流传感器

图5-21所示为基于法拉第效应的光纤电流传感器的原理图。激光器发出的单色光经过起偏器后转变为线偏振光,并经透镜耦合到单模光纤中。将光纤缠绕在载流导体上,设圈数为 N,通过导体的电流为 i,由安培环路定律知,加在缠绕光纤上的磁场为

$$H = \frac{i}{2\pi R} \tag{5-87}$$

式中:R 为光纤圈的半径。

绕在载流导体上的光纤长度为

$$L = 2\pi RN \tag{5-88}$$

法拉第磁光效应使得光纤中线偏振光的偏振面发生旋转,综合式(5-82)、式(5-87)和式(5-88)可导出旋转角度为

$$\theta = V_d N i \tag{5-89}$$

光纤的出射光由透镜耦合到渥拉斯顿棱镜,分成振动方向相互垂直的两束线偏振光,并由两个探测器 D_1 和 D_2 分别接收。调整棱镜的取向,使得当电流 $i=0$ 时从棱镜输出的两束光强度相等,见图5-21(b)。当载流导体中施加电流时,探测器 D_1 和 D_2 接收的光强分别为

$$I_1 = I_0 \cos^2\left(\frac{\pi}{4} - \theta\right) \tag{5-90}$$

$$I_2 = I_0 \sin^2\left(\frac{\pi}{4} - \theta\right) \tag{5-91}$$

经过加法、减法和除法器后,输出信号:

$$\frac{I_1 - I_2}{I_1 + I_2} = \sin(2\theta) \tag{5-92}$$

考虑到式(5-89),可得到电流:

$$i = \frac{1}{2V_{\mathrm{d}}N}\arcsin\left(\frac{I_1 - I_2}{I_1 + I_2}\right) \tag{5-93}$$

上述方法可有效消除光源强度波动对测量结果的不利影响,且光能利用率高,抗干扰能力强,交、直流电流和磁场均可测量。

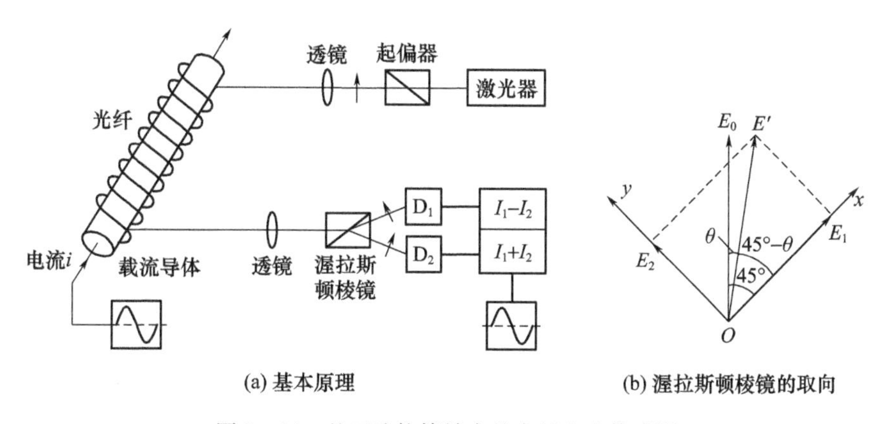

图 5-21　基于法拉第效应的光纤电流传感器

5.5　频率调制光纤传感器

5.5.1　频率调制原理

频率调制光纤传感器的基本原理是利用外界因素改变光纤中光信号的频率,通过测量光的频率变化来测量外界被测参数。在频率调制技术中,可以利用光纤的受激布里渊散射、拉曼散射等非线性效应进行频率调制,也可利用某些材料的吸收和荧光现象随外界参量发生频率变化的特性实现频移。但最常见的频率调制原理是基于光的多普勒效应,该效应是指光的频率同探测器和光源之间的运动状态有关,当二者之间作相对运动时,探测器接收到的光频率与光源发出的光频率产生了频移,频移的大小与相对运动速度的大小和方向有关。目前,频率调制光纤传感器主要是利用运动物体反射光或散射光的多普勒频移来检测其运动速度。

当光源和观察者处于相对静止的两个不同位置时,可当作双重多普勒效应来考虑。先考虑从光源到运动物体,再考虑从运动物体到探测器,经理论分析可得多普勒频移量:

$$\Delta\nu_{D}=\frac{\boldsymbol{u}}{\lambda}[\cos(\boldsymbol{k}_{s},\boldsymbol{u})-\cos(\boldsymbol{k}_{i},\boldsymbol{u})] \tag{5-94}$$

式中:$\boldsymbol{u}$ 为物体运动速度;λ为介质中的光波长;$(\boldsymbol{k}_{s},\boldsymbol{u})$表示物体反射光或散射光的波矢量$\boldsymbol{k}_{s}$ 与物体运动速度矢量 $\boldsymbol{u}$ 的夹角;$(\boldsymbol{k}_{i},\boldsymbol{u})$表示光源发出照射到物体上入射光的波矢量$\boldsymbol{k}_{i}$ 与物体运动速度矢量 $\boldsymbol{u}$ 的夹角。

基于频率调制的光纤速度传感器中,通常入射光纤将光源发出的光信号耦合到运动物体上,接收光纤接收其反射光或散射光。若入射光纤和接收光纤为同一根光纤,式(5-94)可改写为

$$\Delta\nu_{D}=\frac{2\boldsymbol{u}}{\lambda}\cos(\boldsymbol{k}_{s},\boldsymbol{u})=\frac{2\boldsymbol{u}\cos\theta}{\lambda} \tag{5-95}$$

式中:θ为反射光或散射光方向与物体运动方向的夹角。

5.5.2 频率检测原理

直接将光信号输出耦合到探测器上可实现光信号的强度检测,但由于探测器的响应速度远远低于光波频率,故光的频率检测比强度检测要复杂得多,必须把高频光信号转换成低频光信号后才能实现频移的探测。目前,测量频移的方法有零差检测和外差检测两种。

1. 零差检测

图5-22为基于零差检测的光纤多普勒测速计的原理图。图中的激光器为偏振激光器,所发出激光的振动方向与偏振分光器的振动方向一致。该线偏振激光经偏振分光器后耦合到多模光纤中,由于多模光纤具有较大的双折射,在几厘米距离范围内将输入的线偏振光退偏。光纤的另一端插入待测流体中,其输出的激光被流体散射后,部分散射光被同一根光纤收集,沿光纤返回。返回的散射光作为测量光,其偏振是随机的,经偏振分光器后有一半耦合到光电探测器中。参考光选用光纤端面A的反射光,其偏振也是随机的,同样也只有一半光耦合到光电探测器中。在光电探测器上,测量光与参考光混频产生差频信号,经处理后即可求出流体或粒子的运动速度。

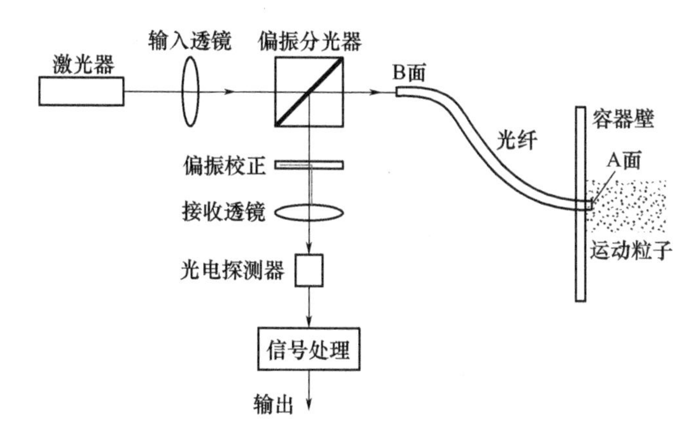

图5-22 基于零差检测的光纤多普勒测速计原理

考虑到激光在端面A处的反射率较低(具体值取决于光纤和周围媒质的相对折射率),参考光强度较小,故应尽量减小系统中其余部分的反射光和杂散光。其余反射光主要来自光纤另一端面B,但端面B的反射光与偏振分光器具有相同的偏振方向,故该反射光透过偏振分光器导向激光器。系统中偏振校正器的作用是抑制由于偏振分光器消光比(通常小于60dB)和透镜的双折射等因素引起的杂散光对干涉条纹对比度的影响,而透镜主要用于准直。

需要说明的是,零差检测法中差频信号的频率$\Delta\nu$等于多普勒频移量$\Delta\nu_D$,尽管由于运动方向不同造成多普勒频移量可能为正值也可能为负值,但信号处理系统只能输出正频率信号,对负频率没有意义,故零差检测法只能测量物体运动速度,而不能判别运动方向。

2. 外差检测

图5-23为基于外差检测的光纤多普勒血液流速仪的原理图。激光器输出的频率为ν_0的线性偏振光经分光器1后分解为测量光和参考光。参考光被布拉格盒调制成频率为$\nu_0-\nu_1$的一束光,经反射镜和分光器2后入射到光电探测器,ν_1为声光调制频率。测量光经分光器2后耦合到光纤中,经过光纤传输,入射到被测血流,并被直径为7 μm的红血球散射。频率为$\nu_0\pm\Delta\nu_D$的部分散射光被同一根光纤收集,沿光纤返回并经分光器2后入射到光电探测器。在光电探测器上,测量光与参考光混频后产生差频信号,其频率$\Delta\nu=\nu_1\pm\Delta\nu_D$,经信号处理后测量出$\Delta\nu_D$,就可求得血液流速$u$。

在外差检测法中,引入声光调制频率ν_1,可用来识别物体的运动方向。即根据差频信号频率$\Delta\nu$和声光调制频率ν_1的大小关系,实现流速方向的判别;若$\Delta\nu>\nu_1$,物体正方向运动;若$\Delta\nu<\nu_1$,物体反方向运动。上述光纤多普勒血

液流速仪已应用于薄壁血管、小直径血管的血流测量。采用双光纤的探头以不同的光波长可实现不同深度的测量,得到皮肤微循环流速和较深血管的血液流速。

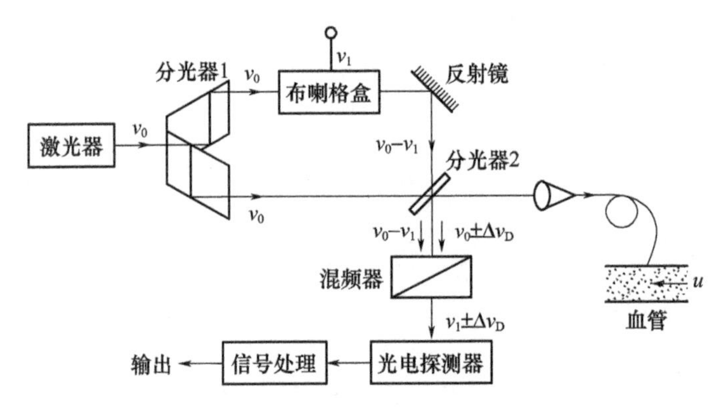

图5-23　基于外差检测的光纤多普勒血液流速仪原理

5.6　分布式光纤传感器

分布式光纤传感器是基于光纤工程中广泛应用的光时域反射(Optical Time Domain Reflectometry,OTDR)技术发展起来的、利用光纤一维空间连续特性进行测量的一种新型传感器,光纤既作为传感元件,又作为传输元件,可以在整个光纤长度上对沿光纤分布的环境参数进行连续测量,同时获得被测量的空间分布状态和随时间变化的动态信息。分布式光纤传感器除具有普通光纤传感器的全部优点外,其最显著的特点是可以准确地测出光纤沿线上任一点的温度、应变、振动和损伤等信息,无须构成回路就能够实现大范围测量场中分布信息的提取;并能做到对大型基础工程设施的每一个部位像人类的神经系统一样进行感知、远程监测和监控,特别是在电力电缆、油气管道、水库大坝、桥梁隧道、高速公路、大型建筑物等的健康状况监测、长距离光缆的故障点定位、火灾及山体滑坡的预报预警、飞机和轮船等智能结构状态监控等方面,具有广阔的应用前景。

5.6.1　光纤中的散射光

发射光入射后,从光纤返回的散射光包括瑞利散射光、拉曼散射光和布里渊散射光三种成分。瑞利散射是由光纤在制造过程中所产生的局域密度不均匀和成分的不完全一致所导致的，其频率与入射光频率相同，称为弹性散射。拉曼散射是由于入射光与独立的分子或原子的电子结构的能量转换所引起的，布里渊散射是指入射到介质的光波与介质内的弹性声波发生相互作用而产生的，二者的频率与入射光频率均不相同，称为非弹性散射。对于拉曼散射和布里渊散射，不同功率的输入光会分别产生各自的自发散射和受激散射，而且二者均包含频率较低的斯托克斯成分和频率较高的反斯托克斯成分。三种散射光强度随波长变化的曲线如图 5 - 24 所示，相对而言，瑞利散射是光纤中最强的自发散射过程，其强度大约比入射光的强度弱 30dB。

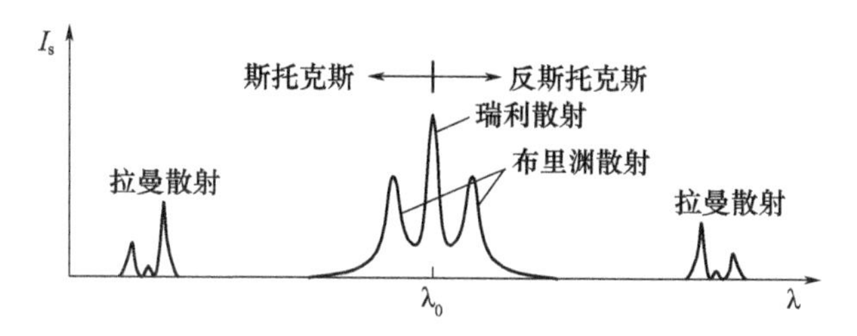

图 5 - 24　光纤中的后向散射光（λ_0 为入射光频率）

根据散射光的性质，分布式光纤传感器一般分为瑞利散射的分布式光纤传感器、拉曼散射的分布式光纤传感器和布里渊散射的分布式光纤传感器三大类。从具体技术角度细分，主要包括光时域反射（Optocal Time - Domain Reflectometer，OTDR）、相干光时域反射（Coherent Optical Time - Domain Reflectometer，COTDR）、光频域反射（Optical Frequency Domain Reflectometer，OFDR）、偏振时域反射（Polarization Optical Time - Domain Reflectometer，POTDR）、偏振频域反射（Polarization Optical Time - Domain Reflectometer Optical Frequency Domain Reflectometry，POFDR）、拉曼光时域反射（Raman Optical Time - Domain Reflectometer，ROTDR）、拉曼光频域反射（Raman Optical Frequency Domain Reflectometer，ROFDR）、布里渊光时域反射（Brillouin Optical Time - Domain Analysis，BOTDR）、布里渊光时域分析（Brillouin Optical Time - Domain Analysis，BOTDA）、布里渊光频域分析（Brillouin Optical Time Domain Analysis，BOFDA）等技术，其中，基于瑞利散射和拉曼散射的传感技术已经趋于成熟并实用化，基于布里渊散射的传感技术的研究起步较晚，但由于它在温度、应变测量上所达到的测量精度、测量范围以及空间分辨率均高于其他分布式光纤传感技术，故现阶段得到了国内外专家、学者及生产商的广泛关注。

5.6.2 瑞利散射分布式光纤传感器

1. 光时域反射仪

1）光时域反射仪测量原理

瑞利散射是光纤的一种固有特性，是指当光波在光纤中传输时，由于纤芯折射率在微观上随机起伏而引起的线性散射。光时域反射仪（OTDR）是基于测量后向瑞利散射光信号的实用化仪器，其原理如图5－25（a）所示。脉冲发生器驱动激光器产生探测光脉冲，该光脉冲经定向耦合器注入被测光纤，并沿光纤传输，在光纤中的后向瑞利散射光和反射光（熔接点、连接头、弯曲、裂缝等产生）原路返回再经定向耦合器输出，被光电探测器接收，输出的电流信号经放大和模数转换后由数字信号处理得到探测曲线，如图5－25（b）所示。利用OTDR可以方便地对单端光纤进行非破坏性的测量，它能连续显示整个光纤线路的损耗相对于距离的变化。

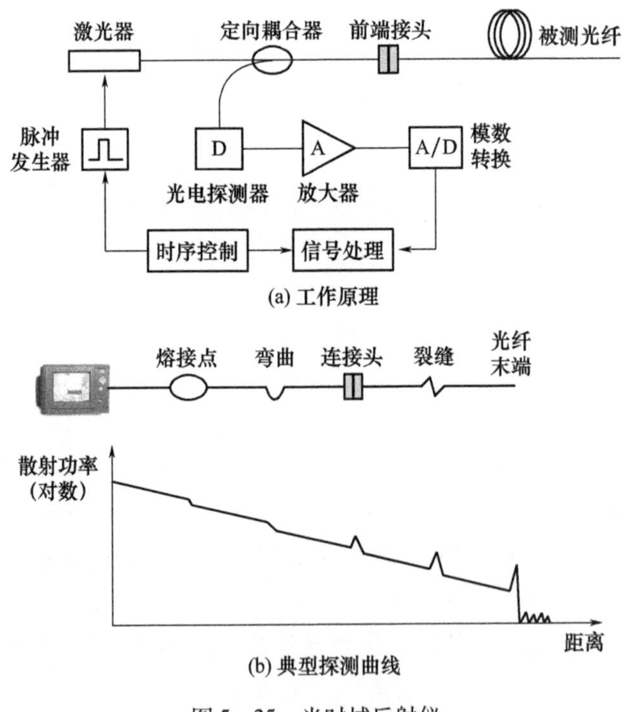

(a) 工作原理

(b) 典型探测曲线

图5－25　光时域反射仪

如果光纤是均匀的并且所处外界环境一致，后向散射光的强度将由于光纤内部损耗而随时间呈指数衰减，假如耦合进光纤的输入光脉冲峰值功率是P_0，

经历时间 t 后探测到的后向散射光功率随距离 z 的变化关系为

$$P_s(z) = 0.5P_0S(z)\alpha_s(z)\nu_g\tau\exp\left\{-\int_0^z[\alpha_f(z)+\alpha_b(z)]dz\right\} \tag{5-96}$$

式中：$\alpha_s(z)$ 为瑞利散射系数；ν_g 为波导的群速度；τ 为脉宽；$\alpha_f(z)$ 和 $\alpha_b(z)$ 分别是前向和后向的总衰减系数；$S(z)$ 为后向散射光功率捕获因子，且：

$$S(z) = \frac{1}{4}\left(\frac{\mathrm{NA}}{n_1}\right)^2 \tag{5-97}$$

式中：NA 为光纤的数值孔径；n_1 为纤芯的折射率。散射点离光注入段的距离为

$$z = \frac{\nu_g t}{2} \tag{5-98}$$

一般可认为 $\alpha_f(z)=\alpha_b(z)=\alpha_s(z)$，衰减系数和散射光功率捕获因子为常数，且后向散射光为

$$P_s(z) = A\alpha_s\exp(-2\alpha_s z) \tag{5-99}$$

式中：A 为常数。

2）光时域反射仪性能指标

OTDR 性能指标包括动态范围、空间分辨率、测量盲区、工作波长、采样点、存储容量等参数。动态范围定义为初始背向散射功率和噪声功率之差，单位为对数单位（dB），它表明了可以测量的最大光纤损耗信息，直接决定了可测光纤的长度。空间分辨率显示了仪器能分辨两个相邻事件的能力，影响着定位精度和事件识别的准确性。空间分辨率通常由探测光脉冲宽度决定，OTDR 的理论空间分辨率为

$$dz = \frac{\nu_g\tau}{2} \tag{5-100}$$

但实际系统的采样率对空间分辨率也有重要影响，只有在采样率足够高、采样点足够密集的条件下，才能获得理论的空间分辨率。

测量盲区指的是由于高强度反射事件导致 OTDR 的探测器饱和后，探测器从反射事件开始到再次恢复正常读取光信号时所持续的时间，也可表示为 OTDR能够正常探测两次事件的最小距离间隔。测量盲区又可进一步分为事件盲区和衰减盲区：事件盲区指的是 OTDR 探测连续的反射事件所需的最小距离间隔，业界一般按照反射峰两侧 -1.5dB 处的间距来标定；衰减盲区指的是 OTDR在探测到前一个反射事件和能够准确测量该事件损耗所需的最小距离，业界一般按照从发生反射事件开始到反射信号降低到正常背向散射信号后延线上 0.5dB 点间的距离。

表5－2给出了中国电子科技集团公司第四十一研究所生产的AV6416A掌上型光时域反射仪的主要技术参数。

表5－2 AV6416A掌上型OTDR的主要技术参数

模块	3528	5626	3428
中心波长/nm	1310/1550±20	1550/1625±20	1310/1550/1490±20
动态范围/dB	28/26	26/24	28/26/24
测试脉宽/ns	10、30、80、160、320、640、1280、5120、10240		
测试量程/km	4、8、16、32、64、128、256		
测距分辨率/m	0.25、0.5、1、2、4、8、16		
测距准确度/m	±(1＋取样间隔＋0.003%×距离)(不包括折射率置入误差)		
事件盲区/m	1.6		
采样点数	65534		
波形存储容量	800幅		

2. 相干光时域反射仪

对于长距离的通信光缆,通常需要用多个掺铒光纤放大器(EDFA)级联,去补偿信号光的传播损耗。但EDFA对信号光功率进行放大的同时,反向的自发辐射放大噪声(ASE)也会发生积累。由于OTDR采用直接功率探测方式,ASE噪声功率与后向瑞利散射信号功率无法区分,大大降低了OTDR接收机的信噪比和动态范围。相干光时域反射仪(COTDR)通过相干检测,将微弱的瑞利散射噪声从较强的自发辐射噪声中提取出来,使COTDR的传感距离大大延长。

图5－26给出了COTDR的基本原理。激光器发出的光波经耦合器1分成两束,其中一束经电光调制器EOM调制成探测光脉冲,经声光调制器AOM移频后,由耦合器2注入被测光纤;另一束作为参考光。被测光纤中的后向瑞利散射光经耦合器2的一端输出,进入3dB耦合器3与参考光混合相干,再经耦合器3的两输出端口进入平衡探测器的两端口,转变成带中频信息的交流输出信号,最后经放大、带通滤波和模数转换后,由数字信号处理单元得到探测曲线。

COTDR中的激光器采用窄线宽激光器,一般要求线宽低于10kHz,频率稳定性要好,使外差得到的中频信号带宽很窄,经后续窄带滤波器后可以消除EDFA的绝大部分ASE噪声;同时采用平衡探测器可以很好地抑制电路中的噪声,获得很高的探测灵敏度和共模抑制比。总之相干检测技术出色的光频选择性可提取微弱的后向散射光信号,大大增加了系统的动态范围和信噪比。

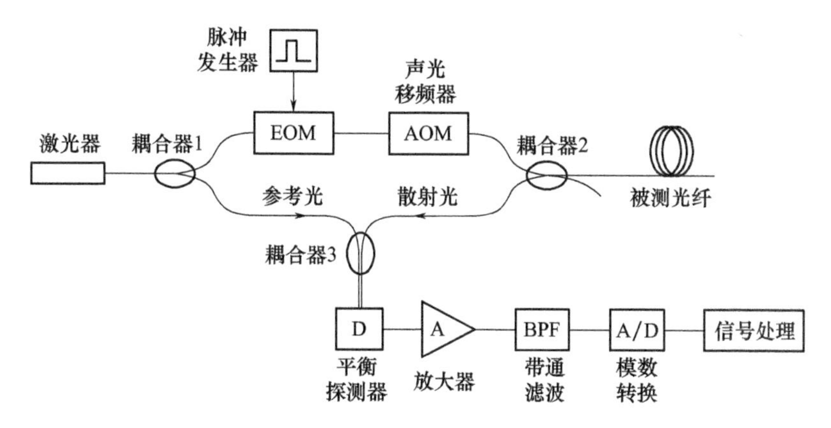

图5-26　相干光时域反射仪原理

日本安立公司生产的MW90010A型相干光时域反射仪是理想的海底光缆测试与维护工具，其最大测试距离为12000km，波长调谐范围为1535.03～1565.08nm，波长精度为0.2nm，动态范围支持80km或更长的中继器间隔，故障检测分辨率为10m。

5.6.3　拉曼散射分布式光纤传感器

1. 拉曼散射传感原理

拉曼散射可看成入射光和介质分子相互作用时，光子吸收或发射一个声子的过程。光纤分子的拉曼声子频率$\Delta\nu=1.32\times10^{13}$Hz，产生斯托克斯和反斯托克斯拉曼光子的频率为

$$\nu_s=\nu_0-\Delta\nu \tag{5-101}$$

$$\nu_{as}=\nu_0+\Delta\nu \tag{5-102}$$

式中：ν_0为入射光的频率。

当激光脉冲在光纤中传播时，每个激光脉冲产生的后向斯托克斯拉曼散射光的光通量为

$$\Phi_s=K_sS\nu_s^4\Phi_cR_s(T)\exp[-(\alpha_0+\alpha_s)z] \tag{5-103}$$

后向反斯托克斯拉曼散射光的光通量为

$$\Phi_{as}=K_{as}S\nu_{as}^4\Phi_eR_{as}(T)\exp[-(\alpha_0+\alpha_{as})z] \tag{5-104}$$

式中：S为散射截面；K_s、K_{as}分别为与光纤的斯托克斯散射截面、反斯托克斯散射截面有关的系数；Φ_e为入射光的光通量；α_0、α_s和α_{as}分别为在光纤中入射

光、斯托克斯光以及反斯托克斯光的平均传播损耗系数；z 为散射点距光注入段的距离；$R_s(T)$、$R_{as}(T)$ 分别为与光纤分子低能级和高能级上的布居数有关的系数，是后向斯托克斯拉曼散射光与后向反斯托克斯拉曼散射光的温度调制函数，且有：

$$R_s(T) = \left[1 - \exp\left(-\frac{h\Delta\nu}{kT}\right)\right]^{-1} \tag{5-105}$$

$$R_{as}(T) = \left[\exp\left(\frac{h\Delta\nu}{kT}\right) - 1\right]^{-1} \tag{5-106}$$

式中：h 为普朗克常数；k 是玻尔兹曼常数；T 是绝对温度。激光与光纤分子发生非线性相互作用，入射光子放出一个声子成为斯托克斯拉曼散射光子，吸收一个声子成为反斯托克斯拉曼散射光子，相应的分子完成两个振动态之间的跃迁，光纤分子能级上的粒子数热分布服从玻尔兹曼定律，反斯托克斯拉曼散射光与斯托克斯拉曼散射光的强度比为

$$I(T) = \frac{\Phi_{as}}{\Phi_s} = \left(\frac{\nu_{as}}{\nu_s}\right)^4 \exp\left(-\frac{h\Delta\nu}{kT}\right) \tag{5-107}$$

由两者的强度比，可得到光纤各段的温度信息。

在光纤的前端设置一段定标光纤并放入温度为 T_0 的恒温槽中，不难得出拉曼散射强度比与温度的关系式：

$$F(T) = \frac{I(T)}{I(T_0)} = \frac{\Phi_{as}(T)/\Phi_s(T)}{\Phi_{as}(T_0)/\Phi_s(T_0)} = \exp\left[-\frac{h\Delta\nu}{k}\left(\frac{1}{T} - \frac{1}{T_0}\right)\right] \tag{5-108}$$

进一步可得到：

$$\frac{1}{T} = \frac{1}{T_0} - \frac{k}{h\Delta\nu}\ln F(T) \tag{5-109}$$

实际测量时，先得到 $\Phi_{as}(T)$、$\Phi_s(T)$、$\Phi_{as}(T_0)$ 和 $\Phi_s(T_0)$ 经光电转换后的电平值，由式(5-109)求出温度 T。理论计算可得到当 T_0 分别为 0℃、20℃、40℃、60℃和 80℃时光纤温度 T 与拉曼散射强度比 $F(T)$ 的关系曲线，如图 5-27 所示。从图中可以看出，在 0~120℃温度范围内，温度与拉曼散射强度比呈线性关系，其斜率为温度传感器的相对灵敏度 R_0，且在 0℃、20℃、40℃、60℃和 80℃时相对灵敏度分别为 116.001℃、135.898℃、156.020℃、176.177℃、和 196.218℃。

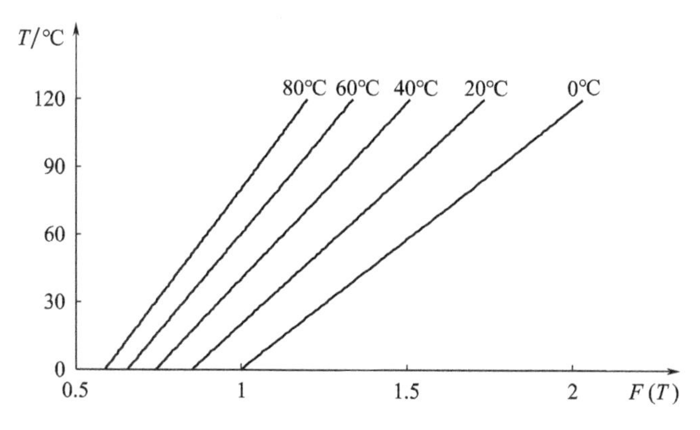

图5－27　光纤温度 T 与拉曼散射强度比 $F(T)$ 的关系曲线

2. 拉曼光时域反射仪

图5－28给出了拉曼光时域反射仪(ROTDR)的基本原理。经脉冲发生器调制的激光器发出的脉冲光,通过耦合器进入传感光纤,经光纤链路上温度调制的散射光,通过耦合器进入波分复用器。该波分复用器包含两组干涉滤光片,具有低插入损耗、低偏振相关损耗、高波长隔离度,将拉曼散射光从瑞利散射光、布里渊散射光中分离,并形成斯托克斯光和反斯托克斯光。由于受温度影响的反斯托克斯光信号很弱,采用高灵敏度、高增益、低噪声和快速响应的硅或铟镓砷雪崩光电二极管APD作为光电探测器,并配置宽带、低噪声的前置放大器。最后经放大和模数转换后,由数字信号处理解析出沿光纤链路的温度信息。

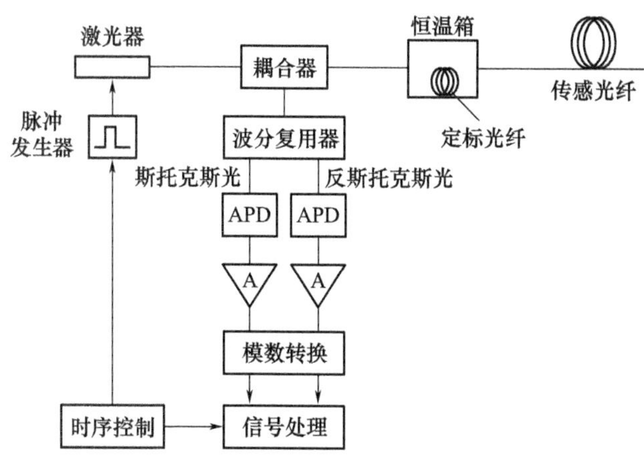

图5－28　拉曼光时域反射仪原理

5.6.4 布里渊散射分布式光纤传感器

1. 布里渊散射传感原理

由于介质分子内部存在一定形式的振动,引起介质折射率随时间和空间周期性起伏,从而产生自发声波场。布里渊散射是入射光波与声波相互作用而产生的一种非弹性散射,在散射过程中产生的斯托克斯光相对于泵浦光有一频移,称为布里渊频移。散射产生的布里渊频移量与光纤中的声速成正比,即

$$\nu_{\mathrm{B}}=\frac{2n\vartheta_{\mathrm{a}}}{\lambda_0} \tag{5-110}$$

式中:n 为泵浦波长 λ_0 处的折射率;声速 v_{a} 约为5700m/s。石英光纤在1550nm波段的布里渊频移约为11GHz,采用F-P腔实验测得1553nm波长泵浦光入射时,室温下普通单模光纤的布里渊频移为10.87GHz。大量的理论和实验研究证明:光纤中布里渊散射光的布里渊频移和功率与光纤所处环境的温度和承受的应变在一定条件下呈线性变化关系,可表示为

$$\Delta\nu_{\mathrm{B}}=C_{\nu\mathrm{T}}\Delta T+C_{\nu\varepsilon}\Delta\varepsilon \tag{5-111}$$

$$\frac{\Delta P_{\mathrm{B}}}{P_{\mathrm{B}}}=C_{\mathrm{PT}}\Delta T+C_{\mathrm{P}\varepsilon}\Delta\varepsilon \tag{5-112}$$

式中:$\Delta\nu_{\mathrm{B}}$、$\Delta P_{\mathrm{B}}/P_{\mathrm{B}}$ 分别为布里渊频移变化量和相对功率变化量;ΔT、$\Delta\varepsilon$ 分别为温度变化量和应变的变化量;$C_{\nu\mathrm{T}}$、$C_{\nu\varepsilon}$分别为布里渊频移温度系数和频移应变系数;C_{PT}、$C_{\mathrm{P}\varepsilon}$分别为布里渊功率温度系数和功率应变系数。因此,在已知温度和应变系数的情况下,通过测定布里渊散射信号的频移和归一化的信号功率变化值,就可获得沿光纤分布的温度及应变信息,实现分布式传感。

2. 布里渊光时域反射仪

在BOTDR中,光脉冲注入光纤系统的一端,光纤中的散射光作为时间的函数,同时带有光纤沿线温度/应变分布的信息,测量布里渊散射频移量即可得到光纤中的温度应变分布。但布里渊散射信号的强度极其微弱,相对于瑞利散射来说要低大约2~3个数量级,相对于拉曼散射光来说布里渊频移很小(对于一般光纤1550nm时约11GHz左右),检测起来较为困难。

通常采用的检测方法有利用光滤波器如F-P干涉仪或M-Z干涉仪等实现的直接检测,但干涉仪的插入损耗大,工作不稳定,检测精度不高;还有利用各种移频方法(如声光调制、电光调制等)获得具有一定频差的参考光,与后向布里渊散射光进行相干检测,其原理如图5-29所示。

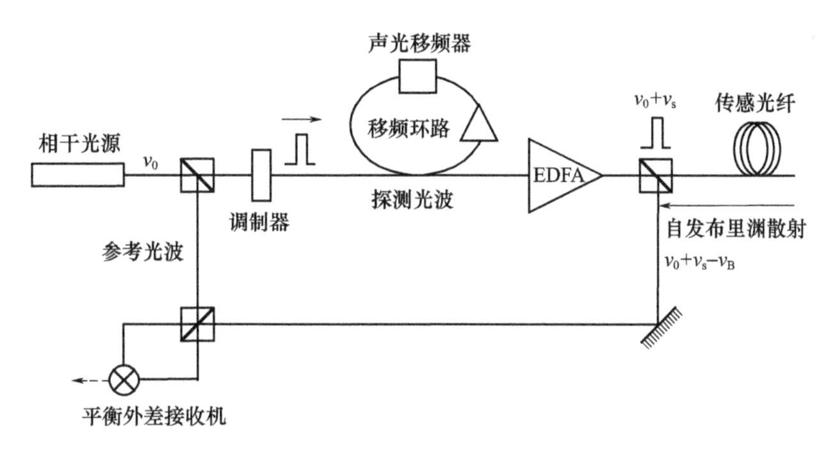

图5-29 相干自外差BOTDR原理

激光器发出的连续相干光被分束器分成参考光波与探测光波,探测光波被调制器调制成脉冲光,注入由 EDFA 和声光移频器构成的光学移频环路,在环路中循环一定的次数使探测脉冲光的移频量 ν_s 与布里渊移频量 ν_B 大致相同。然后,探测脉冲光被 EDFA 放大后入射到传感光纤中,返回的后向布里渊散射光直接被外差接收机检测,参考光波作为本征振荡波。由于返回的后向布里渊散射光的频率接近于参考光波的频率,因此外差的差频为 $\nu_s-\nu_B$,可以小于100MHz,而这是传统外差接收机的典型频带范围。调整移频环路中的声光移频器的频率可以调整探测脉冲光的频率,连续改变探测脉冲光的频率可以测得布里渊频谱,布里渊频谱的峰值即为布里渊频移。

由于声光移频器通常一次最大只能移频 120MHz,需经上百次的移频才能达到 11GHz。为构建布里渊频谱还要求探测脉冲光可以扫频,这就要求声光移频器输出的频率精确可调。这些都对声光移频器的性能提出了更高要求,并且声光移频环路的采用增加了系统光学部分的复杂度,影响了系统的稳定性和测量精度。

近年来,随着高灵敏度高带宽(20GHz)的光电探测器成为可能,日本的 NTT 和 ANDO 公司又在原有的 BOTDR 基础上采用微波相干外差技术和一个可调谐的微波频率源联合开发出了一种新的 BOTDR 系统,其原理如图5-30所示。图中,激光器发出的连续相干光被分束器分成了参考光波与探测光波,参考光作为光学本振光,探测光被调制器调制成脉冲光,被 EDFA 放大后注入传感光纤,返回的后向布里渊散射光与参考光混频,差频信号的频率为 ν_B。该差频信号由宽带光电二极管检测,得到的电信号被进一步放大,并通过电容去除直流成分。将差频信号和微波频率源产生的频率再次混频，两次外差可将差频信号降至基带范围内。通过连续改变微波频率源的频率，可构建布里渊频谱，经模数转换后，进行数据的分析与处理，对频谱进行洛伦兹曲线拟合可计算得到 ν_B。由于不使用移频器，因此系统频率稳定度更高，应变测量精度也可以提高到 10 με，系统测量时间也大大减少。

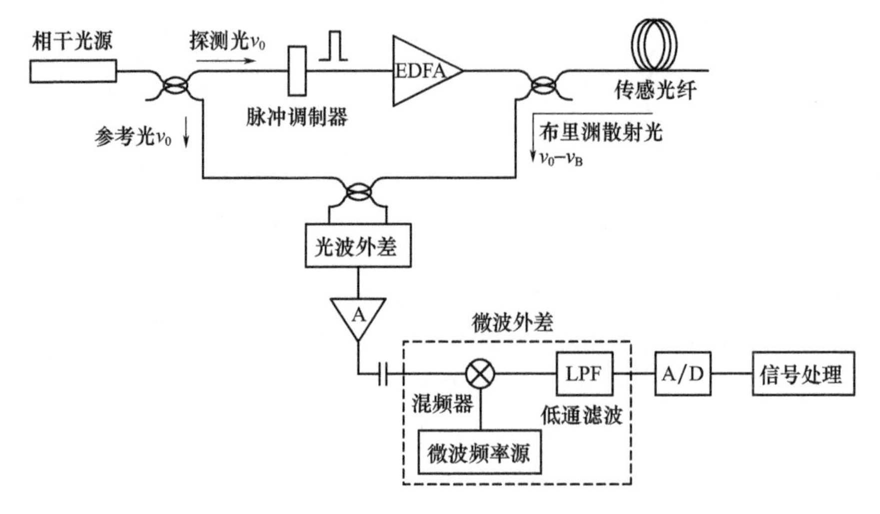

图 5 - 30　微波外差 BOTDR 原理

BOTDR 利用自发布里渊散射，结构简单，但布里渊散射光强度微弱（nW）、频移很小、线宽较窄，要求激光源具有极高的频率稳定性和极窄的线宽（约 kHz），目前对 BOTDR 传感技术的研究主要集中在微弱信号检测上，其中又以相干检测方法的精度高、动态范围大，但参考光的移频或宽带光接收机不易实现。表 5 - 3 给出了中国电子科技集团公司第四十一研究所生产的 AV6419 光纤应力分布测试仪的主要技术参数。

表 5 - 3　AV6419 光纤应力分布测试仪的主要技术参数

工作波长/nm	1550 ± 5
最大动态范围/dB	15
测试脉宽/ns	10、20、50、100、200
测试量程/km	0.5、1、2、5、10、20、40、80
应变测距分辨率/m	1
测距准确度/m	±（0.2 + 2 × 取样间隔 + 2 × 10^{-5} × 距离）
应变测试范围/με	−15000 ~ +15000

续表

应变测试精度/με	±50(10～20ns),±10(50～200ns)
应变测试重复性/με	≤±100
最高采样分辨率/m	0.05
采样点数	20000
频率扫描间隔/MHz	1、2、5、10、20、50
频率扫描范围(GHz)	9.9～12.0

2. 布里渊光时域分析仪

光纤中相向传输的两抽运光的频差与布里渊频移 ν_B 相等时,弱的抽运信号将被强的抽运信号放大,称为布里渊受激放大作用,两光束之间发生能量转移。BOTDA 技术便应用了这一原理,采用两个光源分别作为抽运脉冲光和探测连续光,其探测信号可以是布里渊增益信号,也可以是布里渊损耗信号。当脉冲泵浦光频率高于连续探测光频率时,脉冲光能量转移给连续光,连续探测光能量增加,得到布里渊增益信号;而当泵浦光频率低于探测光频率,脉冲光被放大,连续探测光能量衰减,得到的是布里渊衰减信号。

若光纤某一部分的温度或应变发生变化,对应的布里渊频移随之变化,通过调谐使入射脉冲光和连续光之间的频差等于新的布里渊频移,便能接收到该点的布里渊散射信号,检测从光纤一端耦合出来的连续光的功率,就可以确定光纤各小段区域上能量转移达到最大时所对应的频差,进而确定温度、应变信息,实现分布式传感。对于布里渊损耗型,由于脉冲光在沿光纤传播时能量被放大,因此利用布里渊损耗信号可测量到更长的距离,具有一定的优越性。

BOTDA 光纤传感系统如 5－31 所示。采用 1.55 μm 工作波长的窄线宽激光器,通过 3dB 耦合器将光源分为两路。其中一路光信号由电光调制器(EOM1)调制成脉冲光(泵浦光脉冲),经过掺铒光纤放大器(EDFA)放大后再经隔离器(ISO)进入传感光纤。另一路光信号经 EOM2 调制后产生频移约为 11GHz 的光信号。为了获得最大的输出信号和平坦的传输特性,EOM 前需加偏振控制器(PC)进行偏振态的控制(泵浦光和探测光的偏振态相同时,布里渊增益最大;偏振态正交时,无增益)。经过调制后的光信号作为探测光进入传感光纤。当泵浦光和探测光的频差与光纤中某区域的布里渊频移相等时,在该区域就会产生布里渊放大效应,两光束之间发生能量转移。由于布里渊频移与温度、应变存在线性关系,因此,对两路光的频率进行连续调节的同时,通过检测从光纤一端耦合出来的连续光的功率,就可确定光纤各小段区域上能量转移达到最大时所对应的频率差,从而实现温度、应变信息的分布式测量。

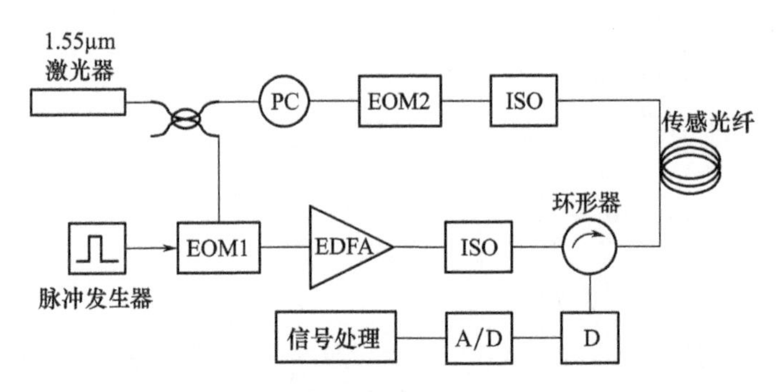

图 5-31　布里渊光时域分析仪(BOTDA)原理

日本 Neubrex 公司的 NBX-7020 光纳仪结合了布里渊散射和瑞利散射两种技术,布里渊子系统采用脉冲预泵浦布里渊光时域分析(PPP-BOTDA)技术,瑞利子系统采用可调波长相干光时域反射(TW-COTDR)技术,其主要技术参数见 5-4。

表 5-4　NBX-7020 光纳仪的主要技术参数

功能模块	PPP-BOTDA					TW-COTDR			
激光波长/nm	1550 ±2					1530 ~ 1560			
距离范围/m	50、100、250、500、1000、2500、5000、10000、25000								
测量频率范围/GHz	9 ~ 13					192300 ~ 196000			
应变测量范围/με	-30000 ~ +40000 (-3% ~ +4%)					-15000 ~ +20000 (-1.5% ~ +2%)			
测量频率扫描步长/MHz	1、2、5、10、20、50					100、200、250、500			
读出精度	5cm(缺省值),1cm(最小值)								
采样点数	600000(缺省值),3000000(最大值)								
脉冲宽度/ns	0.2	0.5	1	2	5	0.2	0.5	1	2
空间分辨率/cm	2	5	10	20	50	2	5	10	20
动态范围/dB	0.5	1	1.5	3	3	0.5	1	3	6
最大测量距离/km	0.5	1	2	5	10	0.5	1	10	20
测量精度/σ	15 με/0.75℃		7.5 με/0.35℃			0.5 με/0.05℃			
重复性/σ	10 με/0.5℃		7.5 με/0.35℃			0.2 με/0.01℃			
测量时间/s	5(最小值)					60(最小值)			

续表

混合模式下测量精度/σ	10 με/0.5℃
混合模式下重复性/σ	5 με/0.25℃

BOTDA利用受激布里渊散射,信号解调简单,具有很高的精度和空间分辨率,动态范围大,测量精度高,但传统BOTDA需要从传感光纤两端入射激光,应用欠方便,且要求两个激光器有很好的频率稳定性,另外其原理决定了它不能用于测量断点,单端BOTDA技术克服了这些缺点,是未来最具吸引力的发展方向之一。

3. 布里渊光频域分析仪

布里渊光频域分析是基于测量光纤的传输函数实现对测量点定位的一种传感方法,传输函数把探测光和经过光纤传输的泵浦光的复振幅与光纤的几何长度关联起来,通过计算光纤的冲击响应函数确定沿光纤的应变和温度信息。BOFDA的原理如图5-32所示。

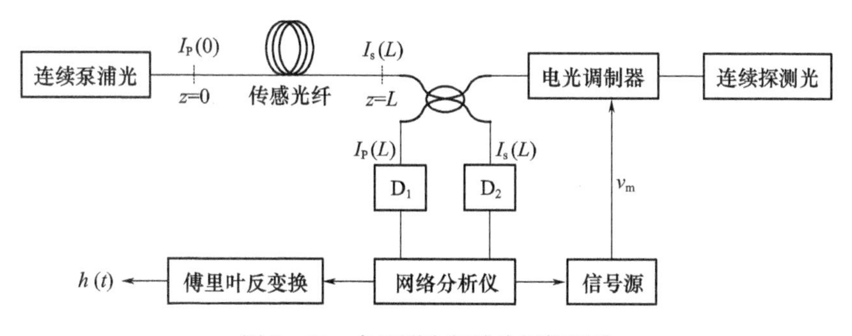

图5-32　布里渊光频域分析仪原理

图中,一束窄线宽连续泵浦光从一端注入单模光纤,另一束窄线宽连续探测光从光纤的另一端入射。探测光的频率被调节到比泵浦光频率低,且两者频率差近似等于光纤的布里渊频移。探测光由一个频率(ν_m)可变的正弦信号进行幅度调制,其调制强度为探测光与泵浦光在光纤中能相互作用的边界条件。对每一个确定的调制频率值ν_m,由光电探测器D_1和D_2分别检测光纤末端$z=L$处泵浦光和探测光的光强$I_P(L,t)$和$I_s(L,t)$,光电检测器的输出信号输入到网络分析仪,由网络分析仪计算出光纤的复基带传输函数:

$$H(\mathrm{i}\omega)=\frac{I_P(\mathrm{i}\omega_m)}{I_s(\mathrm{i}\omega_m)} \tag{5-113}$$

其中:

$$I_{\mathrm{P}}(\mathrm{i}\omega_{\mathrm{m}}) = \mathrm{FFT}\{I_{\mathrm{P}}(L,t)\}\big|_{\omega_{\mathrm{m}}} \tag{5-114}$$

$$I_{\mathrm{s}}(\mathrm{i}\omega_{\mathrm{m}}) = \mathrm{FFT}\{I_{\mathrm{s}}(L,t)\}\big|_{\omega_{\mathrm{m}}} \tag{5-115}$$

网络分析仪输出信号经模/数转换后进行快速傅里叶反变换，得到系统的脉冲响应函数：

$$h(t) = \frac{1}{2\pi}\int_{-\infty}^{\infty} H(\mathrm{i}\omega)\exp(\mathrm{i}\omega t)\mathrm{d}\omega \tag{5-116}$$

将 $t = 2zn/c$ 代入式(5 - 116)，可得到光纤沿线的空间脉冲响应函数 $g(z) = h(t)|_{t=2zn/c}$。当探测光的调制频率与布里渊散射频移相等时，光纤产生布里渊增益效应。根据相应频率的脉冲响应函数的幅值，联合频移 - 调制参量关系式，可计算出受扰参量的调制幅度；根据空间脉冲响应函数的位置关系可求出受扰点的位置。在 BOFDA 的研究中，D · Garus 等人做了相关的系统实验，并取得了在 1km 测量范围内，温度分辨率 5℃、应变分辨率 0.01% 和空间分辨率 3m 的实验结果。

第6章　视觉测量技术

视觉测量技术是以计算机视觉理论为基础、采用图像传感器和图像处理技术对被测物体的位置、尺寸、形状、方位及目标间相互关系等实现高精度的三维测量技术，是近年来测量领域中迅速发展起来的崭新技术。计算机视觉测量以现代光学为基础，融合计算机技术、激光技术、图像处理与分析技术等现代科学技术为一体，组成光机电算一体化的综合测量系统。基于视觉测量技术的检测仪器设备能够实现智能化、数字化、小型化、网络化和多功能化，具有精度高、非接触、全场测量、在线检测、实时分析与控制、连续工作等特点，能够适应多种危险的应用场合，广泛应用于军事、工业、遥感、农林业、医学、航天航空、科学研究等领域。

6.1　电荷耦合器件

电荷耦合器件(Charge Coupled Device, CCD)，是美国贝尔实验室的W. S. Boyle和G. E. Smith于20世纪70年代提出的，因其具有体积小、重量轻、灵敏度高、寿命长、功耗低、动态范围大、集成度高等优点，在国民经济、军事、安防、科研直至日常生活等各个领域得到了广泛应用，并已成为现代光电检测技术中极具发展前景的方向之一。

CCD的突出特点是以电荷为信号载体，不同于大多数以电流或电压为信号载体的器件。CCD的基本功能是通过电荷的存储和转移来实现光电信号的转换和检测。因此，其基本工作过程主要是信号电荷的产生、存储、转移和检测。

CCD有表面沟道CCD和体沟道(或埋沟道)CCD两种基本类型。表面沟道CCD(SCCD)的电荷包存储在半导体和绝缘体之间的界面，并沿界面转移，其特点为工艺简单，存储容量大，信号电荷的转移受表面态的影响，转移速度和转移效率低，工作频率一般在10MHz以下。体沟道CCD(BCCD)的电荷包存储在离半导体表面一定深度的体内，并在半导体内沿一定方向转移，其特点是避免了表面态的影响，转移效率高达99.999%以上，工作频率可高达100MHz，且能做成大规模器件。

6.1.1 电荷存储

下面以 SCCD 为例,描述 CCD 的基本工作原理,如图 6-1 所示。

构成 CCD 的基本单元是 MOS(金属-氧化物-半导体)电容结构,如图 6-1(a)所示。在 P 型或 N 型硅单晶的衬底上用氧化的办法生成一层厚度约 100~200nm 的二氧化硅(SiO_2)层,再在 SiO_2 表面蒸镀一层金属(如铝)作为栅电极,就构成一个 MOS 电容器。CCD 是由一行行紧密排列在硅衬底上的 MOS 电容器阵列构成。若在栅电极和半导体衬底之间施加的栅电压为 U_G,则一部分电压降落在 SiO_2 层上,另一部分降落在 SiO_2 和半导体界面上,形成表面势 Φ_s。

在栅极 G 施加电压 U_G 之前,P 型半导体中的空穴(多数载流子)的分布是均匀的,如图 6-1(a)所示。当栅极施加正电压 U_G(U_G 小于 P 型半导体的阈值电压 U_{th})时,P 型半导体中的空穴将被排斥,并在半导体中产生耗尽区,如图 6-1(b)所示。U_G 继续增加,耗尽区将继续向半导体体内延伸。当 $U_G > U_{th}$ 时,氧化层和半导体界面上的表面势 Φ_s 随之提高,以至于将 P 型半导体中的电子(少数载流子)吸引到表面,形成一层极薄(约 $10^{-2}\mu m$)而电荷浓度很高的反型层,如图 6-1(c)所示,反型层形成时的外加电压称为阈值电压 U_{th}。

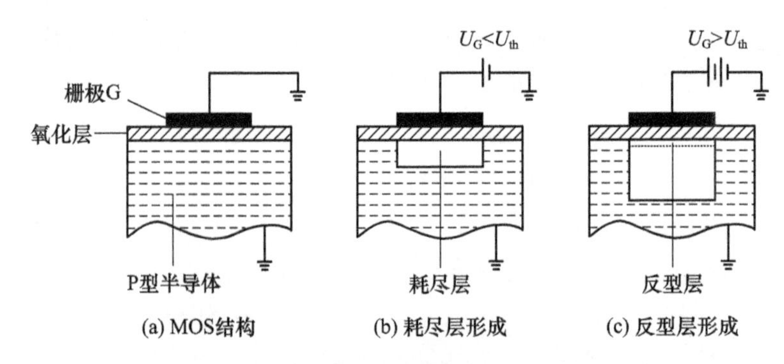

图 6-1 MOS 结构及耗尽层、反型层的形成原理

半导体中的电子之所以被吸引到氧化层与半导体的交界面处,因为那里的势能最低,形象地称为势阱。势阱中能够容纳多少个电子,取决于势阱的"深度",即表面势的大小;而表面势又随栅电压而变化,栅电压越大,势阱越深,如图 6-2(a)所示。随着电子逐渐来到势阱中,反型层逐渐增大,表面势 Φ_s 将降低,耗尽层将减薄,如图 6-2(b)所示。当反型层电荷足够多时,表面势减小到

最低值$2\Phi_F$（Φ_F为费米能级），此时表面势不再束缚多余的电子，电子将产生“溢出”现象，如图6-2(c)所示。

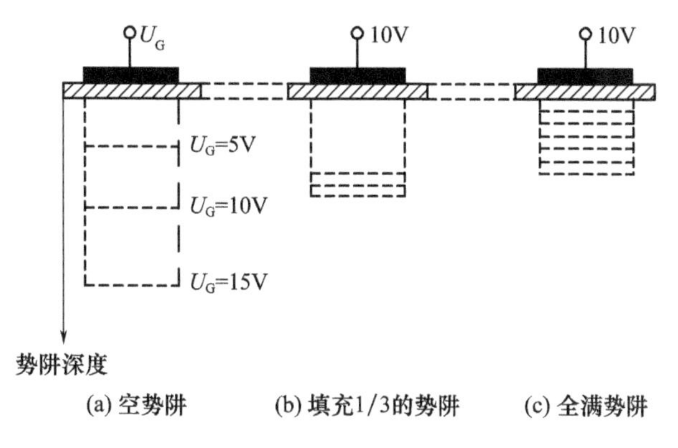

图6-2　势阱电荷存储的概念

表面势Φ_s可作为势阱深度的量度，且势阱深度与栅极电压和氧化层厚度有关，即与MOS电容容量C_{OX}和栅极电压U_G的乘积有关，而势阱横截面积取决于栅极电极的面积A，故MOS电容存储信号电荷的容量为

$$Q = C_{OX}U_GA \tag{6-1}$$

一方面反型层电荷的存在表明了MOS结构存储电荷的功能，另一方面反型层的出现说明了栅电压达到阈值时，在SiO_2和P型半导体之间建立了导电沟道，方便进行电荷的转移。因反型层电荷是负的，故称为N型沟道CCD。若将MOS的衬底材料由P型转换成N型，U_G电压反向连接，则反型层电荷由空穴组成，即成为P型沟道CCD。N型CCD以电子为信号电荷，P型CCD以空穴为信号电荷。由于电子的迁移率（单位场强下的运动速度）远大于空穴的迁移率，因此N型CCD的工作频率比P型CCD高很多。

6.1.2　电荷转移

将按一定规律变化的电压加到CCD的各极上，电极下的电荷包沿半导体表面按一定方向移动即为电荷转移。电极结构按所加脉冲电压的相数分为二相、三相和四相。下面以三相CCD为例介绍电荷转移过程，如图6-3所示。

三相CCD是由每三个栅为一组的间隔紧密的MOS结构组成的阵列。每相隔两个栅的栅电极连接到同一驱动信号（也称时钟脉冲）上，三相时钟脉冲信号要严格满足相位要求，其波形如图6-3(f)所示。在零（初始）时刻，电极①偏压为10V，电极②和③加有大于阈值的较低电压（如2V），电极①下的表面势最大，势阱最深。假设此时已有信号电荷注入，并存储在电极①下的势阱中，如图 6－3(a)所示。t_1 时刻后，电极①偏压仍为 10V，电极②上电压由 2V 开始逐步增加，如图 6－3(b)所示；直到 t_2 时刻变为 10V，由于两个电极靠得很近(μm 级)，它们各自的对应势阱将合并在一起，原来在电极①下的电荷变为两个电极下势阱所共有，如图 6－3(c)所示。t_2 时刻后，电极②偏压仍为 10V，电极①上电压由 10V 开始逐步减小，如图 6－3(d)所示；直到 t_3 时刻变为 2V，则共有的电荷转移到电极②下面的势阱中，如图 6－3(e)所示。这样，深势阱及电荷包向右移动了一个电极的位置。经过一个时钟周期 T(零时刻到 t_9 时刻)后，电荷包将向右转移三个电极位置，即一个栅周期。通常将这三个栅电极称为 CCD 的一个单元或 CCD 的一位，也即通常所说的一个像元。

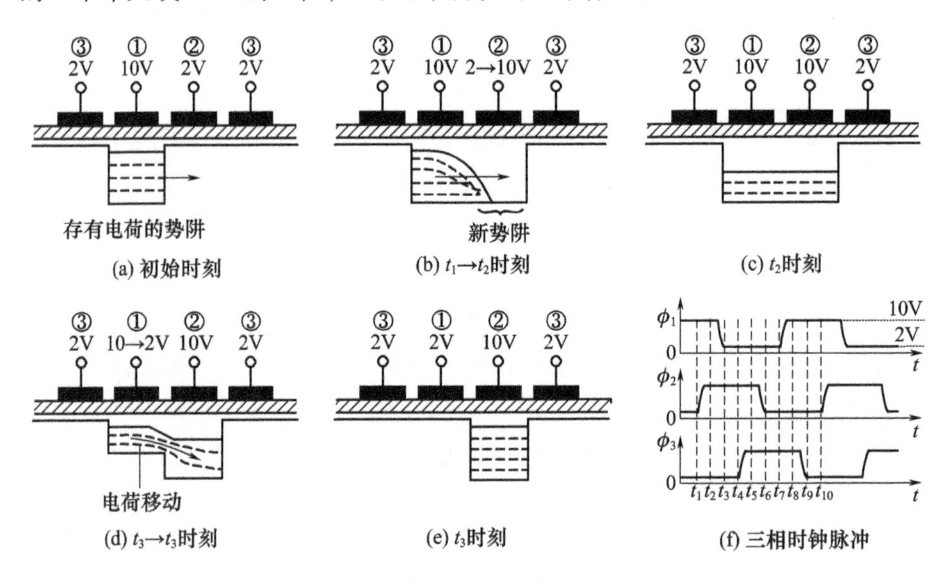

(a) 初始时刻　(b) t_1→t_2时刻　(c) t_2时刻

(d) t_3→t_3时刻　(e) t_3时刻　(f) 三相时钟脉冲

图 6－3　三相 CCD 中电荷的转移过程

需要说明的是，电极间隔应小于 3 μm，以克服两相邻电极间的势垒。对绝大多数 CCD，1 μm 间隙长度是足够小的。

6.1.3　电荷注入

电荷注入方法有光注入和电注入两种。

1. 光注入

当光线从背面或正面照射到 CCD 硅片光敏单元上时，在半导体内产生电子－空穴对，其栅极附近的多数载流子被栅极电压排斥，少数载流子则被收集在势阱中形成信号电荷包，如图6-4所示。如果此时照在这些光敏单元上是一幅明暗起伏的图像，那么这些光敏单元就会产生一幅与光照强度相对应的光生电荷图像（影像信号）。其中光注入电荷：

$$Q_{\text{in}} = \eta q N_{\text{eo}} A T_{\text{c}} \tag{6-2}$$

式中：η为材料的量子效率；q为电子电荷量；N_{eo}为入射光的光子流速率；A为光敏单元的受光面积；T_{c}为光注入时间。当CCD确定后，η、q和A为常数，T_{c}由CCD驱动器的转移脉冲周期T决定，且

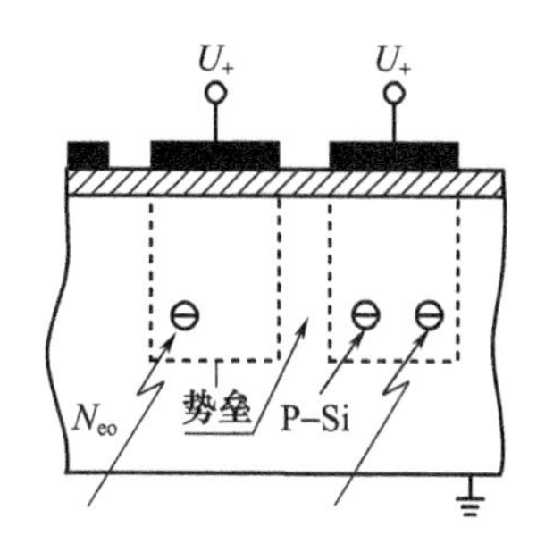

图6-4　背面光照射注入法

$$Q_{\text{in}} \propto N_{\text{eo}} = \frac{\Phi_{\text{e},\lambda}}{h\nu} \tag{6-3}$$

式中：$\Phi_{\text{e},\lambda}$为入射光谱辐射通量；$h\nu$为一个光子的能量。该关系式是CCD检测光谱强度和进行多通道光谱分析的理论基础。

2. 电注入

电注入就是CCD通过输入机构对信号电压或电流进行采样，使信号电压或电流转换的信号电荷注入到响应的势阱中。常用的电注入方法有电流注入法和电压注入法，下面简单介绍电流注入法。

如图6-5所示，N^+扩散区和P型衬底构成注入二极管，且处于反向偏置。IG为CCD的输入栅，其上加适当的正偏压以保持开启并作为基准电压。数字或模拟输入信号U_{in}通过隔直电容C加在输入二极管ID上。当U_{ID}为正偏压时，信号电荷通过输入栅IG下的沟道，被注入到ϕ_2下的深势阱中。当ϕ_2为高电平时，可将N^+区（ID极）看作MOS晶体管的源极，IG看作栅极，ϕ_2为漏极。当它工作在饱和区时，输入栅下的沟道电流为

$$I_{\text{s}} = \mu \frac{W}{L_{\text{G}}} \frac{C_{\text{OX}}}{2} (U_{\text{in}} - U_{\text{IG}} - U_{\text{th}})^2 \tag{6-4}$$

式中：μ为载流子表面迁移率；W为信号沟道的宽度；L_{G}为注入栅IG的长度；C_{OX}为注入栅IG的电容；U_{IG}为输入栅的偏置电压；U_{th}为硅材料的阈值电压。

经过T_{c}时间的注入后，ϕ_2下势阱中的信号电荷量为

$$Q_{\text{s}} = \mu \frac{W}{L_{\text{G}}} \frac{C_{\text{OX}}}{2} (U_{\text{in}} - U_{\text{IG}} - U_{\text{th}})^2 T_{\text{c}} \tag{6-5}$$

由式(6-5)可知，电流注入法的信号电荷Q_{s}不仅依赖于U_{in}和T_{c}，而且与输入二极管所加偏压的大小有关，且Q_{s}与U_{in}不是一种线性关系。

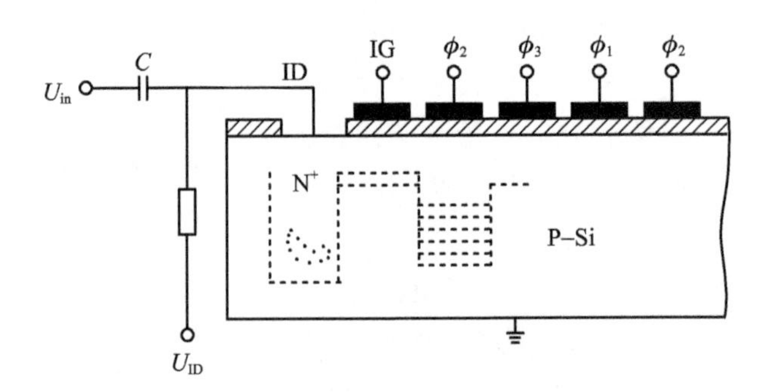

图 6-5 电流注入法

电压注入法和电流注入法类似，不再进一步介绍。需要说明的是，电注入电路是 CCD 器件不可缺少的部分，即使是 CCD 摄像器件，信号电荷来自光注入，也需要电注入电路实现“胖零”检测，故所有 CCD 器件均带有输入电路。

6.1.4 信号检测

CCD 输出电荷信号的方式主要有电流输出、浮置扩散放大器输出和浮置栅放大器输出，其中使用较多是电流输出方式，其工作原理如图 6-6 所示。

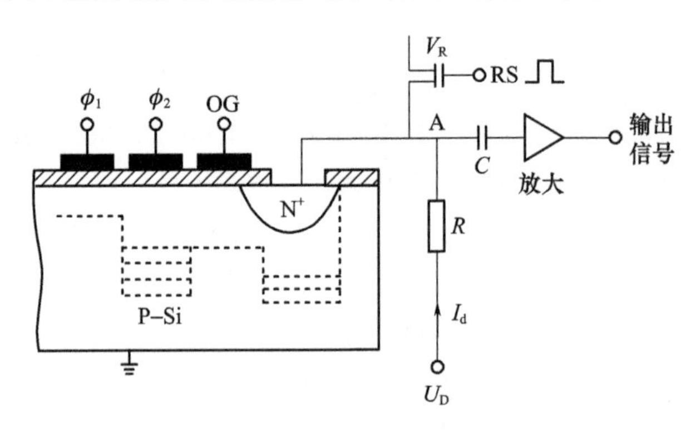

图 6-6 电流输出方式

电流输出方式由反向偏置二极管、二极管偏置电阻 R、源极输出放大器和复位场效应管 V_R 等单元构成。信号电荷在转移脉冲的驱动下转移到最末一个电极 ϕ_2 下的深势阱中，当电极 ϕ_2 上电压由高变低时，由于势阱的提高，信号电荷通过加有恒定电压的输出栅 OG 下的势阱，进入反向偏置的二极管（图中的 N^+ 区）中。由电源 U_D、电阻 R、衬底 P 和 N^+ 区构成的输出二极管反向偏置电路，相当于一个很深的势阱。进入反向偏置二极管中的电荷将产生电流 I_d，且 I_d 与注入到二极管中的信号电荷量 Q_s 成正比，与电阻 R 成反比。电阻 R 是制

作在 CCD 器件内部的固定电阻,阻值为常数。故输出电流 I_d 与注入二极管的电荷量 Q_s 呈线性关系,且

$$Q_s = I_d \mathrm{d}t \tag{6-6}$$

I_d 的存在,使得 A 点的电位发生变化。注入二极管的电荷量 Q_s 越大,I_d 也越大,A 点电位下降越低。故可用 A 点的电位来检测注入到输出二极管中的电荷 Q_s。通过隔直电容 C 将 A 点电位变化取出,并经场效应管放大器输出。

复位场效应管 V_R 将输出二极管未来得及输出的信号电荷卸放掉,在复位脉冲 RS 的作用下,使场效应管导通,其动态电阻远小于偏置电阻,使得输出二极管中的剩余电荷被抽走,使 A 点电位恢复到起始电平,准备接收新的信号电荷。

6.1.5　电荷耦合摄像器件

用于摄像或像敏的 CCD 称为电荷耦合摄像器件(Intensified CCD,ICCD)。目前实用固体摄像器件是在一块硅片上同时制作出光敏二极管阵列和 CCD 移位寄存器两部分。由于光敏二极管结构无干涉效应、反射损失以及对短波段的吸收损失等,在灵敏度和光谱响应等光电特性方面优于 MOS 结构,故采用光敏二极管阵列专门用来完成光电变换和光积分,且各光敏二极管的光电变换作用和光生电荷的存储作用,与分立元件时的原理相同。而 CCD 移位寄存器则专司光生电荷转移一职。

电荷耦合摄像器件的功能是把二维光学图像信号转变成一维以时间为自变量的视频输出信号。根据光敏像元的排列方式,CCD 摄像器件分为线阵列和面阵列两大类。线阵 CCD 可直接将接收到的一维光信号转换成一维视频信号输出。因为其为一维器件,不能直接将二维图像转变为视频信号输出,而必须用扫描的方法来得到整个二维图像的视频信号。现代的扫描仪、传真机、高档复印机和航空图像扫描系统等都采用线阵 CCD 为图像传感器。面阵 CCD 是二维的图像传感器,可直接将二维图像转变为视频信号输出。

1. 线阵 CCD

线阵 CCD 摄像器件有单沟道和双沟道两种基本形式。

1)单沟道线阵 CCD

三相单沟道线阵 CCD 的结构如图 6-7 所示。光敏二极管阵列通过其一侧的转移栅与 CCD 移位寄存器相连,各光敏单元被沟阻分隔。光敏单元与 CCD 转移单元一一对应,两者之间设有转移栅。

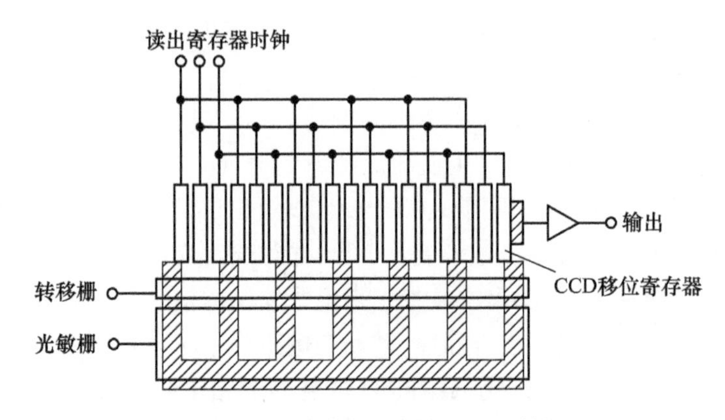

图 6-7　三相单沟道线阵 CCD 的结构

在光积分阶段,光敏栅为高电平,各光敏二极管为反向偏置,光生电子-空穴对中的空穴被 PN 结的内电场所排斥,通过衬底流入地;而电子积存于 PN 结的耗尽层,即光敏单元的势阱中。势阱中电荷包的大小与入射到该光敏单元的光强成正比,经过一定积分时间后,在光敏区就会产生一幅与入射光图像对应的光生电荷图像(电荷包"潜像")。

转移栅由铝条或多晶硅构成。在光积分期间,转移栅为低电平,在其下面的衬底中将形成高势垒,使光敏二极管阵列与 CCD 移位寄存器彼此隔离。当积分结束时,光敏栅电平下降,转移栅电平升高,在其下面衬底中的势垒被拆除,各光敏单元的电荷包并行地通过转移栅向移位寄存器转移,在时钟脉冲驱动下沿移位寄存器移向输出端。

当电荷包转进移位寄存器后,转移栅电平下降,光敏栅电平变为高电平,光敏区进入下一个积分期。同时移位寄存器中的电荷包在时钟脉冲的驱动下一位位地移出器件,形成视频信号。这种单沟道结构的 CCD 的转移次数多、转移效率低、调制传递函数 MTF 较差,适用于光敏单元较少的摄像器件。

2)双沟道线阵 CCD

双沟道结构的线阵 CCD 有两列 CCD 移位寄存器,分别在光敏区的两侧,如图 6-8 所示。光敏区用沟阻分割成两组,光敏单元呈交错状。当转移栅为高电平时,各光敏单元中积累的信号电荷包同时按箭头方向转移到对应的移位寄存器中,然后在驱动脉冲的作用下,分别向右移动,最后以视频信号输出。显然,对同样数目的光敏单元来说,双沟道线阵 CCD 要比单沟道线阵 CCD 的转移次数减少一半,转移时间缩短一半,总转移效率大大提高。但两个模拟移位寄存器和两个输出放大器参数可能不一致,造成奇偶输出信号的不均匀性。在要求提高 CCD 的工作速度和转移效率的情况下,常采用双沟道方式。

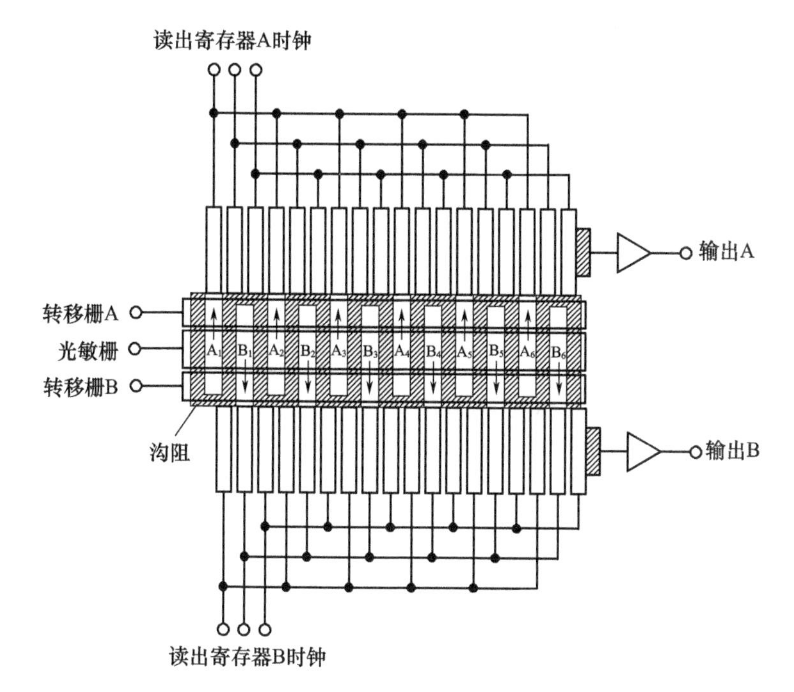

图 6-8 三相双沟道线阵 CCD 的结构

常用线阵 CCD 摄像器件的像素数有 512、1024、2048、5000 和 7200 等,其像素间距多为 6 ~ 12 μm 之间,目前最小的像素间距可达 2 μm。

2. 面阵 CCD

常见的面阵 CCD 摄像器件有两种,即帧转移结构和行间转移结构。

1)帧转移面阵 CCD

三相帧转移面阵 CCD 的结构如图 6-9 所示。其主要由光敏区(成像区)、暂存区、水平读出寄存器三部分组成。光敏区由并行排列的若干电荷耦合沟道组成,各沟道之间用沟阻隔开,水平电极横贯各沟道。假定有 M 个转移沟道,每个沟道有 N 个成像单元,整个光敏区共有 $M \times N$ 个单元。暂存区的结构、单元数目都与光敏区相同。读出寄存器的每一个转移单元与垂直列电荷耦合沟道一一对应。暂存区与水平读出寄存器均被遮蔽。

在光积分期间,各光敏单元将光学图像转变为电荷包图像。当积分结束时,光敏区和暂存区以同一速度快速驱动,将光敏区中整帧的电荷包转移到暂存区,然后光敏区重新开始下一帧的光积分。与此同时,暂存区的电荷包逐行向读出寄存器转移,变为串行信号输出。读出寄存器完成其中的电荷包输出后，暂存区的电荷包再向下移动一行给读出寄存器。当暂存区中的电荷包全部转移完毕后，再进行第二帧转移。

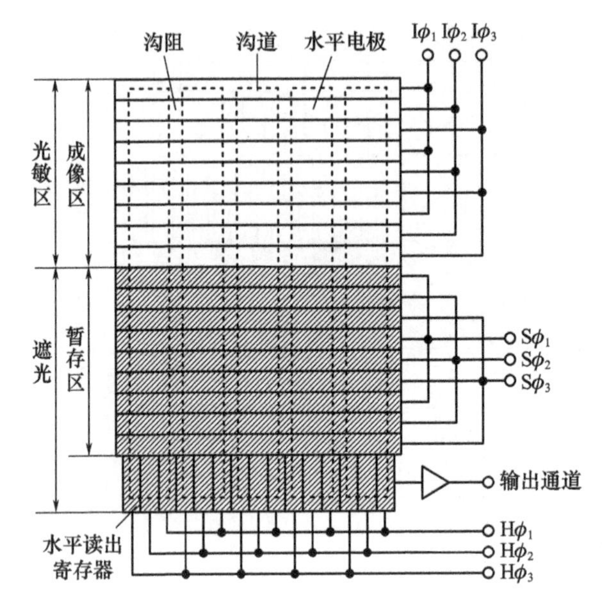

图 6－9　三相帧转移面阵 CCD 的结构

帧转移面阵 CCD 的结构简单，可正、反两面光照，灵敏度较高，光敏单元的尺寸可以很小，容易做成高分辨率的器件，但光敏面积占总面积的比例小，图像有拖影发晕现象。

2）行间转移面阵 CCD

行间转移面阵 CCD 的结构如图 6－10 所示。

行间转移面阵 CCD 采用了光敏区与转移区相间排列方式，其结构相当于将若干个单沟道线阵 CCD 图像传感器按垂直方向并排，再在垂直阵列的末端设置一个水平读出寄存器，其单元数等于垂直并排的线阵 CCD 图像传感器的个数。各光敏单元在积分期间积累的信号电荷包，在转移栅控制下水平地转移进入转移区，然后每帧信号以类似于帧转移方式进入水平读出寄存器逐行读出。

行间转移面阵 CCD 的电荷转移距离比帧转移面阵 CCD 的距离短，故工作频率较高，总转移次数较少，拖影效应不严重，但只能正面光照，且结构比较复杂，工艺难度大，价格相对较高。

常用面阵 CCD 摄像器件的像素数有 512 × 512、595 × 796、1024 × 1024、

1024×2048、2500×2500、5000×5000 等。帧速度可达 950 帧/秒，最快可达 1200 帧/秒。

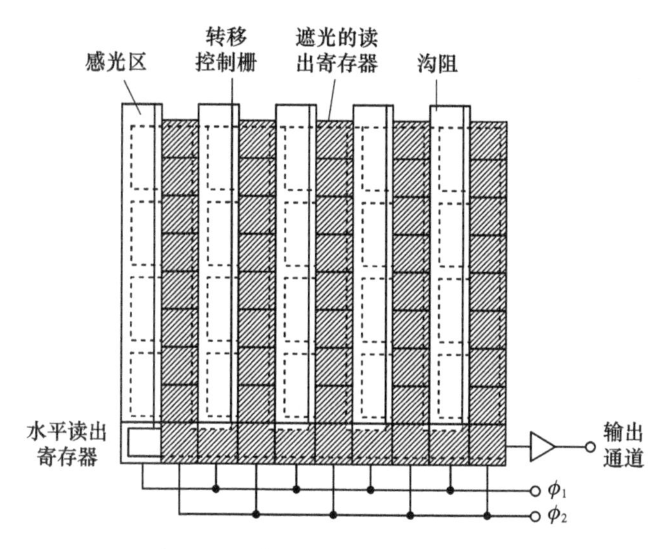

图 6－10　行间转移面阵 CCD 的结构

6.1.6　CCD 摄像器件的特性参数

1. 转移效率和转移损失率

转移效率是表征 CCD 性能好坏的重要参数。将一次转移后，到达下一势阱中的电荷量与原势阱中的电荷量之比称为转移效率(η)，而没有被转移的电荷量与原电荷量之比称为转移损失率(ε)，显然：

$$\varepsilon = 1 - \eta \tag{6-7}$$

目前表面沟道 CCD 的η值接近 0.9999，埋沟道 CCD 的η值高于 0.99999。对于一个线阵 CCD，若 $\eta = 0.9999$，转移 1024 次后，总转移效率 $\eta_s = \eta^n = 0.9999^{1024} = 0.9027$。

影响 CCD 转移效率的主要原因有：①电极间隙较大时(如大于 3 μm)，会形成势垒，使转移效率明显下降；②表面态和体内陷阱对电荷的俘获；③热扩散、自感应电场、边缘电场等因素影响电荷的转移速度。

提高转移效率的主要方法有：①采用交叠栅的电极结构，使电极间隙小到信号电荷能平稳地过渡，以克服电极间隙势垒的影响；②采用“胖零”工作模式，即让“零”信号有一定的电荷填满表面陷阱，以克服表面态对信号的俘获，但会引入噪声；③采用埋沟道结构，避免表面态俘获，提高转移效率。

2. 工作频率

CCD是一种非稳态器件,即必须工作于非热平衡态。若驱动时钟脉冲频率过低,热激发产生的少数载流子就会混入到信号电荷包中而引起失真,故电荷从一个电极转移到下一个电极所用的转移时间 t 必须小于少数载流子的平均寿命 τ_i;若驱动时钟脉冲频率过高,电荷包来不及完全转移,使得转移效率大大下降,故转移时间 t 同时要大于电荷自身转移固有时间 τ_g(τ_g 同载流子迁移率、电极长度、衬底杂质浓度和温度等因素有关),即 $\tau_g < t < \tau_i$。对于三相CCD,有

$$\tau_g < t = \frac{T}{3} < \tau_i \tag{6-8}$$

式中:T 为驱动时钟脉冲周期。故工作频率 f 须满足:

$$\frac{1}{3\tau_i} < f < \frac{1}{3\tau_g} \tag{6-9}$$

即工作频率的下、上限分别为

$$f_L = \frac{1}{3\tau_i},\quad f_H = \frac{1}{3\tau_g} \tag{6-10}$$

若不知电荷自身转移固有时间 τ_g,可通过电荷的转移损失率 ε 估算工作频率的上限。设 τ_D 为CCD势阱中的电量因热扩散作用而衰减的时间常数,其值与所用材料和栅极结构有关,一般为 10^{-8}s量级。若使转移损失率 ε 不大于要求的 ε_0 值,对于三相CCD有:

$$f_H = -\frac{1}{3\tau_D \ln\varepsilon_0} \tag{6-11}$$

对于二相和四相CCD,只需将式(6-8)~式(6-11)中的3换成2或4即可。

表面沟道CCD的工作频率的上限为10MHz,埋沟道CCD的工作频率可高达100MHz。由于电子的迁移率比空穴大,对于相同的结构设计,N型沟道CCD工作频率高于P型沟道CCD。

3. 光谱响应

CCD受光照的方式有正面光照和背面光照两种。由于器件背面没有复杂的电极结构,背面光照时的光谱响应曲线与光电二极管相似,其光谱灵敏度较高,如图6-11所示。如用半导体硅做衬底的CCD,其光谱响应范围为0.4~1.1 μm,峰值波长约为0.8~0.9 μm。但背面器件的主要困难是光敏区的衬底必须减薄到小于一个分辨单元的尺寸,通常要求小于30 μm左右。这是因为绝大部分可见光在硅片表面以内4 μm处已被吸收,少数光生载流子必须扩散到衬底正面的势阱位置,为了不使载流子因横向扩散而损失空间分辨率,器件必

须减薄。同时为保持一定的机械强度,光敏区周围留有加强环,也可以作为焊点区。此外,背面一般镀有增透膜,以减少入射光能的反射损失。背面光照方式虽有优越性,但其工艺难度较大,受到器件结构的限制,目前只在帧转移CCD摄像器件中使用。

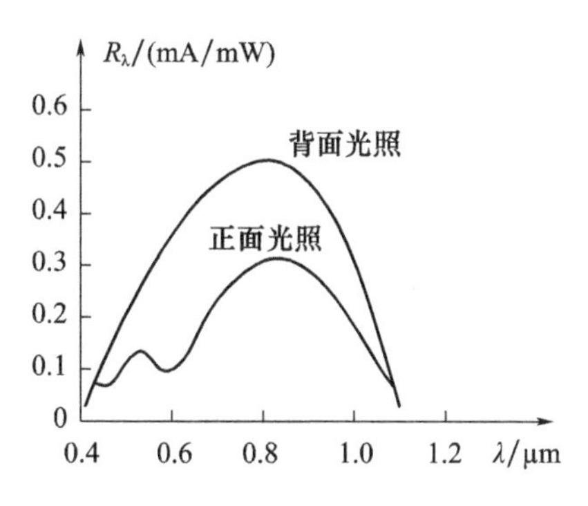

图6-11 CCD的光谱响应曲线

正面光照时,CCD正面布置的很多电极对入射光的吸收、反射和散射作用,使得光谱灵敏度降低,同时因在Si和SiO_2界面上的多次反射引起某些波长的光产生干涉现象,使光谱响应曲线出现起伏,如图6-11所示。提高正面光照灵敏度的措施有:①用透明导电金属氧化物做透光栅极材料,取代多晶硅材料;②采用高灵敏度的光导膜制成叠层结构器件,或采用特殊结构扩大开口率,如虚相结构等;③用光敏二极管代替MOS电容器为像元,光敏元上面只有一层绝缘物而无电导层,同时也改善了灵敏度;④通过适当设计和控制多层薄膜厚度,使入射光至衬底的透射率增大。

4. 动态范围

CCD摄像器件的动态范围是指势阱中可存储的最大电荷量和噪声决定的最小电荷量之比,或饱和输出电压与暗场时噪声的峰值电压之比。CCD势阱中可容纳的最大信号电荷量与电极面积A、栅极电压U_G、MOS电容容量C_{OX}成正比。此外,还与器件结构(SCCD或BCCD)、时钟脉冲驱动方法(二相、三相或四相)等因素有关。CCD的噪声来源于电荷注入、电荷转移、电荷检测过程中引入的噪声。通常CCD的动态范围可达1000~5000。

5. 暗电流

CCD摄像器件在既无光注入又无电注入情况下的输出电流称为暗电流。暗电流主要来源有三个,即半导体衬底的热激发、耗尽区里产生-复合中心的热激发和耗尽区边缘少数载流子的热扩散,其中耗尽区里产生-复合中心的热激发是主要噪声源。此外,暗电流还与温度有关,温度越高,热激发产生的载流子越多,暗电流就越大。据计算,温度每下降10℃,暗电流可降低一半。

暗电流每时每刻地加入信号电荷包中与信号电荷一起积分,形成一个暗信号图像,叠加到光信号图像中,引起固定图像噪声。尤其是由于工艺原因或半导体材料的某些缺陷引起高密度的产生-复合中心,出现个别暗电流尖峰,使一幅完成清晰的图像受到某些“亮条”或“亮点”的破坏。另外,暗电流的存在会占据CCD势阱的容量,降低器件的动态范围。为减少此影响,应尽量缩短信号电荷的积分和转移时间,故暗电流限制了CCD工作频率的下限。

6. 分辨率

分辨率是CCD摄像器件的一个重要参数,是指能够分辨图像中明暗细节的能力。极限分辨率通常用每毫米黑白条纹对数(线对/mm)或电视线(TVL)表示。由于CCD是离散采样器件,根据奈奎斯特采样定理,一个摄像器件能够分辨的最高空间频率等于其空间采样频率的一半。如果CCD在某一方向上的像元间隔为p,则该方向上的空间采样频率为$1/p$,其极限分辨率为$1/2p$(线对/mm)。若用电视线来表示,在某一方向的像元个数就是极限TVL数。显然TVL数的一半与CCD光敏面的高度尺寸的比值,就是相对应的每毫米线对数。

由于调制传递函数MTF能客观反映光学系统对不同空间频率目标成像的清晰程度,也常用来评价CCD的图像传递特性。调制传递函数MTF是输出调制度与输入调制度之比,随空间频率的增大而下降。一般将MTF值降为10%的对应线对数定义为CCD摄像器件的极限分辨率。

7. 其他参数

CCD摄像器件还其他许多参数,包括表示光电转换特性、曝光积分时间、曝光量、饱和输出电压、饱和曝光量、像元(像素)数目、像元大小、像元间隔、片子尺寸(如1/4英寸、1/3英寸、1/2英寸、2/3英寸、1英寸)、最低照度、拖影、不均匀度、信噪比、帧频、AD位数等。

6.1.7 CCD摄像器件的分类

CCD摄像器件的分类方式有多种:按时钟驱动脉冲的相数分为二相CCD、三相CCD和四相CCD;按电荷转移的沟道位置分为表面沟道CCD和体沟道(或埋沟道)CCD;按光敏单元的排列方式分为线阵CCD和面阵CCD;按接收光谱范围分为可见光CCD、红外CCD、X光CCD和紫外光CCD,可见光CCD又可分为黑白CCD、彩色CCD和微光CCD;按灵敏度分为普通型CCD(照度

1～3lx)、月光型CCD(照度0.1lx)和星光型CCD(照度0.01lx以下);按图像信号输出格式分为模拟式CCD和数字式CCD。

6.1.8　CCD摄像器件的特点

CCD摄像器件具有如下特点:

(1)光电灵敏度高,信噪比高。

(2)波长适应范围广,从紫外延伸至红外波段,红外敏感性强。

(3)线性度好,动态范围大。

(4)集成度高,体积小,重量轻,功耗低,耐冲击,可靠性高,寿命长。

(5)无像元烧伤、扭曲,不受电磁干扰。

(6)空间分辨率高,像元尺寸精度优于1 μm。

(7)可进行非接触式测量。

(8)高速扫描,基本上不保留残像(电子束摄像管有15%～20%的残像)。

(9)视频信号和计算机接口容易实现。

6.2　CMOS图像传感器

互补金属氧化物半导体(Complementary Metal Oxide Semiconductor,CMOS)与CCD相比,CMOS图像传感器的优势是结构简单、集成度高、成品率高、功耗小、成本低,可以将光敏元件阵列、驱动和控制电路、信号处理电路、模数转换器、全数字接口电路等集成在一起,实现单芯片式成像系统。CMOS摄像器件已广泛应用于低端数码相机和摄像机中,成为固体摄像器件研究开发的热点,现阶段部分性能参数接近CCD。

6.2.1　CMOS图像传感器的像素结构

CMOS图像传感器的像素结构可分为无源像素型(Passive Pixel Sensor,PPS)和有源像素型(Active Pixel Sensor,APS)两种。

光电二极管无源像素单元电路的结构如图6-12(a)所示,由一个反向偏置的光电二极管和一个开关管构成。当该像素被选中激活时,开关管RS选通,光电二极管中由于光照产生的信号电荷通过开关管到达列总线,在列总线下端有一个电荷积分放大器,该放大器将信号电荷转换为电压输出。无源像素单元具有结构简单、像素填充率高及量子效率高的优点,但由于传输电容较大而使得读出噪声较高,而且随着像素数目增加,读出速率加快,读出噪声变得更大。因此这种结构不利于向大型阵列发展,很难超过 1000 ×1000 个像素。

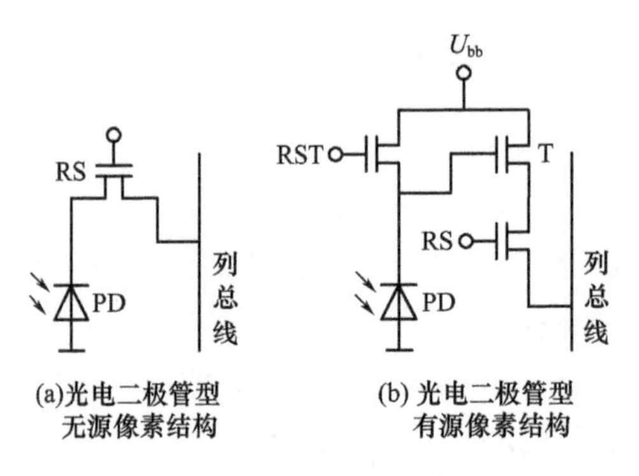

图 6 – 12　CMOS 的像素单元结构

光电二极管有源像素单元电路的结构如图 6 – 12(b)所示,由光电二极管、复位管 RST、源极跟随器 T 和选通管 RS 组成。当有复位脉冲时,RST 导通,光电二极管被瞬时复位;复位脉冲消失后,复位管 RST 截止,光电二极管开始积分光信号。源极跟随器 T 将光电二极管的输出信号进行电流放大。选通管 RS 选通时,被放大的光电信号通过列总线输出;选通管 RS 关闭时,复位管 RST 打开对光电二极管复位。有源像素比无源像素具有低读出噪声和高读出速率等优点,但像素单元结构复杂一些,使填充率降低(典型值为 20% ~30%),可配置能定向入射光电二极管阵列的微透镜阵列以减小入射光能的损失。

6.2.2　CMOS 图像传感器的总体结构

典型的 CMOS 图像传感器的总体结构如图 6 – 13 所示。其主要组成部分包括由光电二极管、MOS 场效应管和放大器组成的像敏单元的复合结构的图像传感器阵列(包括行选择、列选择、列放大器等)、模拟信号处理电路、视频定时控制电路、曝光与白平衡等控制电路、I^2C 总线接口电路、A/D 转换电路及预处理电路等,这些电路均集成在同一芯片上。

CMOS 图像传感器中的像敏单元阵列按 X 和 Y 方向上的地址,并分别由 X 和 Y 方向的地址译码器(一般采用移位寄存器)进行选择,即所谓的列选择与行选择。每一列像敏单元都对应于一个列放大器,而列放大器的输出信号分别由 X 方向的地址译码控制器进行选择的模拟多路开关,其输出经模拟信号处理电路到 A/D 转换器,最后经预处理电路后输出。

图像传感器内的视频定时控制电路提供传感器所需的各种时钟脉冲,并通过总线编程(I^2C 总线)对自动曝光、自动增益、白色平衡、黑电平及γ校正等功能进行控制处理。

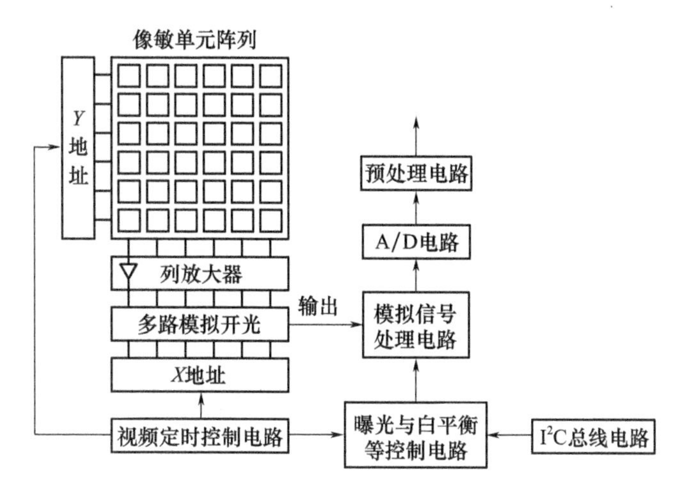

图 6－13　CMOS 图像传感器的总体结构

6.2.3　CMOS 和 CCD 的比较

目前,CMOS 和 CCD 两种固体摄像器件共存,CCD 仍是主流,但将来 CMOS 有可能取代 CCD 成为图像传感器的主流,二者的性能比较如表 6－1 所列。

由表 6－1 可知,CMOS 图像传感器与 CCD 相比有很多突出的特点,如体积小、功耗低、成本低、集成度高、能随机存取、无损读取、抗光晕图像无拖尾、帧速高、动态范围大等,有着不可抗拒的广阔的市场诱惑力和良好的发展前景。

表 6－1　CMOS 和 CCD 的各种性能比较

光电成像器件	CCD	CMOS	光电成像器件	CCD	CMOS
电信号读出方式	逐行读出	从晶体管开关阵列中直接读出	与亚微米和深亚微米 VLSI 技术兼容	不能	能
驱动	二相、三相、四相时钟脉冲	电源电压	计算机接口	大多数无	大多数有 USB(数字式)
结构	较复杂	简单	像素缺陷率	高	低(CCD 的 1/20)
制作工艺	较特殊	标准	分辨率	高	较低
制造成本	高	低	暗电流	小	大
生产成品率	低	高	信噪比(S/N)	高	较低
灵敏度	高	较低	动态范围	66dB	120dB

续表

光电成像器件	CCD	CMOS	光电成像器件	CCD	CMOS
最低照度	低	较高	抗光晕及拖尾	较差	好,无拖影
帧速	低	高	与其他芯片结合	较难	容易
耐辐射	较差	好	集成度	低	高
随机存取	不能	能	电源电压	12VDC	3V 或 5VDC
无损读取	不能	能	功耗	高	低(CCD 的 1/10~1/8)
芯片智能化	不能	能	尺寸	大	小

6.3 视觉测量技术基础

6.3.1 视觉测量技术的分类

视觉测量技术属于计算机视觉范畴,是计算机视觉的具体应用领域之一,它以图像传感器为手段检测空间物体的三维坐标,进而检测物体的尺寸、形状和运动状态等参数。视觉测量的分类方法有很多,常用的分类方法如下:

(1)根据测量对象的大小,可分为近景视觉测量和显微视觉测量。其中,近景视觉测量对象的尺寸是几十厘米到几十米,而显微视觉测量多指利用显微镜对毫米数量级以下尺寸的对象进行测量。

(2)根据测量过程中系统是否移动,可分为固定式视觉测量和移动式视觉测量。固定式视觉测量中传感器固定安装在刚性框架上,形成一个测量视场,对定位在视场的被测目标进行测量;而移动式视觉测量中传感器沿着指定的轨迹移动来实现对被测目标的测量。

(3)根据测量过程的照明方式,可分为主动式视觉测量和被动式视觉测量。主动式视觉测量是利用特殊的受控光源(称为主动光源)照射被测景物,根据主动光源的已知结构信息(几何的、物理的或光学的信息)获取景物的三维信息,具有测距精度高、抗干扰性能好和实时性强等特点。被动式视觉测量不需要特殊光源,由物体周围的光线(常为自然光)来提供照明,与人眼的视觉习惯比较接近,因而得到了广泛应用。

(4)根据所处理图像中的景物是否运动,可分为静态图像视觉测量和动态图像视觉测量。静态图像包括静止图像和凝固图像。静止图像是指每幅图像都是一幅静止的图像;凝固图像是指动态图像中的某一帧图像。动态图像以帧率度量,帧率反映了画面中运动的连续性。

(5)根据测量系统所使用摄像机的数量,可分为单目视觉测量、双目视觉测量和多目视觉测量。单目视觉测量系统采用一台摄像机对目标进行测量,摄像机的内参数一般不需要标定,使用比较简单,但对深度信息的恢复能力较弱。双目视觉测量系统使用两台摄像机对目标进行测量,恢复三维信息的能力强,但测量精度与摄像机内参数和外参数的标定精度密切相关,是最为常见的一类视觉测量系统。多目视觉测量系统采用多台摄像机对目标进行测量,多见于三维重构和运动测量,以及较大尺寸物体的几何量测量。

6.3.2　视觉测量系统构成

一个典型的视觉测量系统的构成如图6-14所示。其组成单元包括照明系统、光学镜头、图像传感器、图像采集卡、计算机(包含通信、输入/输出单元)、图像处理系统和输出设备。其基本工作流程是:利用照明系统对被测物体进行照明,光学镜头将被测目标成像在图像传感器的光敏面上;图像传感器的光敏单元将被测目标图像转换为电信号;通过图像采集卡(A/D转换器)将模拟电信号转换成数字图像信号,并将其输入到计算机中;专用的图像处理系统对获取的图像进行各种变换和操作,对图像中感兴趣的目标进行测量,从而获得图像特征的特征参数(如面积、数量、位置、长度等),提供分析和反馈;最后根据预设的容许度和其他条件输出测量结果。

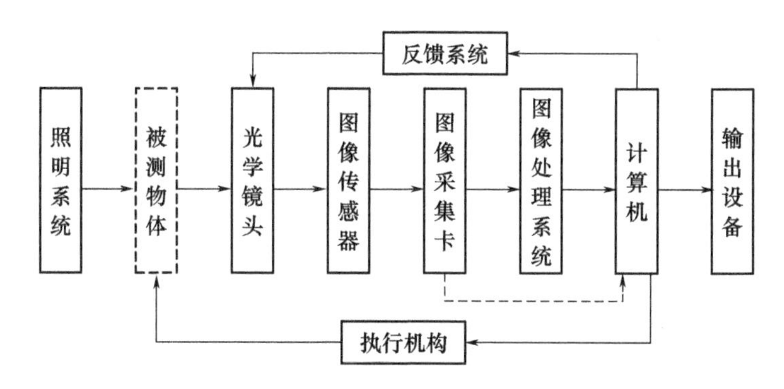

图6-14　典型视觉测量系统的构成

1. 照明系统

照明系统按其照射方式可分为透射式照明、反射式照明、结构光照明和频闪光照明等。其中:透射式照明是将被测物放在光源和摄像机之间,其优点是能获得高对比度的图像;反射式照明是光源和摄像机位于被测物体的同侧,该方式便于安装;结构光照明是将光栅或线光源等投射到被测物体上,根据它们产生的畸变,解调出被测物的三维信息;频闪光照明是将高频率的光脉冲照射到物体上,摄像机拍摄要求与光源同步。

2. 光学镜头

光学镜头也称摄像镜头或摄影镜头,其主要参数有焦距、视场、工作距离、分辨率、景深等。选择镜头时应特别注意六个基本要素:①焦距;②工作距离;③目标尺寸;④目标细节尺寸;⑤图像传感器靶面尺寸;⑥镜头及摄像系统的分辨率;⑦光圈和接口。此外,镜头的光学畸变也是决定其成像质量的关键因素之一。

3. 图像采集卡

图像采集卡是实现图像采集与数字化、压缩编码成数字视频序列的硬件设备。一般图像采集卡采用压缩算法把数字化的视频信号存储成 AVI 文件,高档的图像采集卡直接把采集到的数字视频数据实时压缩成 MPEG-1 格式的文件。图像采集卡还有协调整个图像采集系统的作用。图像采集卡可分为模拟和数字图像采集卡、彩色和黑白图像采集卡、面扫描和线扫描图像采集卡。其主要技术参数有图像传输格式、图像格式(像素格式)、传输通道数、分辨率、采样频率、传输速率、帧频等。

4. 图像处理系统

图像处理系统是视觉测量系统的核心,视觉信息的处理技术主要依赖图像处理。通常所说的图像处理包含图像预处理和图像分析两部分。图像预处理是指经过图像灰度变换、图像去噪、图像滤波、图像增强等处理,实现图像对比度提高、清晰度增加、特征突出等目的;而图像分析是指经过边缘检测、图像分割、图像特征提取、图像匹配、图像拼接、图像识别等运算,来提取某种有用的信息,实现对目标参数的测量。

图像处理算法决定着图像处理系统的可靠性、运算速度、安全性和鲁棒性等重要指标,如何在具体的应用中设计更好的算法,以最大限度地降低计算结果与理想对象的误差,是图像处理系统研究的重要课题,并决定着视觉测量系统的发展方向。目前,很多图像处理与分析算法可以应用专用图像处理器和 FPGA 器件通过硬件来直接实现,使得图像实时处理能力得到了质的飞跃。

5. 视觉反馈控制系统

视觉反馈控制系统的基本功能是根据测量任务的需要,实现照明系统的光场调节和摄像机的位置、视角、焦距等参数的调节控制。按部件功能划分，可分为控制器单元和执行机构单元两部分。控制器单元是整个反馈控制系统的核心，它通过对系统各状态变量的观测做出判断，进而为执行机构单元发出各种指令，以满足测量任务的需求。

设计视觉测量系统时应遵循以下原则：①保证充分的视场；②有足够的图像分辨率；③有清晰的图像对比度；④尽量缩短图像获取时间；⑤使系统工作稳定、抗干扰、低成本。此外，还要综合考虑视场范围、分辨率的大小以及景深长短等因素。

6.3.3　视觉测量的流程

视觉测量的流程如图6－15所示，一般包括以下步骤。

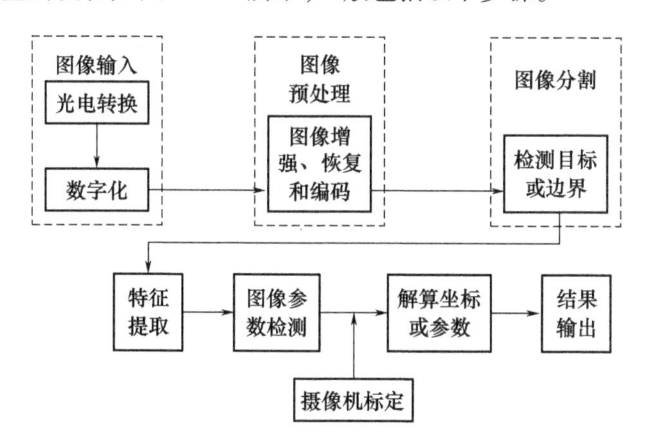

图6－15　视觉测量的流程

(1)在建立视觉测量系统的基础上完成图像采集。

(2)根据测量任务的需要，完成摄像机标定，包括摄像机内外参数的标定和双摄像机系统结构参数标定。

(3)对采集的图像进行预处理，如灰度校正(图像增强、对比度变换)、几何畸变校正、噪声消除，使图像特征突出。另外，根据需要进行图像恢复、编码等操作。

(4)对预处理后质量得到改善的图像进行分割，完成图像特征提取，如点特征、线特征、轮廓特征、颜色特征、形状特征等。

(5)在分割目标特征点的基础上，完成图像中目标的二维参数测量，包括特征点坐标测量和图像目标尺寸测量。

(6)在摄像机标定和二维图像测量结果的基础上,完成空间三维坐标测量或空间几何参数测量。

(7)测量结果输出,包括显示、存储、打印等。

6.3.4 视觉测量技术的应用

视觉测量技术在产品测量、逆向工程、质量检验、机器人导航等领域都得到了广泛应用,其具体应用涉及工业、农业、林业、纺织、医学、国防、航天等行业,与人们的生产、生活、科研与学习也密切相关。

1. 产品测量

视觉测量技术在产品测量领域的应用主要表现为视觉三维坐标测量机,可以测量物体的几何尺寸、位置、圆周分度等信息。由于视觉三维坐标测量机不受三维导轨的限制,可以实现大范围的坐标测量,具有体积小、便于携带、使用灵活、测量精度高等优点,非常适合于航空航天、船舶、汽车制造和装配领域中的快速现场测量。

2. 逆向工程

随着工业技术的发展和人们生活水平的提高,任何通用型产品在消费者高品质的要求下,功能的需要已不再是赢得市场竞争力的唯一条件。产品不但要求功能先进,其外观造型也必须能吸引消费者的注意。于是在工业设计中传统的顺向工程流程已不能满足需要,取而代之的是以三维尺寸测量方式建立用于自由曲面的逆向工程。

3. 质量检验

视觉测量在产品质量检验领域中的应用十分活跃,例如电子工业行业对电路板的自动检测,汽车行业总装线上的检测,农产品品质检测和分类分析,机械零件自动识别和几何尺寸测量,以及表面粗糙度和表面缺陷检测等,冶金行业中钢板表面裂纹检测和焊接质量检测等。

4. 机器人导航

在车辆、机器人等的导航中,可以用同一时刻的关于场景某一视点的两幅二维图像还原出场景三维信息,进而完成自身的定位与姿态估计,最终实现路径规划、自主导航、与周围环境自主交互等。

视觉测量技术是一种具有广泛应用前景的自动检测技术,并朝着智能化、网络化、柔性、在线实时、低成本和高精度等方向发展。其应用范围越来越广泛,尤其是针对微结构尺寸测量、大型结构尺寸测量、复杂结构尺寸测量、自由曲面测量等制造领域中经常遇到的工程问题,视觉测量技术将能够发挥更大的应用优势。

6.4　摄像机标定

视觉测量建立在图像处理和分析基础上,通过对视觉成像系统所摄图像特征的提取,结合不同的几何约束和精度控制条件,解算并测量被测物体特征在三维空间中的几何参数信息。本质上视觉测量可以理解为受约束条件下的三维空间到二维空间透视成像过程的逆过程,且空间某点的三维几何位置坐标与其在图像中对应点之间的相互关系是由摄像机成像几何模型决定的。该几何模型的参数称为摄像机参数。通过实验与计算得到这些参数的过程称为摄像机的标定。标定过程就是确定摄像机的几何和光学参数(摄像机内参数)及摄像机相对于世界坐标系的方位(摄像机外参数)的过程。

6.4.1　摄像机成像模型

1. 视觉测量坐标系

视觉成像建立物体空间和图像空间之间的坐标变换关系,为准确描述成像过程,需要建立四个基本坐标系,分别是世界坐标系、摄像机坐标系、像平面坐标系和图像坐标系。

世界坐标系 $O_wX_wY_wZ_w$ 也称绝对坐标系,它是客观世界的绝对坐标,一般的三维场景都用这个坐标系来表示。

摄像机坐标系 $O_cX_cY_cZ_c$ 是以摄像机为中心制定的坐标系统,一般常取摄像机的光轴为 Z 轴,以摄像机光心(透视中心)为坐标原点 O_c。

像平面坐标系 Oxy 一般常取与摄像机坐标系的 X_cY_c 平面相平行的平面,且 x 与 X_c 轴、y 与 Y_c 轴分别平行,光轴与像平面的交点为像平面坐标系的原点 O,OO_c的长度为摄像机的有效焦距f。

图像坐标系 O_0uv 与像平面坐标系都是用来对视觉场景的投影图像进行描述,并且 u 与 x 轴、v 与 y 轴分别平行,但所采用的单位和坐标原点不同。图像坐标系,其原点 O_0 定义在图像矩阵的左上角,单位为像素;而像平面坐标系是连续坐标系,其原点定义在摄像机光轴与图像平面的交点 $O(u_0,v_0)$处,单位为毫米。

视觉测量四个坐标系之间的关系如图 6-16 所示。

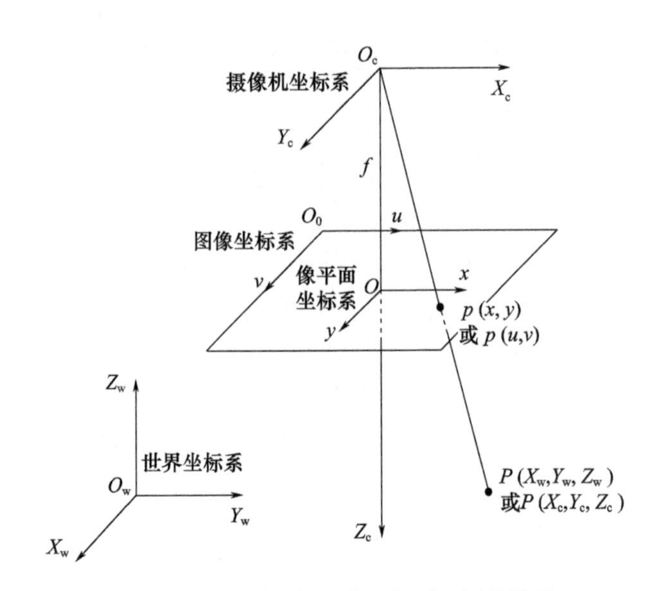

图 6-16　视觉测量四个坐标系之间的关系

2. 针孔成像模型

三维空间中物体到像平面的投影关系即为成像模型,采用透镜成像描述摄像机成像原理,如图 6-17 所示。设物距为 l,透镜焦距为 f,像距为 l',根据几何光学的高斯成像定理,有

$$\frac{1}{l}+\frac{1}{l'}=\frac{1}{f} \tag{6-12}$$

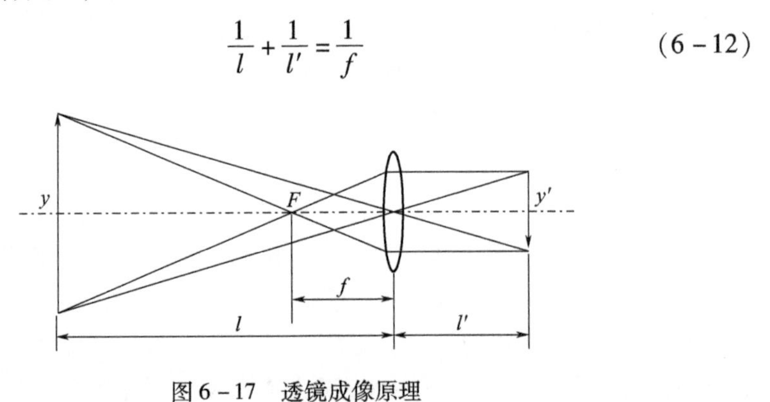

图 6-17　透镜成像原理

一般情况下,$l \gg f$,故 $l' \approx f$,即像距与焦距相近。在实际应用中,针孔成像模型是计算机视觉中广泛采用的理想的投影成像模型,也称小孔模型。假设摄像机理想成像,不存在非线性畸变。物体表面的反射光线都经过一个小孔投影到像平面上,满足光的直线传播条件。物点、针孔和像点在一条直线上,就像光线经过光学中心的一个小孔一样,物点和针孔的连线与像平面的交点即为像点。

为方便起见,通常认为图像平面在针孔前面,到投影中心的距离等于f,即虚拟图像的位置(图6-16)。

3. 摄像机镜头畸变

摄像机光学系统并不是精确地按照理想化的小孔成像原理工作,存在透镜畸变,即物点在摄像机像面上所成的实际像与理想像之间存在不同程度的非线性变形(图6-18),因此空间物点和其在像面上所成的实际像点之间存在着复杂的非线性关系。目前,镜头畸变主要有三类:径向畸变、偏心畸变和薄棱镜畸变。其中径向畸变仅使像点产生径向位置偏差,而偏心畸变和薄棱镜畸变会使像点既产生径向位置偏差,又产生切向位置偏差。

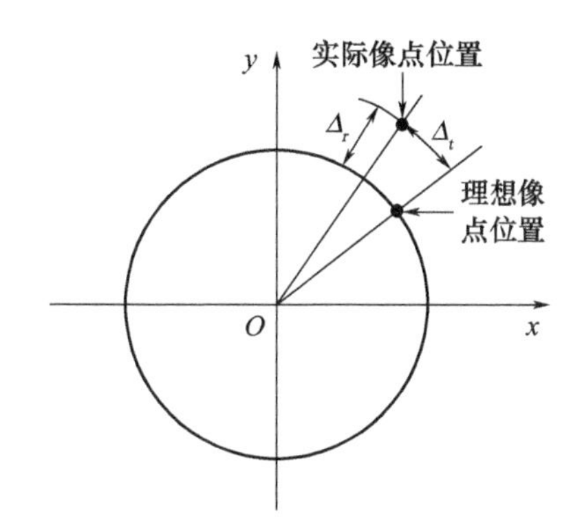

图6-18 理想像点与实际像点位置关系

1)径向畸变

径向畸变主要是由镜头形状引起的,关于摄像机镜头的主光轴对称。正向畸变称为枕形畸变,负向畸变称为桶形畸变,如图6-19所示。其数学模型为

$$\begin{cases}\Delta_{rx}=x[k_1(x^2+y^2)+k_2(x^2+y^2)^2]\\ \Delta_{ry}=y[k_1(x^2+y^2)+k_2(x^2+y^2)^2]\end{cases}\qquad(6-13)$$

图6-19 径向畸变

式中:k_1和k_2为径向畸变系数。

2)偏心畸变

由于镜头装配误差,组成光学系统的多个器件的光轴不可能完全共线,即镜头各器件的光学中心不能严格共线。这类畸变既含有径向变形分量,又含有切线变形分量。其数学模型为

$$\begin{cases}\Delta_{dx}=2p_2xy+p_1(3x^2+y^2)\\ \Delta_{dy}=2p_1xy+p_2(x^2+3y^2)\end{cases} \tag{6-14}$$

式中:p_1 和 p_2 为偏心畸变系数。

3)薄棱镜畸变

薄棱镜畸变是由于镜头设计缺陷和加工安装误差所造成的,如镜头与摄像机像面有很小的倾角等。这类畸变相当于在光学系统中附加了一个薄棱镜,不仅会引起径向偏差,而且会引起切向偏差。其数学模型为

$$\begin{cases}\Delta_{px}=s_1(x^2+y^2)\\ \Delta_{py}=s_2(x^2+y^2)\end{cases} \tag{6-15}$$

若考虑镜头畸变,需要对针孔模型进行修正。在像平面坐标系中,理想像点坐标(x,y)可以表示为实际像点坐标(x^*,y^*)与畸变误差之和,即

$$\begin{cases}x=x^*+\Delta_{rx}+\Delta_{dx}+\Delta_{px}\\ y=y^*+\Delta_{ry}+\Delta_{dy}+\Delta_{py}\end{cases} \tag{6-16}$$

在工业视觉应用中,一般只需要考虑径向畸变,因为在考虑镜头的非线性畸变时的摄像机标定需要使用非线性优化算法,而过多地引入非线性参数,往往不能提高解的精度,反而会引起求解的不稳定性。

4. 摄像机透视投影模型

在图 6-16 所示的视觉测量坐标系中,设空间物点 P 的像点为 p,摄像机有效焦距为 f,不考虑成像畸变的理想透视变换情况下,分析不同坐标系之间的坐标变换关系。

世界坐标系中的点到摄像机坐标系的变换可由一个旋转变换矩阵 $\boldsymbol{R}$ 和一个平移变换向量 $\boldsymbol{T}$ 来描述。空间物点 P 在世界坐标系与摄像机坐标系下的齐次坐标具有如下关系:

$$\begin{bmatrix}X_c\\Y_c\\Z_c\\1\end{bmatrix}=\begin{bmatrix}\boldsymbol{R} & \boldsymbol{T}\\ \boldsymbol{0}^T & 1\end{bmatrix}\begin{bmatrix}X_w\\Y_w\\Z_w\\1\end{bmatrix} \tag{6-17}$$

式中:$\boldsymbol{R}$ 为 3×3 正交单位矩阵;$\boldsymbol{T}$ 为 3×1 阶平移向量,$\boldsymbol{T}=(T_x,T_y,T_z)^{\mathrm{T}}$;零向量 $\boldsymbol{0}=(0,0,0)^{\mathrm{T}}$。比较常用的旋转矩阵 $\boldsymbol{R}$ 的表示形式有三种:欧拉角表示法、旋转轴表示法和四元数表示法。

在像平面坐标系中,像点 p 的坐标为(x,y),在摄像机坐标系中,物点 P 的

坐标为(X_c, Y_c, Z_c)，由针孔成像模型知：

$$
\begin{cases}
x = \dfrac{f}{Z_c} X_c \\
y = \dfrac{f}{Z_c} Y_c
\end{cases}
\tag{6-18}
$$

用齐次坐标表示上述透视投影关系为

$$
\begin{bmatrix} x \\ y \\ 1 \end{bmatrix} = \begin{bmatrix} f/Z_c & 0 & 0 & 0 \\ 0 & f/Z_c & 0 & 0 \\ 0 & 0 & 1/Z_c & 0 \end{bmatrix} \begin{bmatrix} X_c \\ Y_c \\ Z_c \\ 1 \end{bmatrix}
\tag{6-19}
$$

像点 p 在图像坐标系中以像素为单位表示的坐标为(u, ν)，在像平面坐标系中以毫米为单位表示的坐标为(x, y)，如图 6-20 所示。像平面坐标系的原点定义在摄像机光轴与图像平面的交点，即主点 O，其图像坐标为(u_0, ν_0)，令每一个像素在 x 轴与 y 轴方向上的物理尺寸为 d_x 和 d_y，有

$$
\begin{cases}
u = \dfrac{x}{d_x} + \mu_0 y + u_0 \\
v = \dfrac{y}{d_y} + v_0
\end{cases}
\tag{6-20}
$$

写成矩阵形式为

$$
\begin{bmatrix} u \\ v \\ 1 \end{bmatrix} = \begin{bmatrix} 1/d_x & \mu_0 & u_0 \\ 0 & 1/d_y & v_0 \\ 0 & 0 & 1 \end{bmatrix} \begin{bmatrix} x \\ y \\ 1 \end{bmatrix}
\tag{6-21}
$$

由于摄像机制造及工艺等原因，像素点可能发生畸变，$\mu = \mu_0 f$ 为考虑像素点畸变的畸变因子（又称不垂直因子、扭转因子、倾斜因子等）。

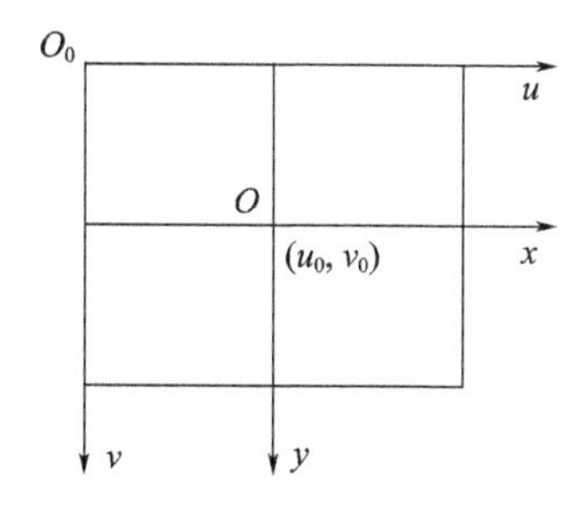

图6-20　图像坐标系和像平面坐标

将式(6－17)、式(6－19)代入式(6－21)，得到物点 P 的世界坐标与其投影点 p 的图像坐标的关系为

$$Z_c\begin{bmatrix}u\\v\\1\end{bmatrix}=\begin{bmatrix}1/d_x & \mu_0 & u_0\\0 & 1/d_y & v_0\\0 & 0 & 1\end{bmatrix}\begin{bmatrix}f&0&0&0\\0&f&0&0\\0&0&1&0\end{bmatrix}\begin{bmatrix}\boldsymbol{R} & \boldsymbol{T}\\\boldsymbol{0}^{\mathrm{T}} & 1\end{bmatrix}\begin{bmatrix}X_w\\Y_w\\Z_w\\1\end{bmatrix}$$

$$=\begin{bmatrix}a_x & \mu & u_0 & 0\\0 & a_y & v_0 & 0\\0&0&1&0\end{bmatrix}\begin{bmatrix}\boldsymbol{R} & \boldsymbol{T}\\\boldsymbol{0}^{\mathrm{T}} & 1\end{bmatrix}\begin{bmatrix}X_w\\Y_w\\Z_w\\1\end{bmatrix}=\boldsymbol{M}_1\boldsymbol{M}_2\begin{bmatrix}X_w\\Y_w\\Z_w\\1\end{bmatrix}=\boldsymbol{M}\begin{bmatrix}X_w\\Y_w\\Z_w\\1\end{bmatrix} \tag{6-22}$$

式中：$a_x=f/\mathrm{d}_x$ 为 u 轴上的尺度因子，也称为 u 轴上的归一化焦距；$a_y=f/\mathrm{d}_y$ 为 v 轴上的尺度因子，也称为 v 轴上的归一化焦距；$\boldsymbol{M}$ 为 3×4 矩阵，称为投影矩阵；$\boldsymbol{M}_1$ 由摄像机内部参数 a_x、a_y、μ、u_0、v_0 决定，称为内参数矩阵；$\boldsymbol{M}_2$ 由摄像机相对于世界坐标系的方位决定，称为外参数矩阵，外部参数包括旋转矩阵 $\boldsymbol{R}$ 的 3 个偏转角和平移矩阵 $\boldsymbol{T}$ 的 3 个参数。

式(6－22)为摄像机透视投影的线性模型，如果已知摄像机的内外参数，即已知投影矩阵 $\boldsymbol{M}$，对任何空间点 P，知道其世界坐标(X_w,Y_w,Z_w)，就可求出其投影点 p 的图像坐标(u,v)。反过来，若已知空间点 P 的投影点 p 的图像坐标(u,v)，即使已知摄像机的内外参数，该点的世界坐标(X_w,Y_w,Z_w)也不是唯一确定的，它对应空间的一条射线(图 6－16 中的 O_cp)，投影点为 p 的所有物点均在该射线上。

当考虑摄像机镜头的畸变时，摄像机模型为非线性模型，式(6－19)中像平面坐标(x,y)应以式(6－16)替代。

6.4.2 摄像机标定方法

摄像机标定的基本方法是，在一定的摄像机模型下，基于特定的实验条件，如形状、尺寸已知的标定参照物，经过对其进行图像处理，利用一系列数学变换和计算方法，求取摄像机模型的内部参数和外部参数。

1. 标定内容

摄像机标定实际上是要求出 6 个外部参数、5 个内部参数，以及各种畸变系数 k_1、k_2、p_1、p_2、S_1、S_2 等。若不考虑离散后像素变形(不是矩形方块)或成像平

面不与光轴正交,则可以不考虑畸变因子μ。一般情况下,畸变系数只考虑径向畸变,并设$k_1 = k_2 = k$。

2. 标定方法分类

目前国内外的许多学者已提出了多种摄像机标定方法,常用的方法可以归纳为两类:传统摄像机标定方法和摄像机自标定方法。

(1)传统摄像机标定方法。将具有已知形状、尺寸的标定参照物作为摄像机的拍摄对象。然后对采集到的图像进行处理,利用一系列数学变换和计算,求取摄像机模型的内部参数和外部参数。该方法具有标定精度高、可以使用任意摄像机模型的优点,其不足之处在于标定过程复杂,需要高精度的标定块或标定框架。在应用场合要求较高且摄像机参数不经常变化时,一般采用此类方法。当前对传统摄像机标定技术的研究集中在非线性畸变校正上。

(2)摄像机自标定方法。不依赖于标定参照物,仅利用摄像机在运动过程中周围环境的图像与图像之间的对应关系对摄像机进行标定。自标定方法包括基于主动视觉的摄像机自标定技术(基于平移运动的自标定技术和基于旋转运动的自标定技术)、利用本质矩阵和基本矩阵的自标定技术、利用多幅图像之间直线对应关系的摄像机自标定技术等。自标定方法非常灵活,但标定过程复杂,鲁棒性不足。主要用于实时性和精度要求不高的场合,如虚拟现实等;在摄像机运动信息未知和无法控制的场合不能运用。

3. 经典标定方法

经典的标定方法主要有线性标定方法(透视变换法)、直接线性变换法、基于径向约束的两步标定法、张正友法和双平面法。其中,线性标定方法是基于线性透视投影模型的标定方法,忽略了摄像机镜头的非线性畸变,用线性方法求解摄像机的内外参数。两步标定法进一步考虑了径向畸变补偿,针对三维立体靶标上的特征点,采用线性模型计算摄像机的某些参数,并将其作为初始值,再考虑畸变因素,利用非线性优化算法进行迭代求解;两步标定法克服了线性方法和非线性优化算法的缺点,提高了标定结果的可靠性和精确度,是非线性模型摄像机标定较为有效的方法。张正友法是介于传统标定方法和自标定方法之间的一种基于二维平面靶标的摄像机标定方法,要求摄像机在两个以上不同方位拍摄一个平面靶标(平面网格点和平面二次曲线),而无须知道运动参数。双平面法的优点是利用线性方法求解有关参数,缺点是求解未知参数数量太大,存在过分参数化的倾向。

经典标定方法的标定流程如下:

(1)布置标定点,固定摄像机进行拍摄;

(2)测量各标定点的图像坐标(u,v);

(3)将各标定点相应的图像坐标(u,v)及世界坐标(X_w,Y_w,Z_w)代入摄像机模型式中,根据标定方法,求解摄像机内外参数。

6.5 双目视觉测量

双目视觉系统直接模拟人类视觉结构,采用两台性能相同、位置相对固定的图像传感器,从不同角度获取同一景物的两幅图像,并基于视差原理恢复出物体三维几何信息,进而重建场景的三维结构。在双目视觉测量系统中,两台摄像机接入双输入通道图像采集卡或分别接入单通道图像采集卡;把两台摄像机在不同位置同步拍摄到的关于同一场景的模拟图像经过数字化后输入计算机,形成数字图像;通过极线约束和图像匹配寻找空间点在两幅图像中的公共特征点;采用标定后的摄像机内外参数以及对应点的视差,并借助摄像机模型,计算出空间点的三维空间坐标,进而实现三维重建。

6.5.1 双目视觉测量系统结构

双目视觉测量是建立在计算机视觉理论基础上的三维测量方法。完整的双目视觉测量系统结构如图 6-21 所示,包括图像获取、摄像机标定、双目视觉系统标定、特征提取、图像匹配和三维重建六个部分。其中,双目视觉系统标定是确定双目系统的结构参数,是双目视觉系统进行三维测量的前提条件;图像匹配是建立双目视觉图像间的对应关系,为计算视差创造条件。首先,建立双目视觉测量系统并对摄像机和双目视觉系统进行标定,获取视觉三位测量所需的摄像机内外参数和双目视觉系统结构参数。视觉测量时,两台摄像机在不同位置同步拍摄同一场景,获取立体图像对。两幅图像通过图像采集卡输入计算机,在计算机中对这两幅图像进行图像处理与分析,提取图像特征并进行图像匹配。根据匹配的特征点获得空间同一点在双摄像机图像上的对应点,最后根据对应点的视差并通过摄像机模型计算出空间点的三维空间点坐标。

6.5.2 双目视觉三维测量原理

双目视觉成像可以获得同一场景的两幅不同的图像,这两幅图像可以用两个单目视觉系统同时采集得到;也可用一个单目视觉系统先后在两个位姿分别采集得到,此时一般假设被摄物和光源没有移动变化。

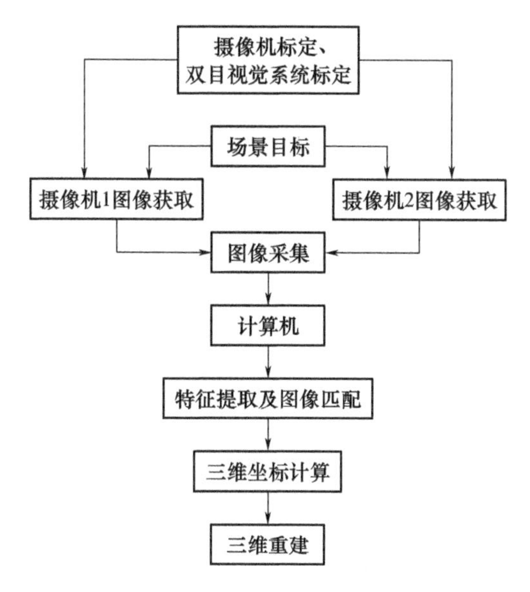

图6-21　双目视觉测量系统结构

图6-22为双目视觉三维测量的原理图,两台摄像机型号相同(分别称为左摄像机和右摄像机),两成像镜头的焦距均为f。以左摄像机之光心O_{c1}为原点建立世界坐标系$O_wX_wY_wZ_w$(坐标原点O_w与O_{c1}重合),两摄像机光心O_{c1}和O_{c2}的连线称为基线,连线方向即为X_w轴方向,连线长度称为基线长度B,并假设两摄像机的光轴$O_{c1}Z_{c1}$和$O_{c2}Z_{c2}$均位于$X_wO_wZ_w$平面内。两台摄像机的像平面坐标系分别为$O_1x_1y_1$和$O_2x_2y_2$,且两坐标轴x_1和x_2也位于$X_wO_wZ_w$平面内;Y_w、y_1、y_2坐标轴实际上同方向,在图6-22(a)中三者均垂直于纸面、指向由里向外。设两台摄像机之光轴$O_{c1}Z_{c1}$、$O_{c2}Z_{c2}$相对于坐标轴Z_w的倾斜角分别为α_1和α_2,其符号规定如下:以Z_w轴为起点,光轴顺时针方向旋转而形成的夹角为正,光轴逆时针方向旋转而形成的夹角为负(α_1为正、α_2为负)。空间任意点P的世界坐标为(X_w,Y_w,Z_w),在两台摄像机上的投影点分别为p_1和p_2,对应的像平面坐标分别为(x_1,y_1)和(x_2,y_2)。由P点分别向光轴$O_{c1}Z_{c1}$和$O_{c2}Z_{c2}$作垂线,垂足为S_1和S_2,由坐标系之间的平面内旋转、平移关系不难得到,P点在$O_1x_1y_1Z_{c1}$坐标系中的坐标为$(X_w\cos\alpha_1-Z_w\sin\alpha_1, Y_w, X_w\sin\alpha_1+Z_w\cos\alpha_1+f)$,在$O_2x_2y_2Z_{c2}$坐标系中的坐标为$(X_w\cos\alpha_2-Z_w\sin\alpha_2-B\cos\alpha_2, Y_w, X_w\sin\alpha_2+Z_w\cos\alpha_2-B\sin\alpha_2+f)$。

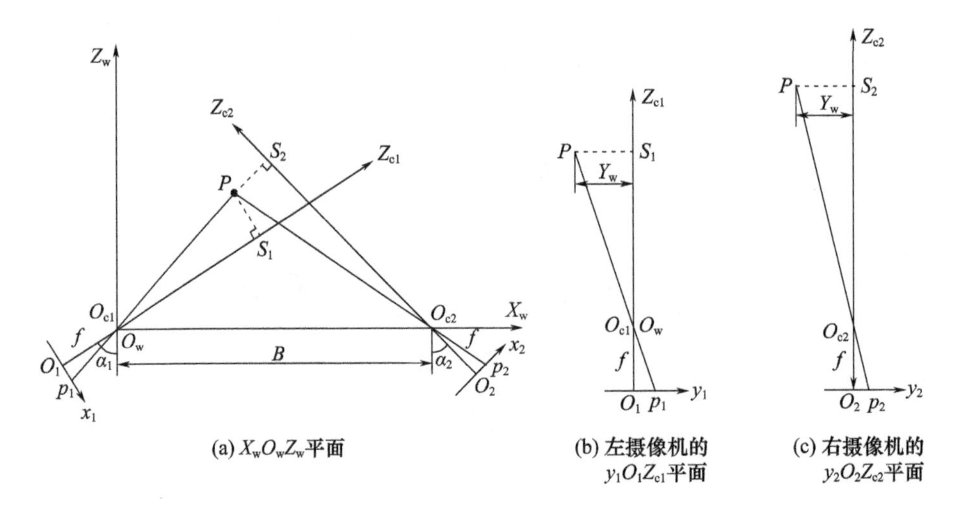

图 6-22 双目视觉三维测量原理

对于左摄像机，由针孔成像模型式(6-18)得：

$$\frac{X_w\cos\alpha_1 - Z_w\sin\alpha_1}{X_w\sin\alpha_1 + Z_w\cos\alpha_1} = -\frac{x_1}{f} \tag{6-23}$$

$$\frac{Y_w}{X_w\sin\alpha_1 + Z_w\cos\alpha_1} = -\frac{y_1}{f} \tag{6-24}$$

对于右摄像机，依成像模型得：

$$\frac{X_w\cos\alpha_2 - Z_w\sin\alpha_2 - B\cos\alpha_2}{X_w\sin\alpha_2 + Z_w\cos\alpha_2 - B\sin\alpha_2} = -\frac{x_2}{f} \tag{6-25}$$

$$\frac{Y_w}{X_w\sin\alpha_2 + Z_w\cos\alpha_2 - B\sin\alpha_2} = -\frac{y_2}{f} \tag{6-26}$$

式(6-23)~式(6-26)联立可求得：

$$X_w = \frac{B(x_1\cos\alpha_1 - f\sin\alpha_1)(x_2\sin\alpha_2 + f\cos\alpha_2)}{(x_1 - x_2)f\cos(\alpha_1 - \alpha_2) - (x_1x_2 + f^2)\sin(\alpha_1 - \alpha_2)} \tag{6-27}$$

$$Y_w = \frac{By_1y_2\cos(\alpha_1 + \alpha_2)}{(x_1\cos\alpha_2 + f\sin\alpha_2)y_2 - (x_2\cos\alpha_1 + f\sin\alpha_1)y_1} \tag{6-28}$$

$$Z_w = -\frac{B(x_1\sin\alpha_1 + f\cos\alpha_1)(x_2\sin\alpha_2 + f\cos\alpha_2)}{(x_1 - x_2)f\cos(\alpha_1 - \alpha_2) - (x_1x_2 + f^2)\sin(\alpha_1 - \alpha_2)} \tag{6-29}$$

像点 p_1 的像平面坐标 (x_1, y_1) 由左摄像机探测到，像点 p_2 的像平面坐标 (x_2, y_2) 由右摄像机探测到，参数 B、α_1、α_2、f 已知，则对应物点 P 的世界坐标可由式(6-27)~式(6-29)求得。

6.5.3　双目视觉测量数学模型

如图 6－23 所示，用两台摄像机同时观察空间点 P，其像点分别为像点 p_1 和 p_2，显然射线 O_{c1p_1} 和 O_{c2p_2} 的交点唯一地确定点 P 的位置。

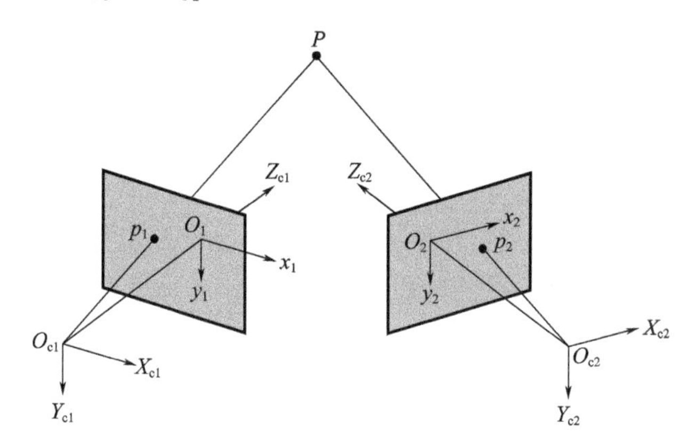

图 6－23　双目视觉测量中空间点的三维重建

假定空间任意点 P 在两台摄像机上的图像点 p_1 和 p_2 已经从两幅图像中分别检测出来，即已知 p_1 与 p_2 为空间同一点 P 的对应点。假定双摄像机已标定，它们的投影矩阵分别为 $\boldsymbol{M}_1$ 和 $\boldsymbol{M}_2$，则由摄像机模型

$$Z_c^1\begin{bmatrix}u_1\\v_1\\1\end{bmatrix}=\boldsymbol{M}_1\begin{bmatrix}X_w\\Y_w\\Z_w\\1\end{bmatrix}=\begin{bmatrix}m_{11}^1 & m_{12}^1 & m_{13}^1 & m_{14}^1\\m_{21}^1 & m_{22}^1 & m_{23}^1 & m_{24}^1\\m_{31}^1 & m_{32}^1 & m_{33}^1 & m_{34}^1\end{bmatrix}\begin{bmatrix}X_w\\Y_w\\Z_w\\1\end{bmatrix}\tag{6-30}$$

$$Z_c^2\begin{bmatrix}u_2\\v_2\\1\end{bmatrix}=\boldsymbol{M}_2\begin{bmatrix}X_w\\Y_w\\Z_w\\1\end{bmatrix}=\begin{bmatrix}m_{11}^2 & m_{12}^2 & m_{13}^2 & m_{14}^2\\m_{21}^2 & m_{22}^2 & m_{23}^2 & m_{24}^2\\m_{31}^2 & m_{32}^2 & m_{33}^2 & m_{34}^2\end{bmatrix}\begin{bmatrix}X_w\\Y_w\\Z_w\\1\end{bmatrix}\tag{6-31}$$

式中：(u_1, v_1) 和 (u_2, v_2) 分别为像点 p_1 和 p_2 的图像坐标。式(6－30)、式(6－31)分别包含三个方程，消去 Z_c^1、Z_c^2 后，可以得到关于 X_w、Y_w、Z_w 的四个线性方程，即

$$\begin{cases}(u_1m_{31}^1-m_{11}^1)X_w+(u_1m_{32}^1-m_{12}^1)Y_w+(u_1m_{33}^1-m_{13}^1)Z_w=m_{14}^1-u_1m_{34}^1\\(v_1m_{31}^1-m_{21}^1)X_w+(v_1m_{32}^1-m_{22}^1)Y_w+(v_1m_{33}^1-m_{23}^1)Z_w=m_{24}^1-v_1m_{34}^1\end{cases}$$

(6－32)

$$\begin{cases}(u_2m_{31}^2-m_{11}^2)X_w+(u_2m_{32}^2-m_{12}^2)Y_w+(u_2m_{33}^2-m_{13}^2)Z_w=m_{14}^2-u_2m_{34}^2\\(v_2m_{31}^2-m_{21}^2)X_w+(v_2m_{32}^2-m_{22}^2)Y_w+(v_2m_{33}^2-m_{23}^2)Z_w=m_{24}^2-v_2m_{34}^2\end{cases} \tag{6-33}$$

根据解析几何理论可知,三维空间的平面方程为线性方程,两个平面方程的联立为空间直线方程(两个平面的交线),式(6-32)、式(6-33)的几何意义是过 $O_{c1}p_1$ 和 $O_{c2}p_2$ 的直线。由于空间点 P 是 $O_{c1}p_1$ 和 $O_{c2}p_2$ 的交点,它应同时满足式(6-32)和式(6-33)。故利用最小二乘法,将式(6-32)、式(6-33)联立求出点 P 的世界坐标(X_w,Y_w,Z_w)。

以上数学模型是基于每台摄像机各自的投影矩阵(内、外参数矩阵)推导出来的,也可基于两台摄像机之间的旋转矩阵 $\boldsymbol{R}$ 和平移向量 $\boldsymbol{T}$ 得到另一组方程。

图6-23中,假设世界坐标系 $O_wX_wY_wZ_w$ 和左摄像机坐标系 $O_{c1}X_{c1}Y_{c1}Z_{c1}$ 重合,即 $X_w=X_{c1}$、$Y_w=Y_{c1}$、$Z_w=Z_{c1}$。由摄像机透视变换模型可得:

$$Z_w\begin{bmatrix}x_1\\y_1\\1\end{bmatrix}=\begin{bmatrix}f_1&0&0&0\\0&f_1&0&0\\0&0&1&0\end{bmatrix}\begin{bmatrix}X_w\\Y_w\\Z_w\\1\end{bmatrix} \tag{6-34}$$

$$Z_{c2}\begin{bmatrix}x_2\\y_2\\1\end{bmatrix}=\begin{bmatrix}f_2&0&0&0\\0&f_2&0&0\\0&0&1&0\end{bmatrix}\begin{bmatrix}X_{c2}\\Y_{c2}\\Z_{c2}\\1\end{bmatrix} \tag{6-35}$$

两摄像机坐标系之间的相互位置关系为

$$\begin{bmatrix}X_{c2}\\Y_{c2}\\Z_{c2}\\1\end{bmatrix}=\begin{bmatrix}r_{11}&r_{12}&r_{13}&t_x\\r_{21}&r_{22}&r_{23}&t_y\\r_{31}&r_{32}&r_{33}&t_z\\0&0&0&1\end{bmatrix}\begin{bmatrix}X_{c1}\\Y_{c1}\\Z_{c1}\\1\end{bmatrix} \tag{6-36}$$

式中:$\boldsymbol{R}=\begin{bmatrix}r_{11}&r_{12}&r_{13}\\r_{21}&r_{22}&r_{23}\\r_{31}&r_{32}&r_{33}\end{bmatrix}$,$\boldsymbol{T}=\begin{bmatrix}t_x\\t_y\\t_z\end{bmatrix}$分别为两摄像机坐标系之间的旋转矩阵和平移向量。

由式(6-34)~式(6-36),可导出:

$$Z_{c2}\begin{bmatrix} x_2 \\ y_2 \\ 1 \end{bmatrix} = \begin{bmatrix} f_2r_{11} & f_2r_{12} & f_2r_{13} & f_2t_x \\ f_2r_{21} & f_2r_{22} & f_2r_{23} & f_2t_y \\ r_{31} & r_{32} & r_{33} & t_z \end{bmatrix}\begin{bmatrix} X_w \\ Y_w \\ Z_w \\ 1 \end{bmatrix} \tag{6-37}$$

进一步可得到：

$$X_w = \frac{Z_w x_1}{f_1} \tag{6-38}$$

$$Y_w = \frac{Z_w y_1}{f_1} \tag{6-39}$$

$$\begin{aligned} Z_w &= \frac{f_1(f_2t_x - x_2t_z)}{x_2(r_{31}x_1 + r_{32}y_1 + f_1r_{33}) - f_2(r_{11}x_1 + r_{12}y_1 + f_1r_{13})} \\ &= \frac{f_1(f_2t_y - y_2t_z)}{y_2(r_{31}x_1 + r_{32}y_1 + f_1r_{33}) - f_2(r_{21}x_1 + r_{22}y_1 + f_1r_{23})} \end{aligned} \tag{6-40}$$

以上表明，若旋转矩阵 $\boldsymbol{R}$、平移向量 $\boldsymbol{T}$ 及焦距 f_1、f_2 已标定，通过两台摄像机的像平面坐标 (x_1, y_1) 和 (x_2, y_2)，即可求解空间点 P 的三维坐标。双目视觉测量方法就是通过增加一个测量摄像机提供补充约束条件，利用预先标定技术获取两摄像机间的相互关系，消除从二维图像空间到三维空间映射的多义性。

6.5.4　双目视觉测量系统标定

双目视觉测量系统的标定主要是指摄像机内部参数标定后，确定视觉系统结构参数 $\boldsymbol{R}$ 和 $\boldsymbol{T}$。常规方法是采用二维或三维精密靶标，通过摄像机的图像坐标与三维世界坐标的对应关系求得这些参数。

实际上，在双目视觉测量系统的标定方法中，由标定靶标对两台摄像机同时进行摄像标定，以分别获得两台摄像机的内、外参数，从而不仅可以标定出摄像机的内部参数，还可以同时标定出双目视觉测量系统的机构参数。

在对每台摄像机单独标定后，可以直接求出摄像机之间的旋转矩阵 $\boldsymbol{R}$ 和平移向量 $\boldsymbol{T}$。但由于标定过程中存在误差，此时得到的关系矩阵并不是很准确。为了进一步提高精度，可以通过对匹配的特征点用三角法重建，比较重建结果与真实坐标之间的差异构造误差矢量，采用非线性优化算法对标定结果进一步优化。具体过程如下。

如图6－24所示，$O_wX_wY_wZ_w$ 为世界坐标系，$O_{c1}X_{c1}Y_{c1}Z_{c1}$、$O_{c2}X_{c2}Y_{c2}Z_{c2}$ 分别为左、右摄像机坐标系。考虑空间中一点 P，在世界坐标系中坐标矢量为 $\boldsymbol{X}_w$，在

左、右摄像机坐标系中坐标矢量分别为$\boldsymbol{X}_{c1}$、$\boldsymbol{X}_{c2}$。它从世界坐标系分别变换到左、右摄像机坐标系的关系为

$$\begin{cases}\boldsymbol{X}_{c1}=\boldsymbol{R}_1\boldsymbol{X}_w+\boldsymbol{T}_1\\ \boldsymbol{X}_{c2}=\boldsymbol{R}_2\boldsymbol{X}_w+\boldsymbol{T}_2\end{cases}\tag{6-41}$$

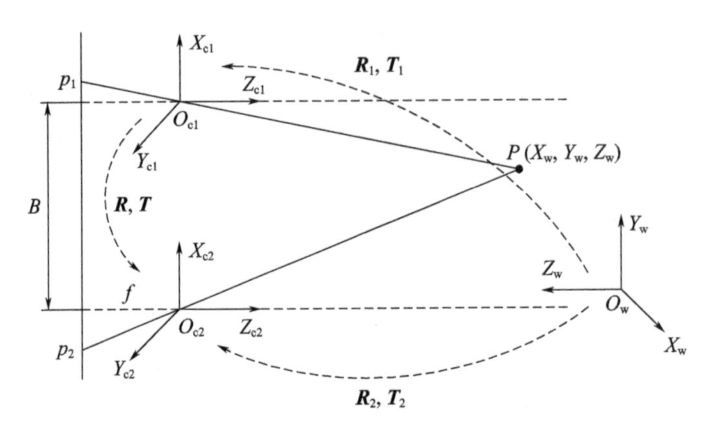

图 6-24　双目视觉测量系统标定

故从左摄像机到右摄像机的关系为

$$\boldsymbol{X}_{c2}=\boldsymbol{R}\boldsymbol{X}_{c1}+\boldsymbol{T}\tag{6-42}$$

式中：$\boldsymbol{R}=\boldsymbol{R}_2\boldsymbol{R}_1^{-1}$；$\boldsymbol{T}=\boldsymbol{T}_2-\boldsymbol{R}\boldsymbol{T}_1$。

得到摄像机之间的旋转矩阵 $\boldsymbol{R}$ 和平移向量 $\boldsymbol{T}$ 后，可以利用关系式：

$$\begin{cases}\boldsymbol{Z}_1\boldsymbol{p}_1=\boldsymbol{X}_{c1}\\ \boldsymbol{Z}_2\boldsymbol{p}_2=\boldsymbol{X}_{c2}\end{cases}\tag{6-43}$$

进行三维重建，其中$\boldsymbol{p}_1$ 和$\boldsymbol{p}_2$ 分别是点 P 在左右图像中的坐标矢量。

得到点 P 的三维坐标矢量估计值$\boldsymbol{P}_{eval}$，就可以与已知的真实值$\boldsymbol{P}_{true}$比较，令误差矢量 $\boldsymbol{e}=\sum_{k=1}^{n}|\boldsymbol{P}_{true}-\boldsymbol{P}_{eval}|$，选用合适的优化算法（如 LM 优化算法），就可以得到更加准确的摄像机内外部参数。由于标定时充分考虑了摄像机之间的关系，因此重建精度比由每台摄像机单独标定的重建精度更高。

得到摄像机之间的关系矩阵 $\boldsymbol{R}$ 和平移向量 $\boldsymbol{T}$ 后，很容易就可以通过旋转平移左右摄像机坐标系的方法使摄像机之间得到平行光轴的标准配置。这一过程通常称为立体校正。

6.5.5　双目视觉测量立体匹配

双目视觉测量是建立在两台摄像机分别摄取的两幅图像对应基元的视差

基础之上的，因此确定两幅图像中各基元之间的匹配关系是双目视觉测量系统最为关键和极富挑战性的一步。立体匹配是在两幅图像的匹配基元之间建立对应关系的过程，匹配基元主要指几何基元，可以是区域、也可以是边缘等特征。根据匹配基元的不同，立体匹配可分为区域匹配和特征匹配两类。

(1)区域匹配。

区域匹配也称为稠密匹配，旨在为每个像素确定对应像素，建立稠密对应场。其基本原理是以一幅图像的待匹配点为中心创建一个窗口，用待匹配点邻域像素的灰度值分布来表征该像素；然后在另一幅图像中寻找相应的像素，以其为中心创建同样的窗口，并用其邻域像素的灰度值分布来表征；当两者之间的相似性满足一定的条件(如最大互相关准则、最小均方差准则)，则表明两幅图像中的这两个像素是匹配的，可能是三维空间同一点分别在两个视觉传感器成像面上所成的像点。区域匹配能够直接得到致密的视差图，但实际应用中如何选择匹配窗口并没有统一的准则；且对于缺乏纹理特征、存在重复特征或者图像深度不连续时匹配容易出错，对绝对光强、对比度和照明条件敏感，计算量大，匹配精度较差，往往需要人为介入指导正确匹配。

(2)特征匹配。

特征匹配也称为稀疏匹配，在提取图像显著特征的基础上，旨在建立稀疏图像特征之间的对应关系。特征匹配是基于抽象的几何特征(边缘轮廓、拐点、几何基元的形状及参数化的几何模型)，而不是基于图像纹理信息进行相似度的比较。由于参与匹配的几何特征较少，匹配速度较快，特征提取可达到亚像素精度，匹配精度较高，且对照明变化不敏感。但稀疏特征的不规则分布给特征之间相互关系的描述带来困难，不利于匹配过程中充分利用此类信息；同时也给三维场景的描述带来困难，往往需要采用内插方法建立稠密对应场，或者采用拟合方法确定一些先验几何模型的自由参数，实现几何模型的重建。

近几年，由于基于局部不变量的特征提取方法的进步，特征匹配逐渐以特征点匹配为主流。即使图像特征在不同图像间存在比例缩放或仿射变换等现象时，特征点匹配方法也能实现两幅图像的可靠匹配。在宽基线情况下，由于图像视点变化比较大，使得同一场景在不同视点下的投影出现比较大的变化，往往希望提取的特征能够具有光照、旋转、尺度和反射不变性。在现有的特征提取算法中，尺度不变特征变换算法由于其良好的性能得到了广泛应用。

在进行区域匹配的二维搜索过程中,如果没有任何先验知识或任何限定,搜索范围可能会覆盖整幅图像,搜索过程是相当耗时的。另外,由于噪声、光照变化、遮挡、透视畸变和目标之间本身的相似性等因素,导致空间同一点投影到两台摄像机的图像平面上形成的对应点的特性不同。对一幅图像中的一个特征点或一小块儿图像,在另一幅图像中可能存在多个相似或更多的候选匹配区域。因此,为了减小搜索范围、得到唯一准确的匹配,必须通过必要的信息或约束规则作为辅助判据。主要的约束条件如下:

(1)兼容性约束。左右两幅图像中源于同一类物理性质的特征才能匹配,其具体含义随所选用的特征及其属性而有所不同。若左图像平面上的像点 p_1 及其领域具有某种不变的特性,则与该像点对应的右图像平面上的像点 p_2 及其领域也具有同一种不变特性。应注意的是,该约束只有当被选择的图像特征具有某种不变特性时才有效,即物点及其领域在左、右图像平面上产生的投影而派生出来的图像特征具有某种不变的特性时,才可以被用来在左、右图像平面上的像点之间建立所谓的对应关系。这种不变特性可以是基于物理量的,也可以是基于几何形状的。

(2)唯一性约束。一幅图像中的某个匹配点只能与另一幅图像中的一个匹配点相匹配,即两图像中的匹配必须唯一。但考虑到遮挡情况,该约束不要求左图像上的每一个像点均在右图像上存在对应点,反之亦然。

(3)连续性约束。除了遮挡区域或间断区域外,视差的变化应该是平滑的(渐变的)。该约束条件可在一定程度上限定共轭点的搜索范围,减少对应点匹配的歧义性。

(4)顺序性约束。如果左图像上的像点 p_1^L 在另一像点 p_2^L 的左边,则右图像上与像点 p_1^L 匹配的像点 p_1^R 也必须在与像点 p_2^L 匹配的像点 p_2^R 的左边。这是一条启发式的约束,并不总是严格成立的。

除以上 4 种约束外,还有下面介绍的极线约束。

先借助图 6-25 介绍几个基本概念。图中,O_{c1} 和 O_{c2} 分别为左、右摄像机的光心,其连线 $O_{c1}O_{c2}$ 称为基线 B;基线与左、右图像平面的交点 E_1 和 E_2 称为左、右图像平面的极点(也称外极点);p_1 和 p_2 是空间同一点 P 在两个图像平面上的投影点;空间点 P 与基线决定的平面 $PO_{c1}O_{c2}$ 称为极平面(又称外极平面);极平面与左、右图像平面的交线 L_1 和 L_2 分别称为空间点 P 在左、右图像平面上投影点的极线(也称外极线);极平面簇是指由基线和空间任意一点确定的一簇平面,所有的极平面均相交于基线。

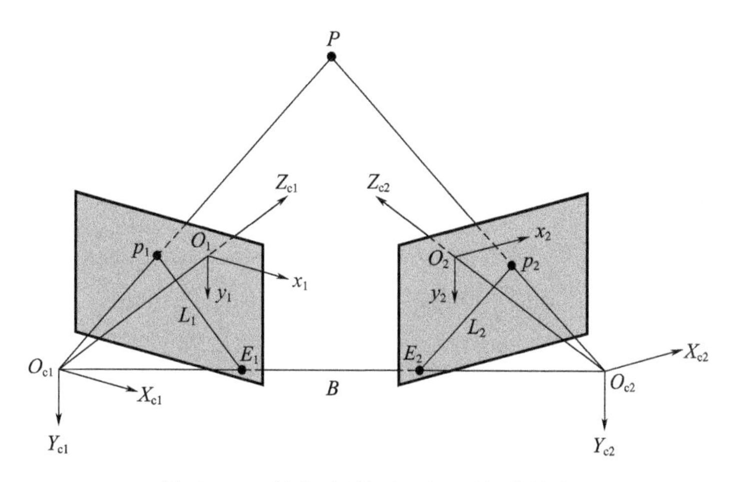

图6-25　极点、极线、极平面及极线约束

极线限定了双摄像机图像对应点的位置，与空间点 P 在左图像平面上投影点 p_1 所对应的右图像平面投影点必在极线 L_2 上，反之，与空间点 P 在右图像平面上投影点 p_2 所对应的左图像平面投影点必在极线 L_1 上。这是双目视觉测量的一个重要特点，称为极线约束。另一方面，从极线约束只能知道 p_1 所对应的直线，而不知道它的对应点在直线上的具体位置，即极线约束是点与直线的对应，而不是点与点的对应。尽管如此，极线约束给出了对应点重要的约束条件，它将对应点匹配从整幅图像搜索缩小到在一条直线上搜索对应点，因此极大地减小了搜索范围。

第7章　飞秒光频梳精密测量技术

飞秒光学频率梳(简称飞秒光频梳)通过锁定飞秒锁模激光的重复频率和偏置频率至微波频率基准,在时域上得到重复频率稳定的飞秒脉冲激光,在频域上得到频率间隔稳定的激光频率梳。飞秒光学频率梳作为微波频率与光学频率的桥梁,可以实现对激光频率的直接精密计量,同时作为一种有别于传统连续波稳频激光的特殊激光光源,在激光频率标尺、绝对距离测量和精密光谱测量等光学精密测量领域都有着重要应用。

7.1　飞秒光频梳基本原理

7.1.1　飞秒锁模激光器

飞秒激光频率梳由锁模激光器产生,通过在宽频谱范围所包含的激光纵模之间建立起固定的相位关系,可以使激光器的时域输出从连续激光转变为是脉宽极窄、峰值功率极高的光脉冲序列。随着被锁定的纵模模式的增加,光脉冲的宽度变得越来越窄。飞秒激光器锁定的纵模模式约为 10^6 量级,脉冲宽度可达到飞秒甚至亚飞秒量级。超短脉冲激光是物理学、生物学、化学、光电子学和激光光谱学等学科中研究微观世界和捕获超快过程的重要研究手段。

激光锁模技术主要分为由外加振幅或相位调制信号的主动锁模、使用可饱和吸收介质非线性效应的被动锁模和自锁模(或称克尔棱镜锁模)三大类。飞秒锁模激光器实现形式分为固体锁模激光器(如钛宝石飞秒激光器)和掺杂介质的光纤锁模激光器。与钛宝石激光器和其他脉冲激光器相比,光纤锁模激光器利用掺杂稀土的光纤材料作为激光增益介质,具有体积小、重量轻、低能耗、高效率、稳定性好、易集成与操作维护方便等诸多优点,受到了越来越多的关注。目前,小型化的飞秒光纤激光器已实现产品化,且性能更加稳定,结构更加紧凑。韩国科学技术院(Korea Advanced Institute of Science and Technology,

KAIST)首次将掺铒光纤飞秒激光器送入外太空,在“罗老”科学卫星上进行了一年多的持续观测,返回地面后的测试结果证明了光纤飞秒激光器用于未来空间任务的可行性,图7-1为该光纤激光器的原理图和实物图。

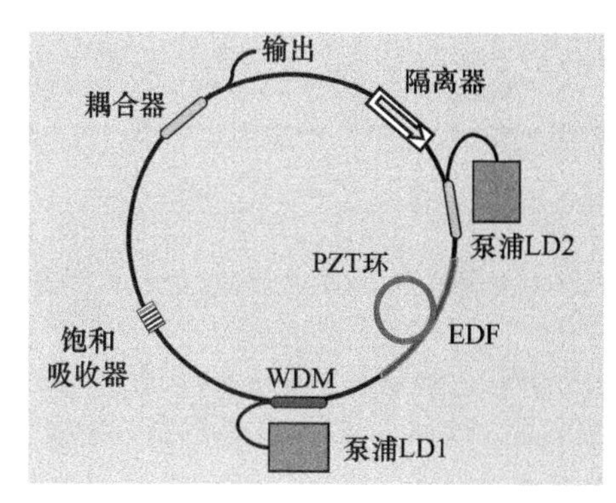

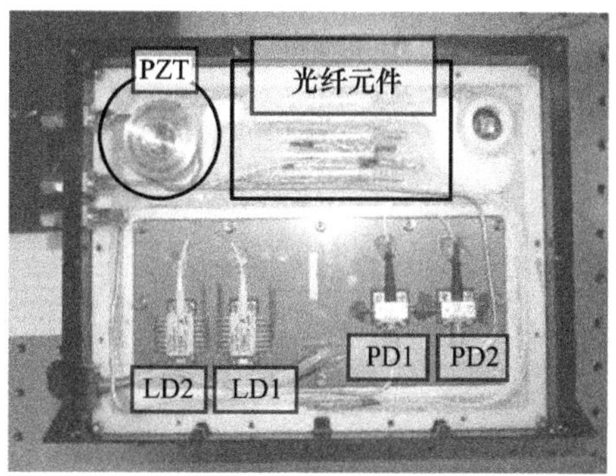

图7-1 KAIST研制的面向空间应用的掺铒光纤飞秒激光器

7.1.2 飞秒光学频率梳

由于激光腔内介质的色散现象,引起腔内群速度和相速度不同,导致激光脉冲在谐振腔内往返一周后脉冲包络相位和载波相位之间存在 $\Delta\phi$ 的相位差。该相移量在频域内所对应的偏移量称为载波包络频移(f_o),且 $f_o = f_r\Delta\phi/2\pi$,f_r 为激光脉冲重复频率。频移 f_o 的存在相当于将飞秒锁模激光器的所有纵模频率进行了平移,使得各纵模频率并不能恰好等于脉冲重复频率的整数倍。

1999年德国马普量子光学所的亨施教授小组第一次利用克尔透镜自锁模在20THz左右的激光频率范围内获得了极为稳定的等纵模频率间隔,且与纵模频率间隔严格相等的重复频率 f_r 的稳定度也达到了 10^{-16} 水平,但这只是实现了重复频率的精密锁定,还不是严格意义上的飞秒光频梳。2000年美国国家标准技术研究院的霍尔教授小组利用光子晶体光纤的非线性效应将飞秒激光脉冲的频谱宽度扩展到光学倍频程以上,通过采用基于光学倍频的自参考方式将由群速度和相速度不同所引起的激光频率偏移量锁定至频率基准,稳定了载波包络频移 f_o,最终真正意义上完成了世界上首台飞秒光学频率梳的搭建工作。

飞秒光学频率梳将飞秒锁模激光器的重复频率和载波包络频移锁定至时间频率基准,在时域上是一连串周期性飞秒脉冲,在频域上表现为一系列等间隔的离散频谱。这些频谱以载波频率为中心向两边延展,仿佛一把频率尺子上

的刻度，且每一根谱线的准确度可以直接溯源至微波频率基准。一般情况下，飞秒光频梳脉冲串的电场强度在时域内可表示为

$$E(t) = A(t)\exp[\mathrm{i}\phi(t)] \otimes \sum_{m=-\infty}^{\infty}\delta(t - mT_r)\exp(\mathrm{i}m\Delta\phi) \tag{7-1}$$

式中：$A(t)$为脉冲包络；$\phi(t)$为与载波频率f_c相关的载波相位函数；T_r为脉冲重复时间；m代表脉冲序数；$\Delta\phi$为载波包络相位差；符号$\otimes$表示卷积运算。由傅里叶变换可得到电场强度的简化频域表达式为

$$\hat{E}(f) \propto \hat{A}(f - f_c)\sum_{n=-\infty}^{\infty}\delta(f - f_n) = \hat{A}(f - f_c)\sum_{n=-\infty}^{\infty}\delta(f - nf_r - f_o) \tag{7-2}$$

式中：$\hat{A}(f-f_c)$为频谱包络，且式(7-1)和式(7-2)由关系式$f_r = 1/T_r$、$f_o = f_r\Delta\phi/2\pi$联系起来。飞秒光频梳的频域内任意谱线可由两个重要参数(重复频率f_r和载波包络频移f_o)表示，一旦这两个参数已锁定，那么任意一根光谱可精确表示为$f_n = nf_r + f_o$，如图7-2所示，图中光强的频域表达式$I(f) = |\hat{E}(f)|^2$。

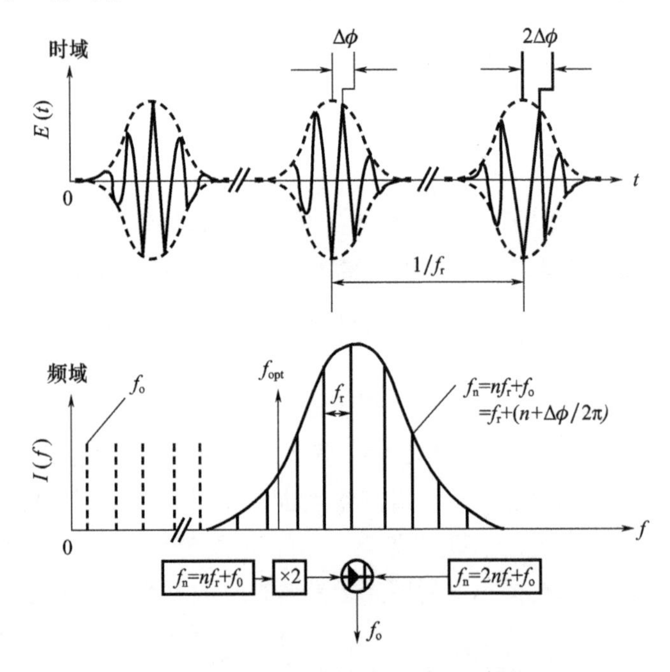

图7-2　飞秒光频梳的时域和频域图

飞秒光频梳具有其他光源不可比拟的特点：①光谱范围覆盖可见光和近红外区域，超过一个光学倍频程；②可输出在频域上等间隔的光学频率列，且频率间隔在微波范围内；③它类似一个光学频率合成器，通过微波频率与光学频率

的精密传递关系，能将微波频率标准的稳定度转移至宽频谱范围内一个或多个光学频率上，输出数十万个稳定的光学频率，且其频率稳定性最高可达到 10^{-18}；④同时它又类似一个光学齿轮，可把难以直接测量的光学频率分频到较易测量的微波频率上；⑤拥有极高的脉冲峰值能量，具有广阔的工程应用条件和价值。总之，光学频率梳实现了微波频标与光学频率以及不同光学频段的直接连接，极大地促进了时间、频率、波长及其有关的各种物理量的精密测量水平，包括时间频率计量、激光干涉测量、精密光谱测量、激光雷达、激光通信、太空光频梳、微波光子学和生化探测器等领域的各种被测参量。

7.2　绝对距离测量

7.2.1　合成波长干涉法

由于飞秒光频梳的所有纵模之间满足固定的相位关系，因此飞秒光频梳纵模之间会产生稳定的外差干涉信号，且其基频为重复频率。利用飞秒光频梳重复频率及其高次谐波的准确性能够进行基于相位测量的合成波长干涉测距，典型系统的光路结构如图7－3所示。

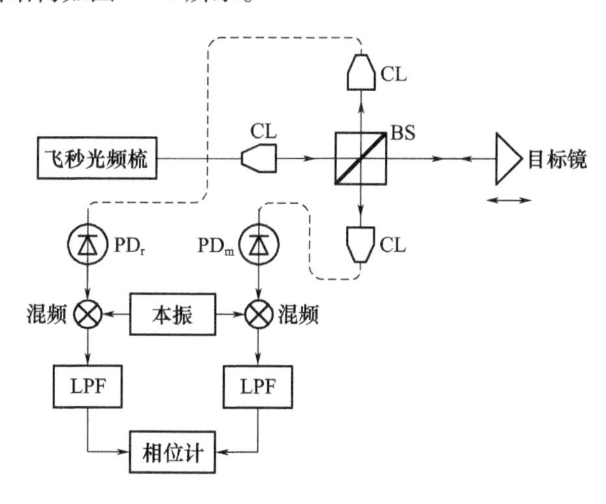

图7－3　合成波长干涉测距原理

飞秒光频梳输出激光经准直器CL后，被分束器BS分为参考光和测量光，其中透射的测量光经目标镜反射回来，两束光分别经过透镜聚焦后，由两个高速光电探测器 PD_r 和 PD_m 接收得到外差干涉信号：

$$\begin{cases} I_{\mathrm{r}} = \mathrm{D.C.} + \sum\limits_{k\geqslant 1} I_k^{\mathrm{r}}\cos(2\pi k f_{\mathrm{r}} t + \varphi_{k0}) \\ I_{\mathrm{m}} = \mathrm{D.C.} + \sum\limits_{k\geqslant 1} I_k^{\mathrm{m}}\cos(2\pi k f_{\mathrm{r}} t + \varphi_k) \end{cases} \tag{7-3}$$

式中：I_k^{r}、I_k^{m} 分别为参考信号和测量信号中第 k 个谐波分量的强度；φ_{k0} 和 φ_k 分别为第 k 个谐波分量的相位，$\Delta\varphi_k = \varphi_k - \varphi_{k0}$ 为其对应的相位差，且

$$\Delta\varphi_k = \frac{4\pi k f_{\mathrm{r}} \eta_{\mathrm{g}}}{c} L \tag{7-4}$$

式中：η_{g} 为空气群折射率；c 为真空中的光速；L 为目标镜的位移值。

高速探测器得到的拍频信号为光梳重复频率的谐波信号，由于这些谐波信号具有与重复频率相当的频率稳定度，因此可作为合成波长的载波频率，于是就可以形成一个微波合成波长链，如图 7-4 所示。

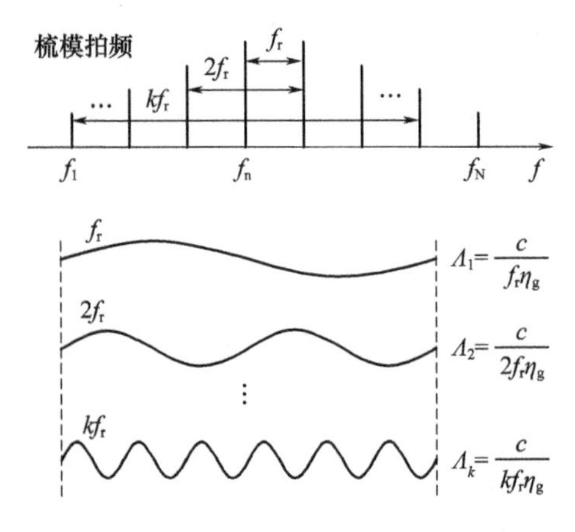

图 7-4 基于梳模拍频的微波合成波长链

将参考信号和测量信号的某一个谐波分量与本振信号进行混频，经低通滤波后输入到相位计中，提取出相位差 $\Delta\varphi_k$，并可求出目标镜的位移值：

$$L_k = \frac{c}{2kf_{\mathrm{r}}\eta_{\mathrm{g}}}\left(\frac{\Delta\varphi_k}{2\pi} + N_k\right) = \frac{\Lambda_k}{2}\left(\frac{\Delta\varphi_k}{2\pi} + N_k\right) \tag{7-5}$$

式中：L_k 是利用第 k 个谐波分量求得的位移值；N_k 为相位值 2π 的整数倍，也即合成波长 $\Lambda_k = c/kf_{\mathrm{r}}\eta_{\mathrm{g}}$ 的整数倍。

由式(7-5)可知，要得到高的测距精度，必须使用高次谐波信号，但此时的合成波长（非模糊度量程）也必然缩短，故必须形成一条能够逐级衔接的合成波长链，从而实现大距离模糊度的解调。假设相位测量精度为 0.1°，当采用重复

频率 $f_r = 100\text{MHz}$ 作为合成波长频率时，非模糊度量程约为 1.5m，测距精度约为 420μm；当谐波信号频率为 10GHz 时，非模糊度量程约为 0.015m，测距精度约为 4.2μm。考虑到当光学频率梳的重复频率为 100MHz 时，单次测量的非模糊度量程为 1.5m，故在进行更大距离的测量时，还需要配合其他方法得到合成波长的整数倍 N_k，并最终逐级精细化得到目标的真实距离。

7.2.2　光谱色散干涉法

利用飞秒光频梳严格等谱线间隔、宽光谱等特点可以搭建光谱色散干涉仪来进行绝对测距。该方法借鉴了白光干涉仪的原理，实质是充分利用光源中丰富的频率成分产生干涉光谱，再通过解调宽带光谱相位对频率的变化求得绝对距离值，其基本原理如图 7-5 所示。光路结构仍沿用经典的迈克尔逊干涉仪结构，由参考镜和目标镜反射的光束经过分光棱镜后叠加形成干涉信号。在光谱仪前面放置 F-P 标准具，通过共振过滤函数来减小光梳的模式密度，剩下的稀疏频谱经反射光栅衍射。由于不同波长的衍射角不同，不同频率的光束沿不同方向传播，经准直棱镜对准入射到线阵 CCD 上，由此可观察参考光和测量光之间的干涉强度。

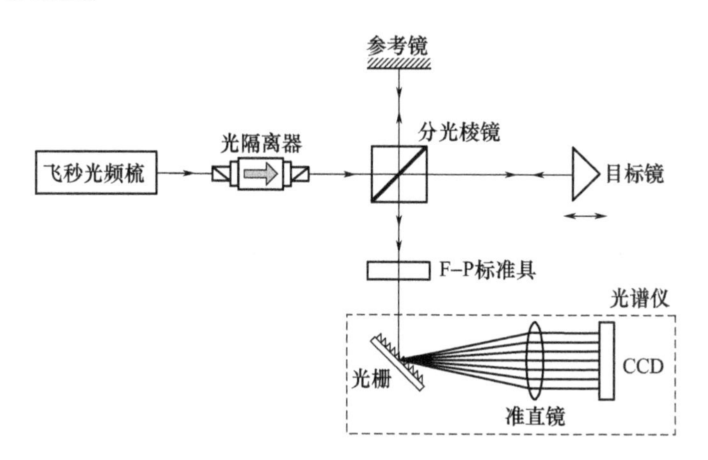

图 7-5　光谱色散干涉测距原理

当利用飞秒光频梳的多个梳模谱线进行零差干涉时，将形成频域干涉条纹，此时在线阵 CCD 上探测到的光谱功率密度可表示为

$$G(f_n) = S(f_n)[1 + \cos\varphi(f_n)] \tag{7-6}$$

式中：f_n 为梳模谱线的频率；$S(f_n)$ 为光梳的光谱功率密度；$\varphi(f_n)$ 是与测量距离 L 和梳模频率 f_n 相关的光谱相位，且满足：

$$\varphi(f_n)=\frac{4\pi f_n n_p}{c}L \tag{7-7}$$

式中：n_p 为与梳模频率对应的空气相折射率。

将式(7-7)代入等式(7-6)，并且进行傅里叶反变换到时域：

$$g(t)=\mathrm{FT}^{-1}\{G(f_n)\}=s(t)\otimes\left[\frac{1}{2}\delta(t+\tau)+\delta(t)+\frac{1}{2}\delta(t-\tau)\right] \tag{7-8}$$

式中：$s(t)$是$S(f_n)$的傅里叶反变换；$\tau=2n_pL/c$。光谱功率密度 $G(f_n)$是一个实函数，故其傅里叶反变换关于 $t=0$ 对称，并且 3 个峰值分别出现在 $-\tau$、0 和τ的位置上。使用一个有限宽度的带通滤波器，将 $t=\tau$ 的峰值分离出来。然后通过傅里叶变换到频域：

$$G'(f_n)=\mathrm{FT}\left\{s(t)\otimes\frac{1}{2}\delta(t-\tau)\right\}=\frac{1}{2}S(f_n)\exp[-\mathrm{i}\varphi(f_n)] \tag{7-9}$$

经过反正切运算得到各个梳模的谱相位：

$$\varphi'(f_n)=-\tan^{-1}\left\{\frac{\mathrm{Im}[G'(f_n)]}{\mathrm{Re}[G'(f_n)]}\right\} \tag{7-10}$$

利用反正切函数求出的是在$[-\pi/2,\pi/2]$范围内相位的包裹值 $\varphi'(f_n)$，进行相位展开后得到非包裹相位 $\varphi(f_n)$。

由式(7-7)以及群折射率和相折射率关系得

$$n_g=n_p+\frac{\mathrm{d}n_p}{\mathrm{d}f_n}f_n \tag{7-11}$$

可导出距离为

$$L=\frac{c}{4\pi n_g}\frac{\mathrm{d}\varphi(f_n)}{\mathrm{d}f_n} \tag{7-12}$$

综上所述，光谱色散干涉的思路可归纳为：由光谱仪得到干涉强度的光谱功率密度，通过傅里叶反变换将干涉信号从频域变换到时域；在时域通过带通滤波器滤出 $t=\tau$ 的峰值，再将该时域信号进行傅里叶变换转换到频域；通过反正切函数获得相位 $\varphi(f_n)$，求解相位的一阶斜率，从而求得距离 L。

需要说明的是，对干涉强度光谱功率密度傅里叶反变换到时域进行滤波时，必须保证 $t=\tau$ 处峰值与出现在 $t=0$(原点)处的相邻峰值是完全分开的，否则会产生混叠效应。令 $s(t)$的脉冲宽度为 w，由式(7-8)知，当 $\tau\geqslant w$ 时，两个相邻峰值之间不会重叠，故最小测量距离为

$$L_{\min}=\frac{cw}{2n_g} \tag{7-13}$$

令频率分辨力 p 表示通过光谱仪实际采样到的两个相邻模式的频率间隔,由奈奎斯特采样定理知,时延 $\tau \leqslant 1/2p$,考虑到 $\tau = 2n_g L/c$,不难得到非模糊度量程为

$$L_{\mathrm{NAR}} = \frac{c}{4n_g p} \tag{7-14}$$

由式(7-14)可知,测距的非模糊度量程理论上取决于能探测到的最小梳模间隔,若相邻两个光梳梳模均可被CCD探测到时,则 $p = f_r$,$L_{\mathrm{NAR}} = c/4n_g f_r$。实际测量时,受光谱仪中光电探测器的像素总数和像素大小的限制,需要使用标准具来缩小光梳的模式密度,均匀滤除部分梳模,使 p 满足标准具的自由光谱范围。一般而言,光谱色散干涉法可以实现纳米分辨力的绝对距离测量,采用F-P腔标准具会使 L_{NAR} 减小到几毫米,若使用VIPA标准具可得到上百毫米的非模糊度量程。

7.2.3　双光频梳干涉法

利用两台重复频率有微小差别且具有相干性的飞秒光频梳组成外差光频梳系统,其中一台光频梳直接进入测距干涉仪,另一台光频梳用于测量经干涉仪光频梳的相移,可实现快速、大量程和高精度的绝对距离测量。在时域上,双光频梳类似于游标测尺,两台光频梳具有一定偏差的脉冲重复周期,基于时间飞行法进行距离测量时,一台光频梳为主测尺,另一台则为游标尺,游标尺可实现小数位的精确测量。在频域上,双光频梳类似于双频激光,但光频梳具有更多的频率梳齿,重复频率相差为 Δf_r 的两台光频梳拍频会产生一系列射频信号,其频率间隔为 Δf_r,即两光频梳的第 n 个梳齿的频率差为 $n\Delta f_r$。

如图7-6所示,信号光频梳经分光镜 BS_1 投射至参考镜,一路由参考镜直接反射,另一路经参考镜投射至待测目标再被反射,本振光频梳经分光镜 BS_2 后与信号光频梳合光,并入射至光电探测器PD,测量飞秒脉冲在参考镜与待测目标间的飞行时间可得待测距离。信号光频梳的重复频率为 f_{r1}(脉冲周期 T_{r1}),本振光频梳的重复频率为 f_{r2}(脉冲周期 T_{r2}),其重复频率相差 $\Delta f_r = f_{r1} - f_{r2}$,且满足 $\Delta f_r \ll f_{r1}$。信号光频梳脉冲与本振光频梳脉冲在时间上周期性地重合,且其重合时间周期为

$$\tau = \frac{T_{r1} T_{r2}}{T_{r2} - T_{r1}} = \frac{1}{f_{r1} - f_{r2}} = \frac{1}{\Delta f_r} \tag{7-15}$$

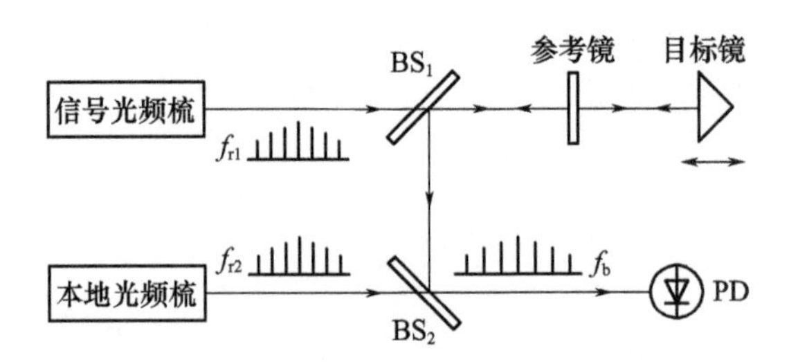

图7-6 双光频梳干涉测距原理

设信号光频梳的参考脉冲和测量脉冲、本地光频梳脉冲的电场表达式分别为

$$
\begin{cases}
E_{1r}(t) = A_{1r}(t)\exp[\mathrm{i}\phi_{1r}(t)] \otimes \sum\limits_{n=-\infty}^{\infty}\delta(t - nT_{r1})\exp(\mathrm{i}n\Delta\phi_1) \\
E_{1m}(t) = A_{1m}(t)\exp[\mathrm{i}\phi_{1m}(t)] \otimes \sum\limits_{n=-\infty}^{\infty}\delta(t - \Delta t - nT_{r1})\exp(\mathrm{i}n\Delta\phi_1) \\
E_2(t) = A_2(t)\exp[\mathrm{i}\phi_2(t)] \otimes \sum\limits_{n=-\infty}^{\infty}\delta(t - nT_{r2})\exp(\mathrm{i}n\Delta\phi_2)
\end{cases}
\tag{7-16}
$$

式中：Δt 为测量脉冲相对于参考脉冲存在的群延迟，为了讨论方便，假设$\Delta t < T_{r1}$。

信号光梳的参考脉冲和返回的测量脉冲分别与本地光梳发生周期性重叠与远离，类似于用线性光学采样的方法使两个光频梳脉冲之间产生周期性外差干涉信号，并由光电探测器进行探测。外差探测具有很好的噪声抑制特性，非常适合进行微弱信号探测，通过对外差干涉信号进行谱相位分析可以准确地解调载波相位信息。测量原理及脉冲序列分析如图7-7所示。

图7-7中的脉冲重叠干涉信号由光电探测器进行探测，并通过模/数转换和傅里叶变换等信号处理手段，获取两个位置的脉冲重叠信号的相对光谱相位$\varphi(f)=2\pi f\Delta t$。用待测距离 L 代替 Δt，并考虑飞秒脉冲在空气中传播的色散现象后可得：

$$
\varphi(f) = \frac{4\pi L}{\lambda_c} + \frac{4\pi L}{\nu_g}(f - f_c) \tag{7-17}
$$

式中：λ_c 是光频梳的中心波长；f_c 是与之对应的载波频率；ν_g 是其群速度，且有 $\nu_g = c/n_g$，c 为真空中的光速，n_g 为空气群折射率。求解绝对距离 L 的步骤如下：

（1）首先对干涉信号的相对谱相位进行线性拟合分析，即

$$\varphi(f)=\varphi_0+b(f-f_c) \tag{7-18}$$

（2）得到含时延信息的参数 b 后，可由飞行时间法得到粗测距离：

$$L_{\text{TOF}}=\frac{b\cdot\nu_g}{4\pi} \tag{7-19}$$

（3）根据干涉法测距原理得到精确距离：

$$L_{\text{int}}=\frac{(\varphi_0+2\pi m)\lambda_c}{4\pi} \tag{7-20}$$

式中：m 为相位整周期数。

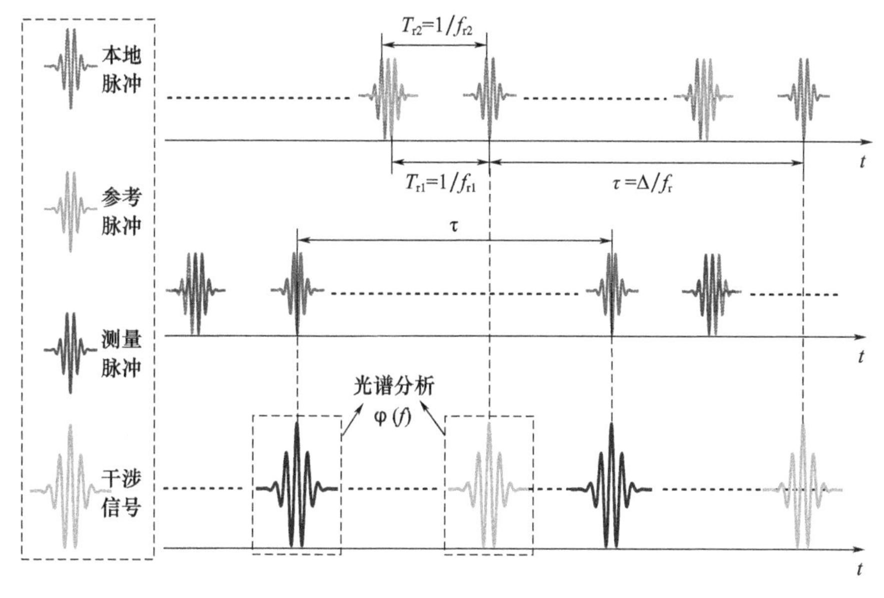

图 7－7　双光频梳干涉测量脉冲序列分析（彩图见插页）

（4）考虑到干涉法测距的半波长非模糊度量程，结合以上两式可得到待测距离。

7.2.4　非相干飞行时间和相干条纹辨析法

2004 年，美国华裔科学家叶军首次利用相位锁定的飞秒激光器同时提供非相干 TOF 信息和相干条纹分辨干涉。该组合测量性能允许实现具有优于光学条纹分辨率的大动态范围的绝对距离测量，理论上可以测量任意远的绝对距离。该组合方法的主要思想是利用飞行时间法以超短脉冲周期整数倍的形式

求出待测距离的非模糊距离，同时采用互相关探测技术观测参考脉冲与测量脉冲的干涉条纹，给出不足一个超短脉冲周期的小数距离值，从而提供较高的分辨率和精确度，其基本原理如图 7－8 所示。

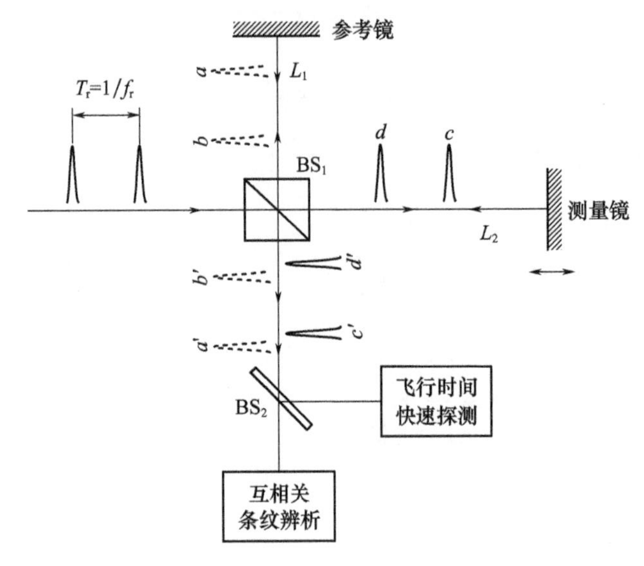

图 7－8　非相干 TOF 和相干条纹辨析相结合的测距原理

飞秒光频梳发送超短脉冲序列到迈克尔逊干涉仪，脉冲序列的重复频率为 f_r，脉冲周期 $T_r=1/f_r$。该脉冲序列经分光镜 BS_1 后进入干涉仪的两个臂，参考臂和测量臂的长度分别为 L_1 和 L_2，a'和 b'分别为参考臂的反射激光脉冲，c'和 d'分别为测量臂的反射激光脉冲。探测光路由分光镜 BS_2 分为两路，分别进行飞行时间快速探测和互相关条纹辨析测量。

首先利用飞行时间法进行粗测，调谐重复频率 f_r，并测量参考臂与测量臂反射的相邻两个脉冲的时间间隔 Δt，如图 7－9 所示。在脉冲重复频率为 f_{r1}（脉冲周期 T_{r1}）时，参考臂与测量臂反射的相邻脉冲的时间间隔为 Δt_1，增加重复频率至 f_{r2}（脉冲周期 T_{r2}），脉冲 c'和 d'分别向 a'和 b'靠近，使对应的时间间隔减小至 Δt_2。假设 a'和 c'间隔 n 个整数飞秒激光脉冲，则参考臂与测量臂的路径差 ΔL 满足：

$$\frac{2\Delta L n_g}{c}=nT_{r1}-\Delta t_1=nT_{r2}-\Delta t_2 \tag{7-21}$$

式中：c 为真空中的光速；n_g 为空气群折射率。测量两个状态下的脉冲周期 T_{r1}、T_{r2} 以及相邻脉冲时间间隔 Δt_1、Δt_2，可得到参考臂与测量臂间隔的脉冲整数：

$$n = Int \tag{7-22}$$

并进一步得到 ΔL 的粗略测量值。一般 TOF 测量的时间分辨力为皮秒量级，则距离分辨力为毫米量级。

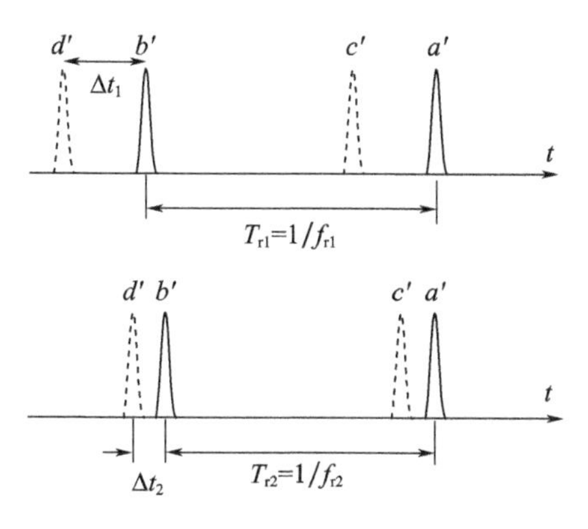

图 7－9　飞行时间法测量原理

为了得到更高的分辨率，继续调谐 f_r 至 f_{r3}（脉冲周期 T_{r3}），使得参考臂与测量臂反射的相邻脉冲 a' 和 c' 重叠以产生干涉条纹，如图 7－10 所示，此时路径差 ΔL 满足：

$$\frac{2\Delta L n_g}{c} = nT_{r3} - \Delta t_3 \tag{7-23}$$

且 $\Delta t_3 \ll T_{r3}$，接近脉冲本身宽度。干涉条纹对比度与参考脉冲和测量脉冲之间的时延 Δt_3 有关，通过改变飞秒光频梳的重复频率将测量脉冲锁定到参考脉冲，使条纹对比度获得最大值，此时可认为参考脉冲和测量脉冲完全重合，即 $\Delta t_3 = 0$，则待测距离可由脉冲周期的整数倍表示：

$$\Delta L = \frac{c \cdot n}{2n_g f_{r3}} \tag{7-24}$$

整数 n 已通过前面的先验测量获取。

当 $\Delta t_1 = T_{r1}/2$ 时，f_{r3} 达到调谐上限，考虑到 $\Delta t_3 \ll T_{r3}$，由式（7－21）、式（7－23）可知：

$$\frac{T_{r1} - T_{r3}}{T_{r1}} = \frac{1}{2n} \tag{7-25}$$

对于重复频率约为 250MHz 的飞秒光频梳，其脉冲周期约为 4ns，当 $\Delta L \approx 6$m 时的脉冲整数 $n \approx 10$，最多需调谐重复频率的 5%，即可使得参考臂与测量臂反射的相邻脉冲重合。当脉冲 a' 和 c' 重合后，由于飞秒光频梳各梳齿间具有稳定的频率和相位关系，通过分析两个脉冲包络干涉的相关性，可以精确调谐重复频率使得两脉冲完全重合，此时用飞行时间法测量光程的时间小数为零，即 $\Delta t_3 = 0$。

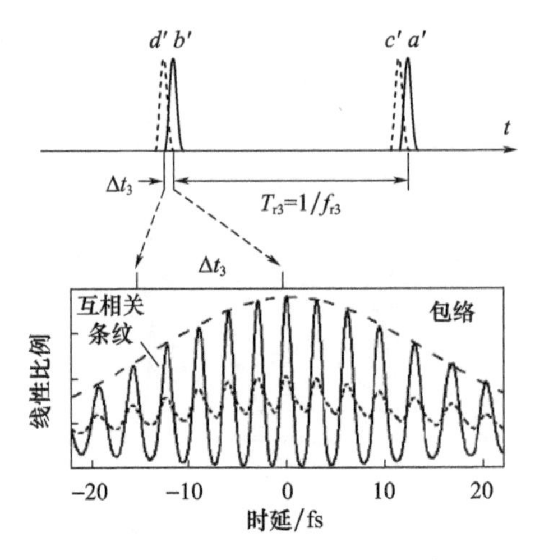

图 7－10　相干条纹辨析测量原理

该组合方法测量的距离差越大，参考臂与测量臂脉冲间隔数越多，重复频率所需调谐范围越小；反之，距离差越小，重复频率所需调谐范围越大。由于飞秒光频梳重复频率的可调范围有限，现阶段该方法只能适用于离散的目标距离值或大距离测量。但飞秒脉冲激光在长距离传播中的重复频率计时跳动和脉冲载波包络相位的抖动噪声会引起包络干涉条纹对比度的下降，从而影响相干条纹辨析的精度。2008 年，荷兰科学家 M. Cui 等人通过实验证实了叶军教授提出的相干条纹辨析的飞秒光学频率梳绝对距离测量理论的合理性，2009 年，该研究组利用重复频率约为 1GHz 的飞秒光频梳，在空气中成功地测量了 50m 距离，测量分辨力为 2 μm。

7.2.5　基于光学平衡互相关的飞行时间法

传统的飞行时间法由于光电探测带宽限制在皮秒水平，因此测距精度一般只能达到毫米量级。利用飞秒脉冲经过非线性晶体时产生的光学互相关特性，能够精确地锁定距离带来的脉冲时延，克服传统飞行时间法定时精度不高的瓶颈问题，使测距精度达到微米甚至纳米水平。2010 年，韩国科学技术院的 J. H. Lee 等人基于光学互相关技术，在 Nature Photonics 上发表了使用飞秒激光器用作长距离测量的相关文献。

在光频梳干涉测距中，使用电场线性相关干涉信号很难准确定位干涉信号的对称中心(对应脉冲重合位置),而利用非线性光学互相关将两个超短脉冲信号在时域内的相对微小时延转化为谐波对应的光强信号,可以更好地衡量脉冲的重合度和判断两个飞秒脉冲的重合位置。在飞行时间测距法中,不妨设$I_1(t)$、$I_2(t)$分别为测量光频梳和参考光频梳的光强,则强度互相关信号的数学表达式为

$$I(\delta) = \int_{-\infty}^{+\infty} I_1(t+\delta) I_2(t)\,\mathrm{d}t \tag{7-26}$$

式中:δ表示两脉冲信号间的相对时延。由此可见,互相关信号的强度是时延δ的函数,在实际测量系统中,强度大小可以通过光学非线性效应获取。但由于强度互相关信号的时间分布不仅仅取决于两个脉冲信号的时延,也受到两个脉冲信号各自强度波动的影响,因此必须消除脉冲信号强度波动带来的影响。

基于光学平衡互相关的飞行时间法的测量系统光路结构如图7-11(a)所示。经过参考光路和测量光路返回的偏振方向互相垂直的两个飞秒脉冲汇合

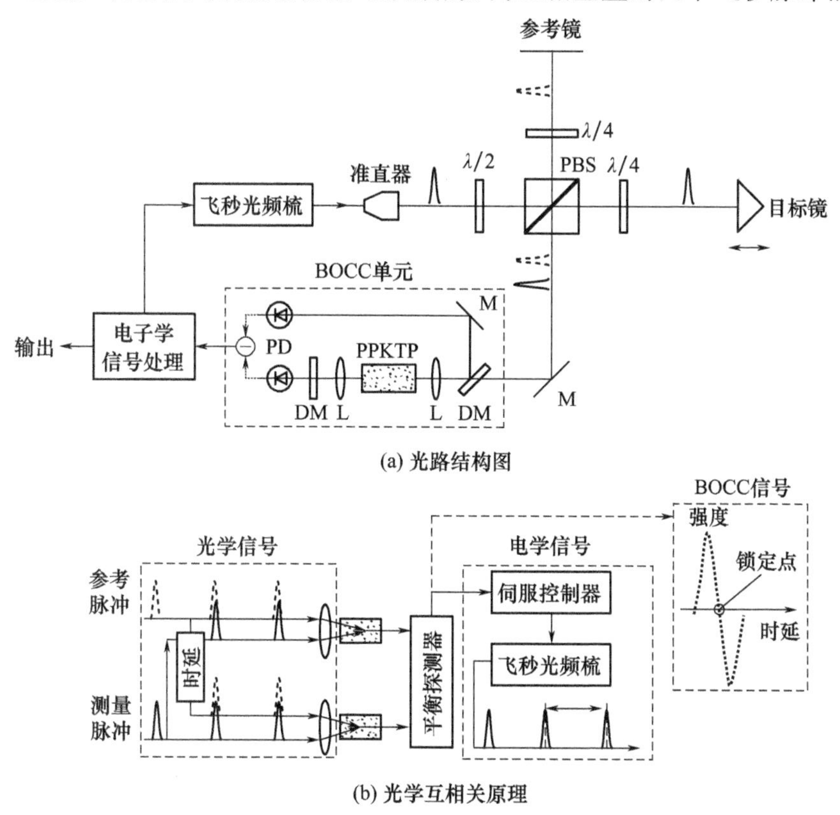

图7-11　基于光学平衡互相关的飞行时间法测距原理

后入射到周期性极化晶体(Periodically Poled KTP,PPKTP)上,PPKTP将产生强度互相关二次谐波信号,且谐波信号的强度随参考脉冲和测量脉冲间的重叠程度的增加而加强。同时,由于晶体的双折射效应,透过晶体的两个飞秒光频梳的基频脉冲会通过双色镜DM返回,又一次在晶体上产生互相关信号,从而得到具有微小时延的另一个互相关二次谐波信号。这两个二次谐波脉冲沿着相反方向传播,将其分别送入平衡光电探测器的两个输入断,得到两个谐波信号的电压差,即平稳光学互相关(Balanced Optical Cross Correlation,BOCC)信号,从而可以消除脉冲强度变化对互相关信号的影响,使得互相关信号的强度与初始相对时延严格对应。BOCC信号用于对重复频率进行动态锁定,实现对超短脉冲的精确定时,将脉冲之间的时间差测量提高到飞秒量级,从而使飞行时间法的测距精度到亚微米甚至纳米量级。

需要说明的是,只有在返回的测量脉冲和参考脉冲存在时域重叠时才会有二次谐波信号产生,且当两个脉冲相互接近时,BOCC信号与二者之间的时延呈高度线性关系,并且信号随时延关于中心零点严格对称。当时延为0时,BOCC信号变成0,且该处的一阶导数的绝对值为最大。通过动态调节飞秒脉冲的重复频率将BOCC信号锁定到预期的信号零点,BOCC信号及零点锁定原理如图7-11(b)所示。

BOCC实质是采用光学互相关技术将目标距离锁定到飞秒光频梳脉冲间距离的整数倍。因此,返回的测量脉冲和参考脉冲的飞行时间差变成脉冲重复周期 $T_r=1/f_r$ 的整数倍,则对应的距离 L 可表示为

$$L=\frac{cm}{2f_{\mathrm{r}}n_{\mathrm{g}}} \tag{7-27}$$

式中:c 是真空中的光速;m 为整数;f_{r} 是脉冲重复频率;n_{g} 是光脉冲在空气中传播的群折射率。继续增量调节重复频率直到BOCC信号再次锁定到拐点,此时的重复频率为 $f_{\mathrm{r}}+\Delta f_{\mathrm{r}}$,则有:

$$L=\frac{c(m+1)}{2(f_{\mathrm{r}}+\Delta f_{\mathrm{r}})n_{\mathrm{g}}} \tag{7-28}$$

联立式(7-27)和式(7-28)可求得整数周期:

$$m=\frac{f_{\mathrm{r}}}{\Delta f_{\mathrm{r}}} \tag{7-29}$$

进一步得到距离:

$$L=\frac{c}{2\Delta f_{\mathrm{r}}n_{\mathrm{g}}} \tag{7-30}$$

基于光学平衡互相关的飞行时间法相对于传统的飞行时间法而言，信号处理简单，数据计算量小，能以较高的采样率实现对测量目标的动态跟踪，因此非常适合于纳米量级的动态跟踪绝对距离测量。另外，该方法在理论上测距范围没有限制，既不存在周期模糊度，也没有相干性限制，未来可应用到诸如使用编队飞行卫星的合成孔径探测以及同广义相对论有关的遥测实验等空间任务中。

但是，该方法在测量距离时需要调谐并锁定重复频率。由于重复频率的可调范围有限，返回的测量脉冲和参考脉冲并非在任何距离点都能实现重叠，会产生测量死区，且死区在脉冲分开的每个长度周期重复出现。当测量距离超过某个阈值时，死区将消失，故现阶段该方法只能适用于离散的目标距离值或大距离测量。当目标距离 $L \geqslant c/(4\Delta F_r \cdot n_g)$ 时，可实现无死区测量，ΔF_r 为重复频率可调带宽。如 $\Delta F_r = \pm 200\text{kHz}$，则目标距离超过 187.5m 时无死区。

7.2.6　多波长干涉法

基于飞秒光频梳的多波长干涉法利用光频梳的精密光学频率尺特性得到一系列准单模激光波长，然后利用虚拟合成波长的方式解得干涉条纹整数信息和绝对距离。多波长干涉法是在单波长干涉的理论基础上发展而来的，不仅保留了单波长干涉测量的纳米量级分辨力和精度，而且通过选用不同干涉波长的虚拟合成波长方法拓展了非模糊度量程，从而实现绝对测距。在波长为 λ_1 的单波长干涉测量系统里，不管是零差干涉还是外差干涉，实测距离 L 都可以表示为

$$L = \frac{\lambda_1}{2n_1}(m_1 + e_1) \tag{7-31}$$

式中：n_1 是波长 λ_1 光在空气中的折射率；m_1 是 $\lambda_1/2n_1$ 的整数倍信息，是未知的；e_1 为其小数倍信息，可由相位测量值 φ_1 得到，且满足 $e_1 = \varphi_1/2\pi$。如果再加入一个激光波长进行干涉测量，则 L 又可表示为

$$L = \frac{\lambda_2}{2n_2}(m_2 + e_2) \tag{7-32}$$

式中：n_2 是波长 λ_2 光在空气中的折射率；m_2、e_2 分别是 $\lambda_2/2n_2$ 的整数倍和小数倍信息。

联立式(7-31)和式(7-32)解得：

$$L = \frac{\lambda_s}{2}(m_2 - m_1 + e_2 - e_1) \tag{7-33}$$

其中，合成波长为

$$\lambda_s = \frac{c}{n_2 \Delta\nu + (n_2 - n_1)\nu_1} \tag{7-34}$$

式中：c 为真空中的光速；$\Delta\nu = \nu_2 - \nu_1$ 为两波长 λ_1、λ_2 对应的频率间隔。利用改进的 Edlen 公式可以精确估计折射率 n_1、n_2 的值，其不确定度为 $\pm 3 \times 10^{-8}$。此时的非模糊度量程为 $\lambda_s/2$，只要被测距离的不确定度 $U_L < \lambda_s/2$，那么就能分别唯一地确定 m_1 和 m_2。进一步将虚拟合成波长的思想扩展到多波长的情况，进而组成多级虚拟合成波长链，并根据各级虚拟合成波长对应的小数条纹，从最高级虚拟合成波长开始，逐级求出合成波长的整数条纹，最终可用单个波长来计算距离量。

基于飞秒光频梳的多波长干涉法典型的实现思路如图 7－12 所示：干涉仪采用两个激光器光源，一个激光器锁频到飞秒光频梳的一根梳模上，波长为固定波长 λ_1，其频率可以用光频梳的锁相拍频、重复频率和载波包络频率表示，即 $f_1 = n_1 f_r + f_o + f_b$。另一个激光器为外腔可调谐激光器（ECLD），频率也可以表示为 $f_t = n_t f_r + f_o + f_b$，波长 λ_t 的调频范围为 $\Delta\nu_t$，一般为几十至上百吉赫。由于 ECLD 的每一次调频都会锁频到光频梳梳模上，因此 $\Delta\nu_t$ 又可以表示为 Nf_r（N 为整数）。为了最低的虚拟合成波长干涉能过渡到单波长干涉，必须保证 λ_1 和 λ_t 之间有足够的波长间隔，$\Delta\nu$ 一般为 THz 量级。如，选择 $\lambda_1 = 1.319\mu m$ 的 Nd：YAG 激光器和 $\lambda_2 = 1.3\mu m$ 的 ECLD，Nd：YAG 激光器锁定到锁模光纤激光器的一个光梳模式，ECLD 依次锁定到锁模光纤激光器的另一个光梳模式，此时 $\Delta\nu \approx 3.3THz$，真空中的合成波长 $\lambda_s \approx 90\mu m$。

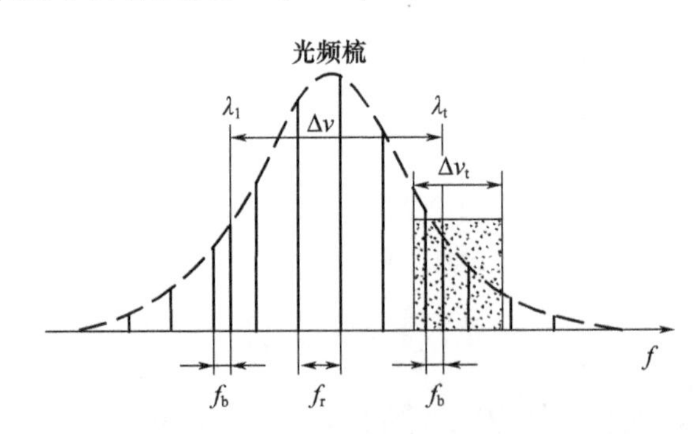

图 7－12　多波长干涉法典型的实现思路

2006 年，韩国科学技术院的 J. Jin 和 Y. J. Kim 等人将飞秒光学频率梳锁定到铷钟上，通过连续调谐 ECLD 来预选出光学频率梳的光学模式，利用由此产生的多个准单色波长进行多波长干涉测量实验。结果表明通过将半导体激光的频率溯源至铷钟频率基准，得到了 1.9×10^{-10} 的激光波长不确定度，该多波长干涉法可以实现高准确度绝对距离测量，并且可确定量块的绝对长度，测量不确定度为15nm。

图7-13给出了多波长干涉法用于标定量块长度的测量原理，测量系统主要由三个部分组成：飞秒脉冲激光器源、可调谐的ECLD和量块干涉仪。飞秒激光器提供光频梳，其所有模式共同锁定到作为频率标准的铷钟上。ECLD用作量块干涉仪工作光源，产生独立的单频激光光束，该光束的频率精确地调谐到光频梳的一系列选定模式上。量块干涉仪完成以多波长干涉为基础的绝对长度标定任务。

当ECLD由光频梳锁定时，通过低通滤波器从不同频率的拍频信号提取出最低拍频信号 f_b。ECLD的允许频率可以表示为 $f_E=nf_r+f_o\pm f_b$，已知值 f_r 和 f_o 锁定到铷钟上。故通过调谐半导体激光器的频率产生 n 和 f_b 的预先设定值，工作激光器可以合成任何有利于绝对距离干涉的光学频率。ECLD通过使用直流电机和压电微驱动器来改变外腔长度在765~781nm波长范围连续可调。调谐工作激光器到选定的光梳模式时，首先使用波长计粗略调谐，然后使用锁相环技术将选择光梳模式的拍频精确锁定到铷钟上。

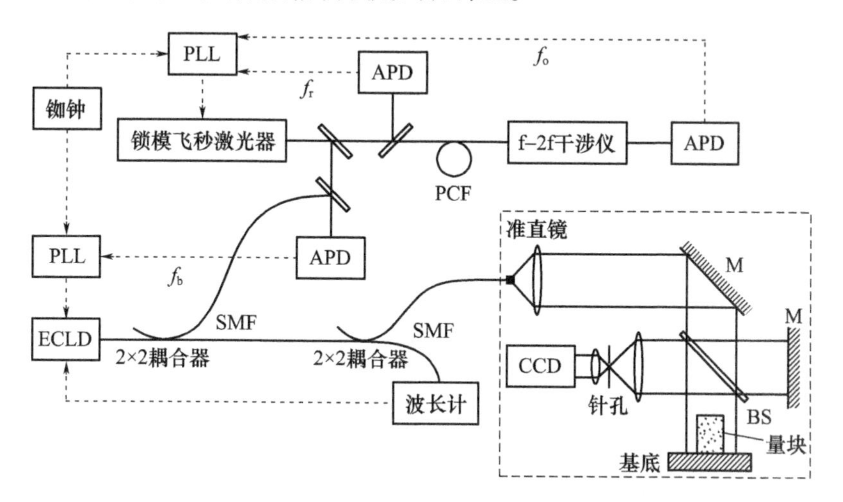

图7-13　基于多波长干涉的量块绝对长度标定系统

PLL—被测孔板；APD—光阑；PCF—光子晶体光纤；SMF—单模光纤；BS—分光器；M—反射镜。

通过调谐ECLD逐一提供多个波长，绝对距离 L 可表示为

$$L=\frac{\lambda_1}{2n_1}(m_1+e_1)=\frac{\lambda_2}{2n_2}(m_2+e_2)=\cdots=\frac{\lambda_N}{2n_N}(m_N+e_N) \tag{7-35}$$

式中：下标 N 表明使用的单个波长的总数。因为所有的 $m_i(i=1,2,\cdots,N)$ 必须是正整数，通过计算公式(7-35)，与被测距离 L 的可能范围联合估计，可确定 L 的唯一解。且要求单波长的最少个数随着距离 L 未知范围的长度而增加。

每次测量时，参考镜有意小范围倾斜，以产生用于条纹分析的正弦曲线载波条纹。选择横越载波条纹的三条代表线：沿着基底的顶端线 B_a、底端线 B_b 和沿着量块的上表面的中心线 G，如图 7-14 所示。对沿着选定线采样的干涉强度数据进行傅里叶变换，并在相对空间载波频率的峰值振幅处提取对应的三个相位值，半波长的小数倍信息可表示为

$$e=\frac{1}{2\pi}\left(\varphi_{G}-\frac{\varphi_{B_a}+\varphi_{B_b}}{2}\right) \tag{7-36}$$

式中：下标 G、B_a 和 B_b 分别表示图 7-14 中描述的三条选定线。

在多波长干涉法中，为实现波长链的衔接，相位测量精度是完成测量的关键，可以采取外差相位测量或者超外差测量的方式来提高测量精度。同时，由于 $\Delta\nu_t$ 可调，因此多波长干涉法的量程理论上可以做到足够大。当在空气中进行距离测量时，因受大气折射率测量准确度的限制，多波长方法的测距非模糊度量程只能做到几米到几十米的量级。

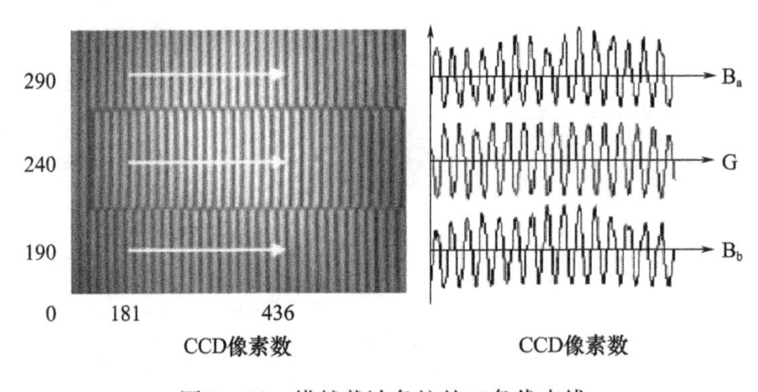

图 7-14　横越载波条纹的三条代表线

7.2.7　调频连续波测距法

基于飞秒光频梳的调频连续波(Frequency Modulated Continuous Wave,FMCW)测距法也是利用飞秒光频梳的精密光学频率尺特性，通过其宽光谱频率带宽和精确的重复频率间隔从而对 FMCW 的频率调制进行标定。当使用 FMCW 进行测距时，测量臂返回信号相对参考臂返回信号存在一个时延 τ，由于激光器光源一直在做快速扫频，因此参考信号和测量信号之间会存在一个外差拍频

f_b,通过测量该差拍信号的频率来间接测量目标距离。一般地,以线性连续波调频为例,假设调频模式为严格线性,则目标距离可以表示为

$$L = \frac{c\tau}{2} = \frac{cf_b}{2\alpha} \tag{7-37}$$

式中:α是频率扫描速率。由式(7-37)可知目标距离与差拍频率成正比,测距分辨力主要由频率扫描速率决定,为了获取高分辨力的实时测距必须在短时间内完成宽频扫描。影响测距精度的因素很多,最主要的制约因素是调频线性度,即频率扫描速率不是理想的常数。

为了更加准确地获取调频线性度,可引入飞秒光频梳利用其宽光谱精确频率测量的能力对调频进行标定。基于飞秒光频梳的FMCW绝对测距原理如图7-15所示,用于形成拍频的光路是经典的迈克尔逊干涉仪,ECLD一部分出射光经过光纤耦合器和飞秒光频梳光信号进行混频,所产生的拍频信号由探测器转化为电信号后,由频率计数模块对拍频f_c进行累加频率计数,同时f_b和f_c需要使用相同的时钟信号进行采样。飞秒光频梳的重复频率在这里不仅可以作为频率标定的刻度,且因其与标准时间信号同源,故同步时钟的时间精确度和频率标定精确度可同时溯源到原子钟,此时的扫描速率$\alpha(t)$可以得到标定,则时延τ可由$f_b/\alpha(t)$得到。

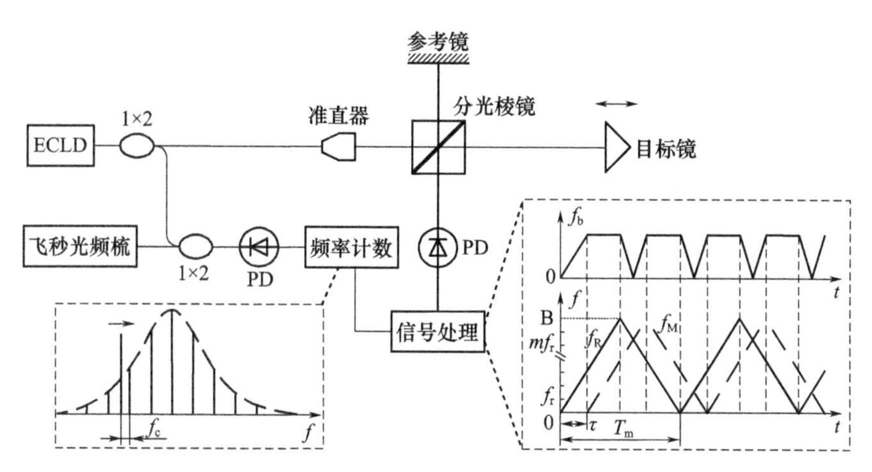

图7-15　基于飞秒光频梳的FMCW绝对测距原理

基于飞秒光频梳的FMCW方法能同时实现准确、高精度、快速的大尺寸绝对距离测量,除线性调频法外,还利用正弦调频的方式来提高其瞬时调频速率,从而提高测距精度。FMCW方法利用差频f_b来进行距离计算,由于对f_b的探测能力有限,因此必须综合考虑扫频速率和时延,其测距量程不可能做到很大,动

态量程也相对有限。

7.3 激光频率标尺

飞秒光频梳建立了微波频率与光波频率的联系，飞秒脉冲在频域内可视为一把具有极高精确度且可溯源的激光频率标尺，其相邻频率间隔为脉冲重复频率f_r，零点校准频率为偏置频率f_o。激光频率标尺可用于对任意覆盖范围内的激光频率进行绝对测量，也可通过偏频锁定方式锁定工作激光器的频率，由光频梳作为桥梁将测量结果溯源至频率基准。

7.3.1 激光频率绝对测量

利用飞秒光频梳测量某一激光的绝对频率，待测激光频率f_x可表示为

$$f_x = N \cdot f_r \pm f_o \pm f_b \tag{7-38}$$

式中：f_b为待测激光频率与第N个光梳齿的拍频，且f_r、f_o和f_b均为正值。当光频梳锁定至频率基准后，f_r和f_o可精确测得，为确定整数级次N和f_r、f_o的符号，待测激光频率的初值应准确到$\pm f_r/4$。目前的商用波长计的频率测量不确定度可达10^{-8}，满足待测激光频率的粗测要求。

无须使用商用波长计对待测激光频率进行粗测，只使用飞秒光频梳也可以对激光频率进行精密测量。用式(7-38)计算待测激光频率可分为两步：①确定f_r和f_o的符号；②测定与待测激光频率最邻近的光梳齿整数级次N。f_r和f_o的符号可通过微调f_r和f_o，并测量光频梳与待测激光最小拍频的频率变化而获得。调谐脉冲重复频率f_r类似于拉伸一个一端固定的橡皮筋，光频梳的梳齿间隔增加，但是高阶梳齿的频率变化量会高于低阶梳齿的频率变化量。而调谐偏置频率f_o则不同，光频梳的梳齿间隔保持不变，所有梳齿频率整体增加或减小。所以，若固定f_o且增加f_r而拍频频率减小，则f_r的符号为正，反之则为负；若f_r的符号为正且增加f_o而拍频频率减小，则f_o的符号为正，若f_r的符号为正且增加f_o而拍频频率增加，则f_o的符号为负；若f_r的符号为负且增加f_o而拍频频率减小，则f_o的符号为负，若f_r的符号为负且增加f_o而拍频频率增加，则f_o的符号为正。整数级次N的测量与多波长干涉中的小数重合法的测量原理相似，通过微调飞秒光频梳的脉冲重复频率f_r，测量待测激光与多个整数级次梳齿的拍频，可计算得到N。调谐f_r至f'_r，与待测激光相拍频的光梳齿的整数级次由N变为N'，且满足$N' = N + m$，m为梳齿整数级次的变化数，此时的待测激光频率

可表示为

$$f_x = (N+m)f_r' \pm f_o' \pm f_b' \tag{7-39}$$

式中：f_o'和f_b'分别为拍频梳齿整数级次为N'时的偏置频率和梳齿与待测激光频率的拍频。则联立式(7-38)和式(7-39)，可得光梳齿整数级次N满足：

$$N \approx \frac{(mf_r' \pm f_o' \pm f_b') - (\pm f_o \pm f_b)}{f_r - f_r'} \tag{7-40}$$

考虑脉冲重复频率为f_r时激光拍频的测量不确定度u，式(7-38)应改写为

$$f_x = N \cdot f_r \pm f_o \pm f_b + u \tag{7-41}$$

再由式(7-39)和式(7-40)可得拍频梳齿整数级次N的测量不确定度为

$$u_N = \frac{u - u'}{f_r - f_r'} \tag{7-42}$$

式中：u'为脉冲重复频率为f_r'时的拍频测量不确定度。假设u和u'均为±1kHz，则为达到$u_N < 0.5$的整数测量精度，脉冲重复频率的调谐量应大于4kHz。

除采用以上连续调谐f_r的方式测量待测激光与光频梳最邻近梳齿整数级次N外，也可选用两个相差足够大的脉冲重复频率($|f_r - f_r'| \gg |u - u'|$)分别测量待测激光频率来确定$N$。由式(7-38)和式(7-39)可得：

$$N = N'\frac{f_r'}{f_r} + \frac{(\pm f_o' \pm f_b') - (\pm f_o \pm f_b)}{f_r} \tag{7-43}$$

由式(7-43)可知，满足N和N'的应为间隔$1/(f_r'/f_r - 1)$的正整数集。假设f_r和f_r'分别为250.0MHz和250.1MHz，N和N'应均为间隔2500的整数。由此，只须粗略地知道待测激光频率就可以确定与该频率激光相拍频的光频梳的整数级次。

7.3.2　激光频率锁定与溯源

尽管飞秒光频梳可提供溯源至频率基准的宽光谱激光，但是频率可溯源、可调谐且具有一定功率的单一频率连续激光在干涉精密计量等领域的应用仍非常广泛。工作激光f_{DL}与光频梳拍频，利用激光偏频锁定方式可锁定f_{DL}至与其频率相邻的光频梳的梳齿。利用光频梳作为频率传递的桥梁，f_{DL}溯源至频率基准并具有相同的频率稳定度，闭环控制工作激光器可实现f_{DL}在多梳齿间连续调谐，而且一般商用的可调谐半导体激光器的光功率均在毫瓦量级，远大于光频梳单梳齿的功率。

外腔可调谐半导体激光器因其具有频率可调谐的特点在多波长干涉、相移

干涉和频率跟踪测量等方面有着独特优势，如将飞秒光频梳系统用于对 ECLD 频率的锁定和溯源，其测量精度和计量意义都将得到加强。2010 年，Hyun 等将锁定至光频梳的 ECLD 应用于基于声光调制的迈克尔逊外差干涉仪系统，用于长距离位移测量。2009 年，Bitou 提出将 ECLD 锁定至法布里－珀罗（F－P）腔并由光频梳测量 ECLD 的频率，由其频率变化得到 F－P 腔长度的变化，长度分辨率可达 1.3nm。

除上述拍频锁定方法外，通过滤波方式提取飞秒光频梳的某一梳齿并进行半导体注入放大也可以获得单一频率连续激光。2009 年，Kim 利用光纤光栅和光纤 F－P 滤波器获得功率仅为 40nW 的飞秒光频梳的单一光梳齿，并通过半导体注入放大的方式将其功率放大至 20mW，其在 10s 积分时间内的频率稳定度可达 2×10^{-15}。

7.4 精密光谱测量

飞秒光频梳用于精密光谱测量主要有两大类方法：一类是利用光频梳作为频率标尺标定连续激光器并将其用于光谱测量；另一类则是将光频梳直接用于光谱测量，该方法通常采用高精细度 F－P 腔作为样品池以增强光频梳与待测样品间的相互作用。利用光频梳作为频率标尺标定连续激光器并用于光谱测量，相对于传统的基于连续激光器的吸收光谱测量，可实现连续激光器频率的可控和溯源，提高了光谱分辨率。直接光频梳光谱技术可利用光频梳的全光谱进行测量，类似于使用无数个频率和相位稳定的窄线宽激光，且其光谱分辨率受限于单个梳齿的线宽，通常在千赫至亚赫量级。高精细度 F－P 腔增加了光子在腔内的往返次数，可使有效吸收光程增长 $1/(1-R)$ 倍。飞秒光频梳入射至高精细度 F－P 腔，在频域上只有满足 F－P 腔自由光谱范围整数倍的频率梳齿才可以透射，而在时域上飞秒激光脉冲在 F－P 腔中经过 n 次往返后可与另一新入射脉冲相重合。飞秒光频梳经过 F－P 腔中样品吸收后，每个梳齿的透射电场强度 E_t 与入射电场强度 E_i 之比为

$$\frac{E_{t}}{E_{i}}=\sum_{n=1}^{\infty}(1-R)R^{n-1}\exp\left[-\frac{(2n-1)\alpha L}{2}\right]\exp[\mathrm{i}\varphi_{n}(t)] \qquad (7-44)$$

式中：R 为 F－P 腔镜的反射率；n 为脉冲在 F－P 腔中的往返次数；α为吸收系数；L 为 F－P 腔的腔长；$\varphi_n(t)$ 为脉冲在 F－P 腔内传播的相位延迟，可表示为

$$\varphi_{n}(t)=2\pi(2n-1)\left[L\frac{\nu(t)}{c}-(n-1)\beta\frac{L^{2}}{c^{2}}\right] \qquad (7-45)$$

式中：$\nu(t)$为每个入射梳齿的频率；β为入射光频相对F－P腔透射峰的扫描频率。飞秒光频梳透射F－P腔的光强可由$I_t = E_t E_t^*$获得。

2002年，Gherman等第一次使用中心波长860nm、脉宽100fs的Ti：Sa飞秒激光和腔长92cm、精细度420的F－P腔测量了乙炔的吸收光谱，该系统的有效吸收光程约为120m，在4nm吸收光谱范围内实现了约为0.2cm^{-1}的光谱分辨率。近年来，飞秒光频梳的性能不断提升，利用非线性效应其光谱可覆盖紫外至中红外，基于腔增强的光频梳直接光谱技术因其具有光谱测量范围大、光谱分辨率高和测量灵敏度高等优势而被广泛研究。图7－16为几种腔增强直接光频梳光谱技术测量方案。图7－16(a)为将飞秒光频梳直接应用至腔衰荡光谱测量，并利用衍射光栅和可旋转的反射镜提高光谱分辨率，其测量光谱在可见光到近红外波段，在100nm的光谱范围内实现了0.8cm^{-1}的光谱分辨率。图7－16(b)所示为利用掺Er光纤飞秒激光获得1.5～1.7μm的光频梳并对CO_2、CO和NH_3等气体的近红外光谱进行测量，利用虚拟成像相位阵列(VIPA)和光栅将200nm测量光谱范围的光谱分辨率提高至800MHz。图7－16(c)则是利用掺Yb光纤飞秒激光和光学参量振荡获得光谱范围在2.8～4.8μm的光频梳，对待测气体进行基于迈克尔逊干涉仪的快速傅里叶变换(FFT)光谱进行测量，光谱分辨率可达0.0056cm^{-1}。图7－16(d)表示利用飞秒光频梳的频域特性，通过扫描重复频率选择不同的光梳齿与F－P腔谐振，其光谱分辨率仅受限于光频梳的梳齿线宽。

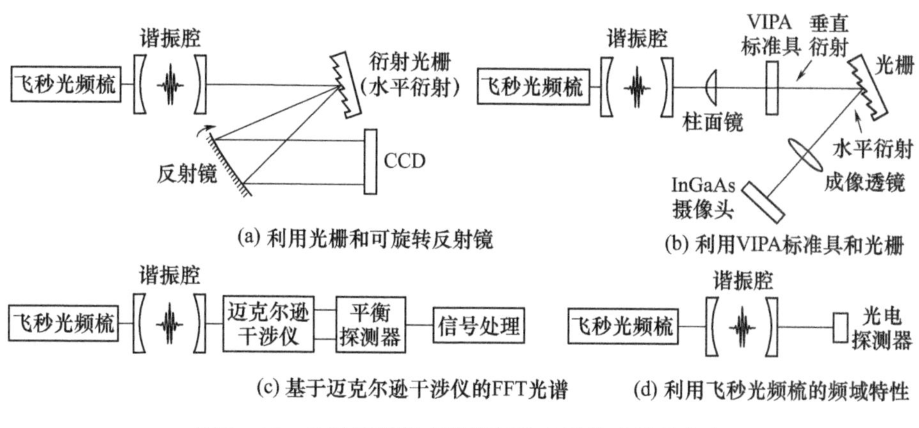

图7－16　几种腔增强直接光频梳光谱技术测量方案

利用两台重复频率略有差别的飞秒光频梳组成的双光频梳系统也可用于精密光谱测量，测量原理与用于绝对距离测量的双光频梳技术相似，通过测量一台飞秒光频梳经过待测样品后的幅值和相位而得到光谱信息，如图 7－17 所示。一台光频梳经过腔增强光谱吸收池后与另一台光频梳合光并入射至探测器，将探测器得到的两台光频梳的干涉信号进行傅里叶分析可得待测样品的光谱信息。双光频梳技术与腔增强吸收光谱、傅里叶变换光谱相结合的光谱测量方法，相比于上述的其他直接光频梳光谱技术，测量系统无须任何机械移动，测量速度更快，而且光谱分辨率和信噪比更高。

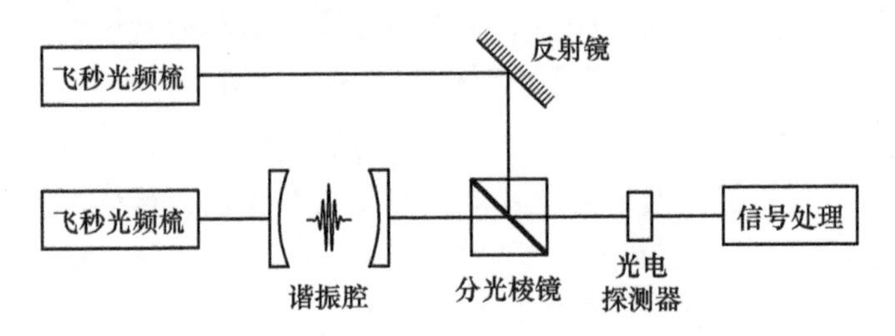

图 7－17　双光频梳用于光谱测量的原理

第 8 章　其他激光测量技术

本章介绍其他激光测量技术，包括激光测距、激光三角法测量、激光扫描测径、激光多普勒测速、激光准直等内容。

8.1　激光测距

激光测距是以激光为发射源，利用光波传播距离 L 等于光速 c 与传播时间 t 的乘积这一基本原理进行测距的。由于光在给定介质的传播速度是一定的，因此只要测得往返时间 t，就能由 $L = ct/2$ 计算出被测距离。根据往返时间的测量方法，激光测距可分为脉冲测距法和相位测距法，下面分别做简单介绍。

8.1.1　脉冲激光测距

1. 脉冲激光测距原理

脉冲激光测距是利用激光脉冲持续时间极短，能量在时间上相对集中，瞬时功率很大的特点，在有合作目标的情况下，脉冲激光测距可以达到极远的测程，在进行几千米的近程测距时，如果精度要求不高，即使不使用合作目标，只是利用被测目标对脉冲激光的漫反射取得反射信号，也可以进行测距。目前，脉冲激光测距方法已获得了广泛的应用，如地形测量、战术前沿测距、导弹运行轨道跟踪、人造卫星轨道高度测量、地球到月球距离测量等。

脉冲激光测距仪的基本原理如图 8－1(a)所示，一般由脉冲激光发射系统、接收系统、门控电路、时钟脉冲振荡器和计数器等组成。

工作时，首先对准目标，启动复位开关，复原电路给出复原信号，使整机复原，准备进行测量。同时触发脉冲激光器，产生激光脉冲。该激光脉冲有一小部分能量由取样器直接送到接收系统(该信号称为参考信号)，绝大部分激光能量射向被测目标，由目标把激光能量反射回接收系统得到回波信号(也称测距信号)。参考信号和回波信号先后经光学系统聚焦并通过光阑和干涉滤光片到达光电探测器上变换为电脉冲信号。由探测器得到的电脉冲信号经放大器和整形电路后,输出一定形状的负脉冲到控制电路,如图 8-1(b)所示。由参考信号产生的负脉冲经控制电路去打开电子门,此时时钟振荡器产生的时钟脉冲可通过电子门进入计数器开始计时。经过时间 t 后,回波脉冲经放大和整形后产生的负脉冲经控制电路去关闭电子门,计时停止。根据计数器的输出即可计算出待测目标的距离:

$$L=\frac{t}{2}c=\frac{n\tau}{2}c \tag{8-1}$$

式中:n 为计数脉冲个数;τ为时钟脉冲的重复周期。

从式(8-1)可以看出,时钟振荡频率取得越高,测量分辨率越高。但最小分辨距离并不能由计数系统单独提高,它主要取决于激光脉冲的上升时间。

对式(8-1)求偏导,可得:

$$\frac{\delta L}{L}=\frac{\delta c}{c}+\frac{\delta t}{t} \tag{8-2}$$

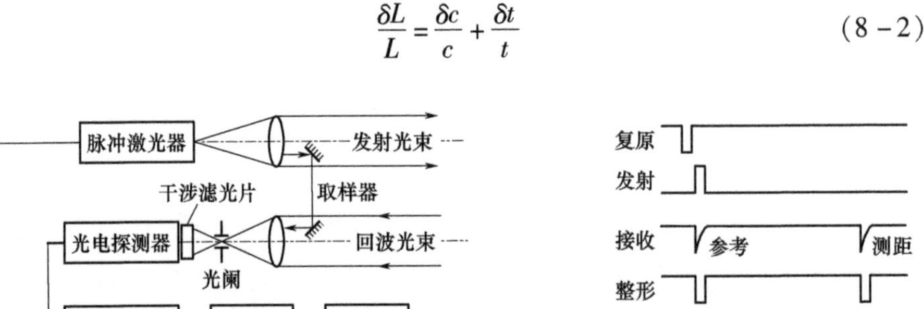

图 8-1　脉冲激光测距仪

光速 c 的精度主要依赖于大气折射率 n 的测定误差,其相对误差 $\delta c/c\approx 10^{-6}$,因此对于中短距离脉冲激光测距仪来说,测距精度主要决定于往返时间 t 的测量误差。影响 δt 的因素很多,如激光的脉冲宽度、反射器(或反射目标)和接收光学系统对激光脉冲的展宽、测量电路对脉冲信号的响应延迟、计数器的频率上限等,其中最主要的是脉冲宽度。可采用"锁模技术"压缩激光脉冲宽度和获得更大的峰值功率,同时研制高分辨率的光电探测器和高速电子计数器。如锁模激光器发射的脉冲宽度可达 10^{-13} s，输出峰值功率达 10^{12} W 以上。

2. 发射系统

发射系统由激光器和发射光学系统组成。发射光学系统通常采用倒置的伽利略望远镜，可使激光束的发散角进一步压缩，达到 mrad 量级，使得单位立体角的光能量增大，目标上的光照度相应增加，有利于提升作用距离。激光器输出的光脉冲峰值功率极高，一般在兆瓦量级，脉冲宽度在 10ns 量级，用于脉冲激光测距的光源有很多。例如，用半导体激光器做光源的测距仪，具有体积小、重量轻、对人眼安全等特点，适合于近程、短程激光测距领域。掺钕钇铝石榴石（Nd：YAG）激光测距仪工作在 1.06 μm 的近红外光波段，具有隐蔽性强、效率高、体积小、重复频率高等优点，并发展得比较成熟，已进入广泛应用阶段。CO_2 激光测距仪工作波长为 10.6 μm 的远红外光波段，克服了 Nd：YAG 激光测距仪的缺点，具有对大气的穿透能力强、与 8 ~ 12 μm 波段的热成像系统兼容、对人眼安全等优点，非常适合于军事应用。

3. 接收系统

接收系统由接收光学系统、光电探测器、低噪声宽带放大器和整形电路组成。脉冲激光回波信号通过接收物镜、光阑及干涉滤光片后到达光电探测器上，光电探测器把光信号转变成电信号，再经过低噪声宽带放大器送到整形电路，如图 8-1（a）所示。接收物镜口径越大，收集光能量越多，但经常受到结构尺寸的限制。光阑的作用是限制视场角，阻挡杂光进入系统。干涉滤光片只允许激光信号光谱进入系统，阻止背景光谱进入探测器，从而有效地降低背景噪声，提高信噪比。光电探测器不仅要有较高的探测灵敏度，而且要有较短的响应时间（比光脉冲宽度短到两个数量级），常选用光电倍增管、光电二极管和光电三极管。如 Nd：YAG 激光测距仪，选用对 1.06 μm 激光性能非常好的 Si 雪崩光电探测器（Si-APD）。由于远离目标的回波脉冲极其微弱，放大器自身噪声应尽可能低，且脉冲宽度在 10ns 量级，信号带宽可达几十兆赫，故必须选用低噪声的宽带放大器，以防回波信号发生畸变。

目前，广泛使用的手持式和便携式激光测距仪，作用距离为数百米至数十千米，测量精度为米量级。测量地面到卫星距离的高精度测距仪，对专供测距用的装有角反射器的人造卫星进行测距已达到厘米级，卫星运行轨道高度从几百千米到上万千米。

8.1.2 相位激光测距

1. 相位激光测距原理

相位法测距是通过测量从测距仪器发出的连续调制光在待测距离上往返所产生的相位移来计算待测距离的方法，比脉冲测距法有更高的测距精度，适用于民用测量，如大地测量和地震测量等。

相位测距是通过对光的强度进行调制来实现测距的，如图 8－2 所示。测距仪发射系统发射出按某一频率 f_s 变化的正弦调制光波，该光波到达被测物体的合作目标上，通常用一块反射棱镜作为合作目标，该棱镜把入射光束反射回去，且保证反射光的方向与入射光完全一致。在测距仪接收端获得调制光波的回波，经光电转换后得到与光波调制波频率完全相同的电信号。此电信号经放大后与光源的驱动电压相比较，测得两个正弦电压的相位差，根据所测相位差就可算得所测距离。

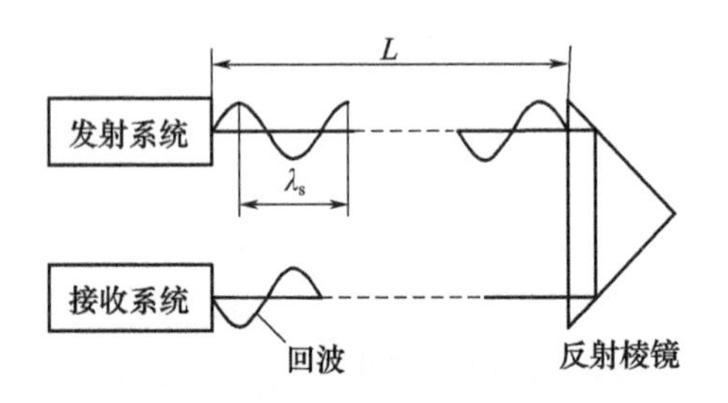

图 8－2 相应测距原理

设在往返时间 t 内，激光载波的相位移动为 φ，且

$$\varphi = 2\pi f_s t = 2m\pi + \Delta\varphi \quad (m = 0, 1, 2, \cdots) \tag{8-3}$$

由式(8－3)可导出被测距离：

$$L = \frac{t}{2}c = \frac{\varphi c}{4\pi f_s} = \frac{\lambda_s}{2}(m + \Delta m) = L_s(m + \Delta m) \tag{8-4}$$

式中：$\lambda_s = c/f_s$ 为调制光波波长；$L_s = \lambda_s/2$ 为测尺长度，可作为度量距离的一把“光尺”；m 为相位 2π 的整周期数；$\Delta m = \Delta\varphi/2\pi$ 是小数。需要指出的是，相位测量技术只能测量出不足 2π 的相位尾数，即只能确定小数 Δm，即用鉴相法只能测量距离：

$$L = \frac{\lambda_s}{2}\frac{\Delta\varphi}{2\pi} = L_s\frac{\Delta\varphi}{2\pi} \tag{8-5}$$

当 $\Delta\varphi = 2\pi$ 时，最大可测距离，即测尺长度 $L_s = c/2f_s$。因此降低调制光波频率,可提高测距范围;但由于相位测量精度不可能无限提高,在扩大测距范围的同时,测距精度相应变低。为实现长距离高精度测量,可同时使用 L_s 不同的几把光尺,最短的光尺用于保证必要的测距精度,最长的光尺用于保证测距仪的量程。目前,相位测距技术主要有直接测尺频率和间接测尺频率两种方式。

2. 相位测距方式

1)直接测尺频率

由于测尺长度 L_s 和测尺频率 f_s 一一对应,直接测尺频率方式就是选用一组不同的测尺频率分别进行测量,每一个测尺频率直接对应一个测程。如果测距仪测程为100km,要求精确到1cm,测相精度为0.1%,则需要三把光尺,即 $L_{s1}=10^5\text{m}$、$L_{s2}=10^3\text{m}$ 和 $L_{s3}=10\text{m}$,对应的光强调制频率为 $f_{s1}=1.5\text{kHz}$、$f_{s2}=150\text{kHz}$ 和 $f_{s3}=15\text{MHz}$。显然要求相位测量电路在如此宽的频带内均保证0.1%的测量精度是难以做到的,故直接测尺频率一般应用于中短程测距,如 GaAs 半导体激光短程相位测距仪。

2)间接测尺频率

为了使相位法测距获得较大的测程,大都采用间接测尺频率方式。若用两个频率为 f_{s1} 和 f_{s2} 的调制光分别测同一距离,由式(8-4)可知:

$$L=L_{s1}(m_1+\Delta m_1) \tag{8-6}$$

$$L=L_{s2}(m_2+\Delta m_2) \tag{8-7}$$

将式(8-6)两边乘以 L_{s2}、式(8-6)两边乘以 L_{s1},再做相减运算,可得:

$$L=L_s(m+\Delta m) \tag{8-8}$$

式中:

$$L_s=\frac{L_{s1}L_{s2}}{L_{s2}-L_{s1}}=\frac{c}{2(f_{s1}-f_{s2})}=\frac{c}{2f_s} \tag{8-9}$$

$$m=m_1-m_2 \tag{8-10}$$

$$\Delta m=\Delta m_1-\Delta m_2 \tag{8-11}$$

$$f_s=f_{s1}-f_{s2} \tag{8-12}$$

在以上公式中,f_s 是一个新的测尺频率,L_s 是与 f_s 对应的新的测尺长度。用 f_{s1} 和 f_{s2} 分别测量某一距离时,所得相位尾数 $\Delta\varphi_1$ 和 $\Delta\varphi_2$ 之差,与用 f_{s1} 和 f_{s2} 的差频频率 f_s 测量该距离时的相位尾数 $\Delta\varphi$ 相等。间接测尺频率方式正是基于这一原理进行测量的,即通过测量 f_{s1} 和 f_{s2} 频率的相位尾数并取其差值来间接测定相应的差频频率的相位尾数。通常把 f_{s1} 和 f_{s2} 称为间接测尺频率,把差频频率 f_s 称为相当测尺频率。表8-1列出了在相位测量精度为0.1%时,不同间接测尺频率及其对应的相当测尺频率、测尺长度和测距精度。

表 8－1　间接测尺频率及其相当测尺频率、测尺长度和测距精度

	间接测尺频率	相当测尺频率	测尺长度	测距精度
f_{s1}	15MHz	15MHz	10m	1cm
f_{s2}	$0.9f_{s1}$	1.5MHz	100m	10cm
	$0.99f_{s1}$	150kHz	1km	1m
	$0.999f_{s1}$	15kHz	10km	10m
	$0.9999f_{s1}$	1.5kHz	100km	100m

由表(8－1)可知，各间接测尺频率非常接近，最大频率差仅为 1.5MHz，不仅可使放大器和调制器能够获得相接近的增益和相位稳定性，而且各频率对应的石英晶振也可统一。

3. 相位检测技术

相位检测一般采用差频测相技术，其原理如图 8－3 所示。

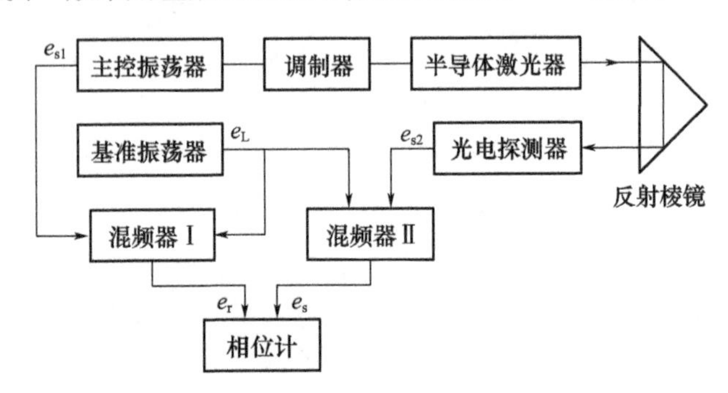

图 8－3　差频测相原理

设主控振荡器的信号为

$$e_{s1}=A\cos(\omega_s t+\varphi_s) \tag{8-13}$$

经过合作目标反射后的回波信号经光电探测器变换后的电信号为

$$e_{s2}=B\cos(\omega_s t+\varphi_s+\Delta\varphi) \tag{8-14}$$

式中：$\Delta\varphi$ 表示相位的变化量。设基准振荡器信号为

$$e_L=C\cos(\omega_L t+\varphi_L) \tag{8-15}$$

把 e_L 送到混频器Ⅰ和Ⅱ，分别与 e_{s1} 和 e_{s2} 混频，得到差频参考信号和测距信号，分别为

$$e_r=D\cos[(\omega_s-\omega_L)t+(\varphi_s-\varphi_L)] \tag{8-16}$$

$$e_s=E\mathrm{cosos}[(\omega_s-\omega_L)t+(\varphi_s-\varphi_L)+\Delta\varphi] \tag{8-17}$$

由式(8－16)和式(8－17)可知，差频后得到的两个低频信号的相位差和

直接测量高频调制信号的相位差是一样的，因此相位计通常可选取频率为几千赫到几十千赫。目前相位检测常用数字相位测量方法，测相精度可达 2′～4′，并具有速度快、自动化程度高等优点。

相位测距仪既能保证大的测量范围，又能保证较高的绝对测距精度，因此得到了广泛应用，但其测量精度受到大气温度、压力和湿度等因素的影响。

8.2　激光三角法测量

激光三角法具有非接触、结构简单、测量速度快、实时处理能力强、使用灵活方便、不易损伤表面、材料适应性广等特点，近年来，随着半导体、光电子及计算机等技术的发展，激光三角法测量技术在长度、距离及三维形貌等检测中得到了广泛的应用。

8.2.1　测量原理

激光三角法利用一束激光经光学系统调节后照射到被测物体表面，形成一个激光光斑，经过被测物体表面反射（或散射）后通过接收物镜成像在光电探测器的光敏面上。当被测物体移动时，光斑相对于接收物镜的位置发生变化，对应像点在光电探测器光敏面的位置也将发生改变，根据像点位置的变化量和测量系统的结构参数可求出被测点的位移信息。由于入射光线和反射光线构成一个三角形，所以该方法被称为激光三角法。

按入射光线与被测物体表面法线的关系，单点式激光三角法可分为直射式和斜射式两种，其测量原理如图 8－4 所示。

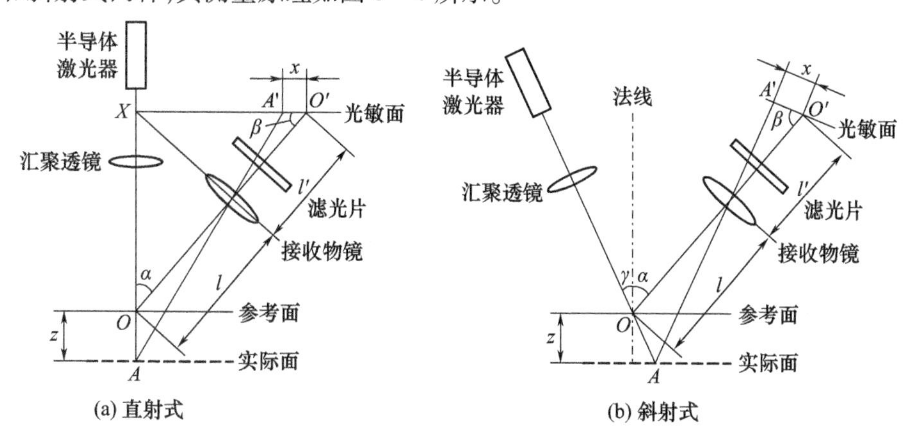

图 8－4　激光三角法测量原理

1. 直射式

直射式激光三角法的光路如图8-4(a)所示，激光器发出的光线经会聚透镜聚焦后垂直入射到被测物体表面上的A点，会聚透镜的光轴与接收物镜的光轴交于参考面上的O点。接收物镜接收来自入射光点A处的散射光，并将其成像在探测器光敏面上的A'点，O点经接收物镜成像在光敏面上的O'点。当物体移动或其表面高度变化时，入射光点将沿入射光轴移动，导致像点在探测器上移动。

为保证在测量范围内被测点在整个探测器上成像清晰，光路设计必须满足斯凯普夫拉格条件(Scheimpflug Condition)，即成像面、物面和透镜主面必须相交于同一直线，如图8-4(a)中X点所示，且满足：

$$l\tan\alpha = l'\tan\beta \tag{8-18}$$

式中：α是投影光轴与接收物镜光轴的夹角；β是光电探测器光敏面与接收物镜光轴的夹角；l是投影光轴和接收物镜光轴的交点O到接收物镜前主面的距离，即物距；l'是接收物镜后主面到成像面中心点O'的距离，即像距。此时投影光束光轴与光敏面之间成物象共轭关系，一定景深范围内的被测点都能正焦成像在探测器上，从而可保证测量精度。

若光点在成像面上的位移为x，根据简单的几何关系，可得到被测面在沿轴方向的位移：

$$z = \frac{xl\sin\beta}{l'\sin\alpha \pm x\sin(\alpha+\beta)} \tag{8-19}$$

当实际面在参考面下时取"⊖"号，在参考面上时取"⊕"号。

式(8-19)可改写为

$$z = \frac{Ax}{B \pm x} \tag{8-20}$$

式中：$A = l\sin\beta/\sin(\alpha+\beta)$、$B = l'\sin\alpha/\sin(\alpha+\beta)$为测量系统的固定参数。由式(8-20)可知，被测位移z和像移x之间为非线性关系。当物体偏移较小时，式(8-19)可以近似为线性关系：

$$z = \frac{xl\sin\beta}{l'\sin\alpha} \tag{8-21}$$

可以证明，通过缩小测量范围、增大接收物镜的共轭矩、增大三角法测量系统的角度、缩小接收物镜的放大倍率，改善三角法测量的非线性。

式(8-19)对x求导，可得到输入输出曲线的斜率，即激光三角法的放大倍率：

$$\rho=\frac{\mathrm{d}z}{\mathrm{d}x}=\frac{ll'\sin\alpha\sin\beta}{[l'\sin\alpha\pm x\sin(\alpha+\beta)]^2} \tag{8-22}$$

放大倍率决定了测量系统的分辨率,而放大倍率不但取决于系统参数,还是像移 x 的函数。

2. 斜射式

斜射式激光三角法的光路如图8-4(b)所示,激光器发出的光线和被测面的法线成一定角度入射到被测面上。若光点在成像面上的位移为 x,可得到被测面在沿法线方向的位移:

$$z=\frac{xl\sin\beta\cos\gamma}{l'\sin(\alpha+\gamma)\pm x\sin(\alpha+\beta+\gamma)} \tag{8-23}$$

式中:γ为投影光轴与被测面法线之间的夹角;α为接收物镜光轴与被测面法线之间的夹角。同样,当实际面在参考面下时取"⊖"号,在参考面上时取"⊕"号。此时斯凯普夫拉格条件条件可表示为

$$l\tan(\alpha+\gamma)=l'\tan\beta \tag{8-24}$$

直射式和斜射式激光三角法的主要区别如下:

(1)直射式接收的是散射光及漫反射光,适合于测量散射性能好的表面,可用于表面粗糙度不太高的被测物,否则可能因接收到的散射光强过弱而存在测量盲区;斜射式接收的主要是镜面反射光,适合于测量表面接近镜面的被测物。

(2)斜射式在被测物体发生位移时,入射光斑会照射在物体的不同位置,故无法直接得到被测物体表面某点的位移情况,但可以通过标定的方法得到其位移值;直射式的光斑和位置是一一对应的,可直接得到被测点的位移值。

(3)直射式的光斑较小,光强集中,测量头体积较小;斜射式的光斑较大,测量分辨率高,但测量范围较小,体积较大。

8.2.2　测量系统

1. 硬件组成

激光三角法测量系统的主要硬件包括光源、聚焦透镜、接收物镜和光电探测器。光源一般采用半导体激光器,具有体积小、重量轻、全固化、成本低等优点,且发射激光高度的连续性和可见性非常好。聚焦透镜将具有一定直径的激光束聚焦在被测物体表面,以减小光斑尺寸,提高横向分辨率。接收物镜通常是根据测量系统的分辨率、测量范围、工作距离等要求和光电探测器件本身特性进行设计的;当系统测量范围很大时,要求散射光在光敏面上的成像点不能过大。光电探测器主要采用电荷耦合器件(Charge Couple Device,CCD)和位置

敏感器件(Position Sensitive Detector,PSD),两者的区别主要如下:

(1)分辨率:CCD 的分辨率受限于像素间距(通常为 4 ~6 μm),只能达到 μm量级,PSD 的分辨率通常可以达到0.2 ~0.3 μm。

(2)响应速度:CCD 的响应速度比 PSD 慢。

(3)后续处理:CCD 的后续处理比 PSD 复杂。

(4)线性方面:CCD 的线性优于 PSD。

PSD 属于半导体器件,具有灵敏度高、分辨率高、响应速度快、电路简单,对光源和光学系统要求低、光谱响应宽等优点,其缺点主要是存在非线性。作为新型器件,PSD 特别适用于位置、位移、角度以及可以间接转化为光斑位置或者位移的其他物理量的非接触高精度快速测量,已广泛应用于兵器制导和跟踪、工业检测和监控、自动聚焦和三维形貌测量等领域。当探测器采用 PSD 时,需要设置光电信号输出前置处理电路。前置处理电路主要目的是在多方面干扰和噪声中提取微弱信号,同时要考虑消除光源以及目标反射特性的不同对精度造成的影响。在消除暗电流和外界杂散光的影响中,可以考虑调制法电路和采样保持法电路。

当检测器采用 CCD 时,获取的信号是一幅图像,信号处理主要是利用图像处理算法和软件确定激光光斑在 CCD 上成像点的位置或其像移值。一般采取的图像处理步骤有阈值变换(如二值化)、图像增强、图像细化。与一般的图像处理不同的是,其处理需要对像点的位置做到亚像素级精度的估计。通常是获得图像边缘的像素级信息之后,再通过插值拟合的方法得到亚像素级的精度,主要方法有 LOG 法、灰阶矩量法和双边指数法等。

根据测量系统所采用的光源和探测器,激光三角法还可做如下改进:①由激光投射光条与一个面阵探测器共同组成,一次获取一条扫描线上的数据,具有快速、简单和因工件在生产线上移动而实现自扫描的优越性,具有较快的速度;②采用对二维图像进行编码将一个光面直接投射到物体表面上,完成三维在线测量,具有高速、高密度等优点,但该系统信号处理较繁琐,结构复杂,成本较高。上述改进常选择 CCD 为探测器,这也就是 CCD 在现在的三角测量中被广泛应用的原因。

2. 系统标定

激光三角法的信号处理流程是:首先,由光源投射可控制的光点、光条或光面结构光到物体表面形成特征点,并由探测器获取信号;其次,对探测器获取的信号进行处理,获得特征点在像平面上的位移;最后,利用三角法测量原理可求得特征点的深度信息。而实际的激光三角测量系统在投入使用前还必须进行标定。

标定的目的是补偿光学系统的几何扭曲镜面像差以及电子系统的残余非线性，以确定三角测量系统的参数，如式(8－20)中的 A 和 B。标定的方法有：①测量几个特定点对应的物体表面位移和像位移的数值，求解非线性方程组确定其系数；②用查表和线性内插相结合的方法确定参数；③基于曲线拟合、回归分析等的标定方法。系统通过标定后通常可以建立一个像移和物体位移对应的查找表，在实际运行中将获得的像移值通过查找表得到最后的物体表面的实际偏移。

3. 误差因素

激光三角法测量技术的测量精度受传感器自身因素和外部因素的影响。传感器自身影响因素主要包括光学系统的像差、光点大小和形状、探测器固有的位置检测不确定度和分辨率、探测器暗电流和外界杂散光的影响、探测器检测电路的测量准确度和噪声、电路和光学系统的温度漂移等。测量精度的外部影响因素主要有被测表面倾斜、被测表面光泽和粗糙度、被测表面颜色和周围环境因素(温度、湿度和振动)等。这几种外部因素一般无法定量计算，而且不同的传感器在实际使用时会表现出不同的性质，因此在使用之前必须通过实验对这些因素进行标定。

根据三角法原理制成的仪器称为激光三角位移传感器。一般采用半导体激光器(LD)作为光源，功率为5mW左右，光电探测器可采用PSD或CCD。商品化的三角位移传感器比较常见的有日本Keyence公司斜射式的LD系列、直射式的LS系列和LK系列，德国Micro－Epsilon公司的optoNCDT系列，美国MTI公司的MicroTRAK系列等多种型号。表8－2列出了常用激光三角位移传感器的主要技术指标。

表8－2　常用激光三角位移传感器的主要技术指标

厂家	型号	测量范围/mm	线性/%	分辨率
Keyence公司	LS	±40	0.05	0.01 μm
Keyence公司	LK－G150/15	±40	1	0.5 μm
Micro－Epsilon公司	1800－20	±10	0.1	0.01%
Micro－Epsilon公司	2200－20	±10	0.03	0.005%
MTI公司	MicroTRAK	±20	±0.05	10 μm
MTI公司	MicroTRAK7000	±20		2.45 μm

8.2.3 计算机视觉三维测试

在非接触三维形貌测量中，激光三角法由于其结构简单、测量速度快、使用灵活、实时处理能力强，得到了广泛采用。以激光三角法为基础的计算机视觉测试技术具有速度快、精度适中、可在线测量等特点，已被广泛地应用于航空航天、生物医疗、物体识别、工业自动化检测等领域，特别是对大型物体及表面形状复杂的物体形貌测量方面。随着逆向工程和快速成型制造技术的迅速发展，对三维物体形貌进行快速精密测量的需求越来越大。

在汽车工业中，快速、准确获取车身模型表面三维信息是现代车身开发领域的关键环节。目前，美、日、德等发达国家的一些大型汽车公司在车身研究、开发、换代和生产过程中，逐渐开始重视非接触激光测量技术的实际应用。图8－5所示为采用激光三角法测量汽车车身曲面系统的原理图。选择以激光三角法为基础的激光等距测量，控制非接触光电探头与被测曲面保持恒定的距离，对曲面进行扫描，光电探头的扫描轨迹就是被测曲面的形状。为了实现这种等距测量，该系统利用两束等波长激光，每束激光经聚焦准直单元后，分别与水平面成θ角对称地照射到被测曲面上。当两束激光在被测面上形成的光点相重合并通过 CCD 传感器轴线时，CCD 中心像元将监测到成像信号并输出到控制计算机。光电探头安装在一个能在z方向随动的、由计算机控制的伺服机构上，伺服控制器会根据 CCD 传感器的信号输出控制伺服机构带动探头做z向随动，以确保探头与被测曲面在z方向始终保持一个恒定的高度。测量系统采用半导体激光器作为光源、线阵 CCD 作为光电接收器件，配以高精密导轨装置，对图像进行处理及曲面最优拟合，使系统的合成标准不确定度达到0.1mm。

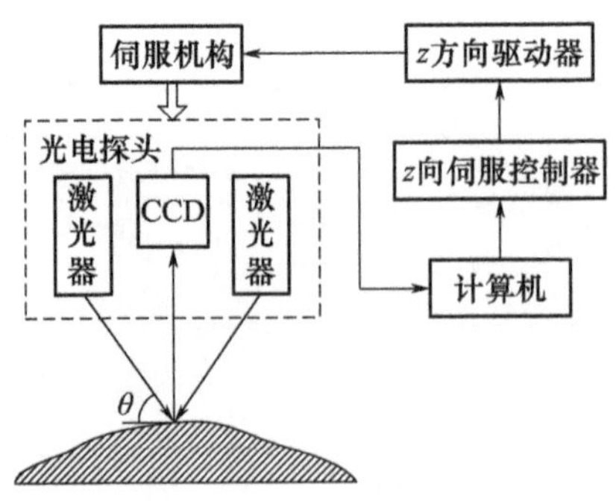

图8－5　相位测距原理

8.3　激光多普勒测速

激光多普勒测速技术是伴随着激光器的诞生而产生的一种新的测量技术，是利用激光的多普勒效应来对流体或固体速度进行测量的一种技术，广泛应用于军事、航空、航天、机械、能源、冶金、水利、钢铁、化工、计量、医学、环保等领域。

8.3.1　光学多普勒效应

光学多普勒效应是指当光源与光接收器之间发生相对运动时，发射光波与接收光波之间会产生频率偏移，频移的大小与光源和光接收器之间的相对运动速度有关。如图8-6所示，以 $\boldsymbol{u}$ 表示光源 S 对于观察者 Q 的相对运动速度矢量，$\boldsymbol{k}$ 表示光波的波矢量，由多普勒效应可知观察者 Q 接收到的光波频率为

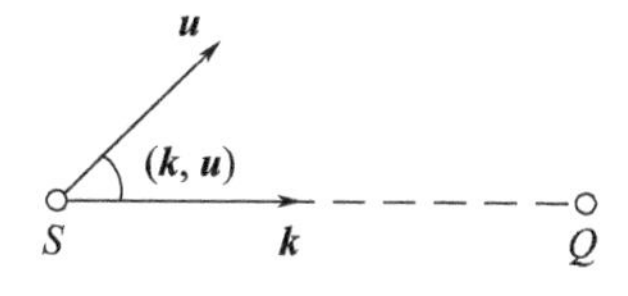

图8-6　光学普勒效应

$$\nu_1=\frac{\nu_0\sqrt{1-\frac{u^2}{c^2}}}{1-\frac{u}{c}\cos(\boldsymbol{k},\boldsymbol{u})}\approx\nu_0\sqrt{1-\frac{u^2}{c^2}}\left[1+\frac{u}{c}\cos(\boldsymbol{k},\boldsymbol{u})\right]\tag{8-25}$$

式中：ν_0 为光源发出光的频率；$u=|\boldsymbol{u}|$；$c=c_0/n$ 为介质中的光速，c_0 为真空中的光速，n 为介质的折射率；$(\boldsymbol{k},\boldsymbol{u})$ 表示波矢量 $\boldsymbol{k}$ 与相对运动速度矢量 $\boldsymbol{u}$ 的夹角。

激光多普勒测速中，通常最关心的是运动物体所散射的光波的频移，而光源和观察者是相对静止的。此时可作为双重多普勒效应来考虑，即先考虑从光源 S 到运动物体 P，再考虑从运动物体 P 到观察者 Q，如图8-7所示。运动物体 P 观察到的光波频率为

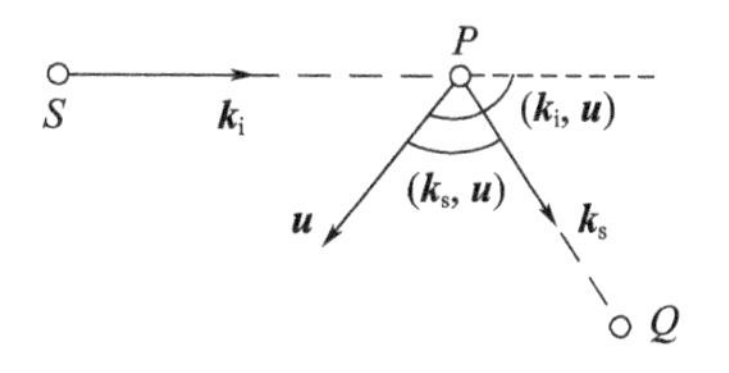

图8-7　双重多普勒效应

$$\nu_1=\frac{\nu_0\sqrt{1-\frac{u^2}{c^2}}}{1-\frac{u}{c}\cos(\boldsymbol{k}_i,-\boldsymbol{u})}\approx\nu_0\sqrt{1-\frac{u^2}{c^2}}\left[1-\frac{u}{c}\cos(\boldsymbol{k}_i,\boldsymbol{u})\right]\tag{8-26}$$

频率为 ν_1 的光波经物体散射后重新传播，观察者 Q 接收到的散射光的频率为

$$\nu_2 = \frac{\nu_1\sqrt{1-\frac{u^2}{c^2}}}{1-\frac{u}{c}\cos(\boldsymbol{k}_s,\boldsymbol{u})} \approx \nu_1\sqrt{1-\frac{u^2}{c^2}}\left[1+\frac{u}{c}\cos(\boldsymbol{k}_s,\boldsymbol{u})\right] \tag{8-27}$$

式中：$(\boldsymbol{k}_i,\boldsymbol{u})$ 表示光源发出照射到物体上入射光的波矢量$\boldsymbol{k}_i$ 与物体运动速度矢量 $\boldsymbol{u}$ 的夹角；$(\boldsymbol{k}_s,\boldsymbol{u})$ 表示物体反射光或散射光的波矢量$\boldsymbol{k}_s$ 与速度矢量 $\boldsymbol{u}$ 的夹角。

将式(8-27)代入式(8-26)，并考虑到实际物体运动速度 u 比光速 c 小得多，可近似得到双重多普勒效应的频移量：

$$\Delta\nu_D = \nu_2 - \nu_0 = \frac{u}{\lambda}[\cos(\boldsymbol{k}_s,\boldsymbol{u}) - \cos(\boldsymbol{k}_i,\boldsymbol{u})] \tag{8-28}$$

式中：$\lambda = c/\nu_0$，为介质中的光波长。

由式(8-28)可知，可通过测量激光多普勒频移量的值来获得运动物体的速度信息。1964 年，Yeh 和 Cummins 首次通过测量激光多普勒频移量来获得流体的运动速度，经过 40 多年的发展，凭借其非接触测量、不干扰目标运动、空间分辨率高、响应速度快、测量精度高及量程大等优点，激光多普勒测速技术获得了长足发展。

8.3.2 光路基本模式

激光多普勒测速仪（Laser Doppler Velocimeter，LDV）按其光学结构的不同可分为参考光模式、单光束－双散射模式、双光束－双散射模式和自混频模式等。

1. 参考光模式

参考光模式的典型光路布置如图 8-8 所示。频率为 ν_0 的激光经分光器分成两束，一束经透镜会聚照明被测点 P，被该处以速度 $\boldsymbol{u}$ 运动的微粒散射，得到含有多普勒频移的散射光。另一束经滤光片衰减后由同一透镜会聚于被测点，并有一部分穿越被测点作为参考光。同一方向传播的参考光和散射光经过光

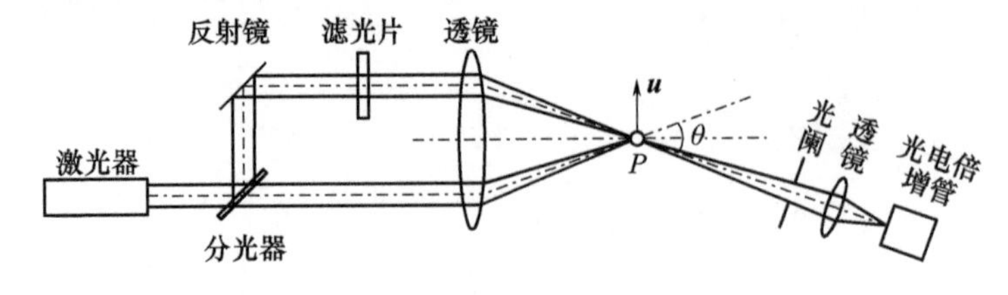

图 8-8　激光多普勒测速的参考光模式

阑和透镜后，会聚到光电倍增管上进行光混频，得到包含多普勒频移量的外差信号。

由式(8－28)不难导出：

$$\Delta\nu_{\mathrm{D}}=\frac{2u}{\lambda}\sin\frac{\theta}{2} \tag{8-29}$$

式中：θ是两束照射光之间的夹角。故速度为

$$u=\frac{\lambda}{2\sin\frac{\theta}{2}}\Delta\nu_{\mathrm{D}} \tag{8-30}$$

需要说明的是，为实现有效的光外差测量，应满足：

(1)信号光波和参考光波必须具有相同的模式结构，即激光器应该单频基模运转。

(2)信号光波和参考光波在光混频面上必须相互重合，光斑直径最好相等，因为不重合的部分对信号电流无贡献，只贡献噪声。

(3)信号光波和参考光波的能流矢量必须尽可能保持同一方向，即两束光必须保持空间准直。

(4)在传播方向一致的情况下，两束光的波前面还必须曲率匹配。

(5)有效的光混频还要求两光波必须同偏振，因为在光混频面上二者是矢量相加。

由上面的分析可知，参考光模式的光路结构简单，但仪器调整和外部环境要求高，同时散射角的角扩散会引起多普勒频差的频带加宽并影响测量准确度，虽然利用孔径光阑可解决该问题，但同时减少了接收光强，降低了信噪比。

2. 单光束－双散射模式

单光束－双散射模式的典型种光路布置如图 8－9 所示。将入射激光束直接聚焦于被测点 P，被该处以速度 $\boldsymbol{u}$ 运动的同一微粒散射，用双缝光阑选取以入射光轴线为对称的两束散射光，并通过透镜、反射镜与分光器，会聚到光电倍

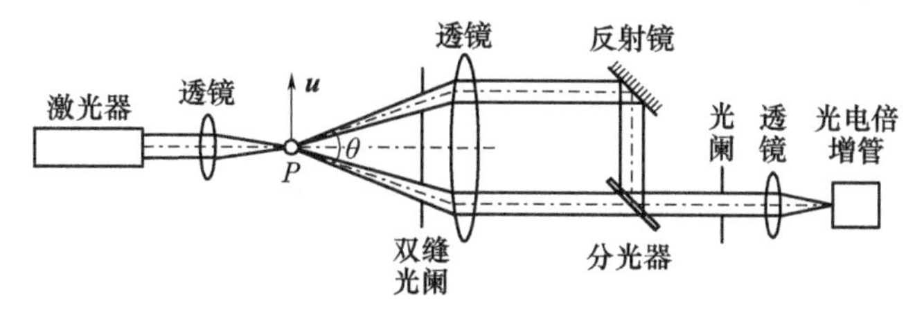

图 8－9　激光多普勒测速的单光束－双散射模式

增管上进行光混频，得到包含多普勒频移量的外差信号，并得到同式(8－29)、式(8－30)相同的表达式，其中，θ是两束散射光之间的夹角，$\Delta\nu_D$ 是两束散射光之间的多普勒频差，$\boldsymbol{u}$ 是垂直于两散射光束角平分线方向上速度。

单光束－双散射模式的特点包括：①可以用来接收两个相互垂直平面的两对散射光，方法是旋转双缝光阑至两相互垂直位置；②探测器前孔径光阑的孔径角很小，故光能利用率低，光路对接收方向很敏感，调整较困难，使用不方便，故一般用得较少。

3. 双光束－双散射模式

双光束－双散射模式的典型光路布置如图 8－10 所示。入射激光经分光器分成强度相等、互相平行的两光束，通过透镜会聚于被测点 P，这两束照射光在同一方向的散射光会聚到光电倍增管上进行外差而获得多普勒频移。经推导可得到与式(8－29)、式(8－30)一样的表达式，其中，θ是两束照射光之间的夹角。

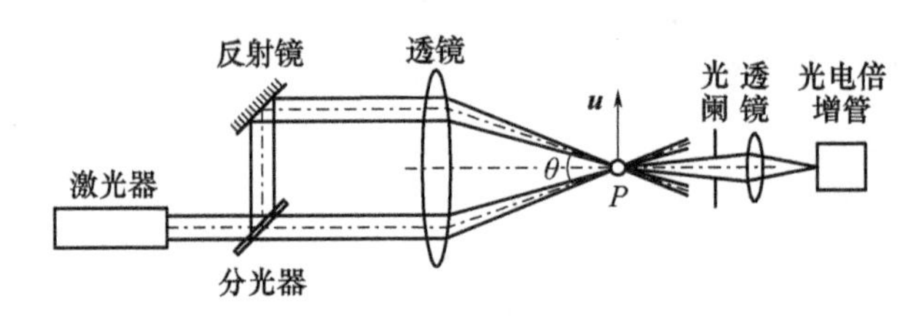

图 8－10　激光多普勒测速的双光束－双散射模式

双光束－双散射模式的特点有：①多普勒频移量与进入光电倍增管的散射光方向无关，使用时可以根据现场条件，选择便于配置光探测器的方向；②可以使用大口径透镜收集散射光，充分利用在被测点 P 由微粒散射的光能量，将信噪比提高到比参考光模式高约 1～2 个数量级；③进入光探测器的双散射光束来自于在被测点交汇的两束强度相同的照射光，不同尺寸的散射微粒均对拍频的产生有贡献，可以避免参考光模式中那种因散射微粒尺寸变动可能引起的信号脱落，便于进行数据处理。

双光束－双散射模式是目前激光测速仪应用最广的一种光路模式。图 8－10所示光路按接收散射光的方向可归入前向散射光路，光源与光探测器居于被测点两侧。实际上，光源和光探测器也可以居于被测点的同侧，即构成后向散射光路，如图 8－11 所示。后向散射的优点是：①光路结构紧凑，有利于合理配置仪器；②所利用的散射光属于反射类型，可用于测量不透明物体的速度分布。但对常用尺寸的微粒，后向散射收集的散射光强度比前向散射要小两个数量级。故在两种光路均可使用的场合，多用前向散射光路。此外，单光束－双散射模式也可以构成后向散射光路。

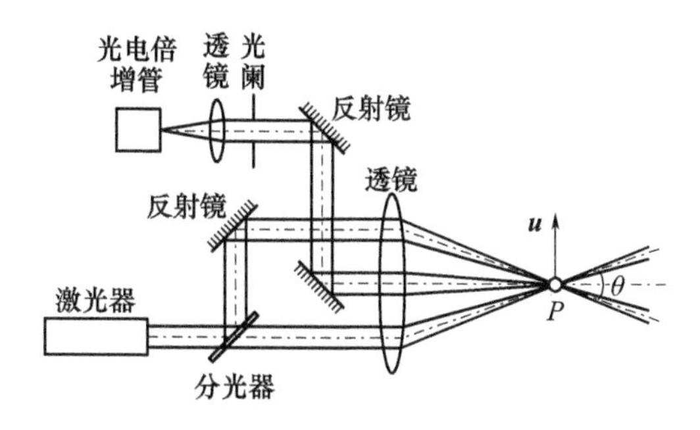

图8－11　双光束－双散射模式的后向散射光路

4. 自混频模式

基于自混频效应的激光多普勒测速方法是随着半导体激光器技术的成熟而发展起来的，其原理如图8－12所示。由于激光二极管对光反馈很敏感，很少量的重注入光就会使二极管的发光特性发生敏感的效应。当待测物体以速度 $\boldsymbol{u}$ 运动时，由运动物体表面散射回来的一部分光注入激光二极管的谐振腔内，在腔内产生干涉，并由其后面的监测光电二极管接收腔内发生干涉的光信号。光电二极管输出的是腔内自混频干涉信号，经预处理电路进行放大、滤波，并送入示波器或频谱分析仪，可得到与运动物体速度 $\boldsymbol{u}$ 相关的多普勒频移量：

$$\Delta\nu_{\mathrm{D}} = \frac{2\boldsymbol{u}}{\lambda}\cos\theta \tag{8-31}$$

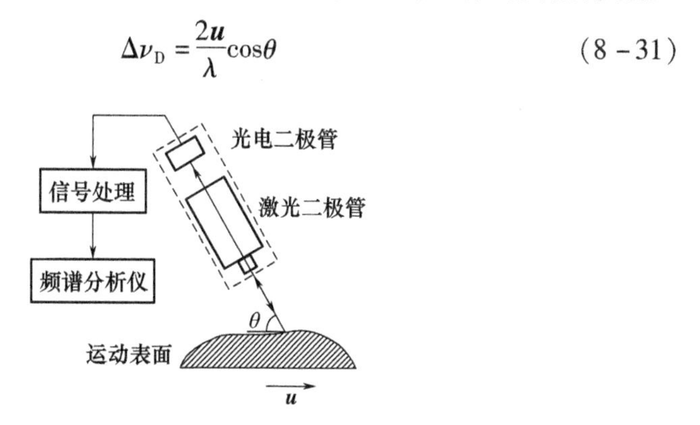

图8－12　激光多普勒测速的自混频模式

根据所提取的多普勒频率，可以计算出物体的运动速度。

自混频模式的特点有：①不需要在激光器外部进行光学干涉，使得光路结构非常简单，大多数条件下只需要激光器和一个自聚焦透镜，成本低；②光电信号探测可以使用封装激光器内部的光电二极管，也可以直接测量半导体激光器结电压的变化,不需要额外的光电探测器件;③具有极高的传感灵敏度,可以测量波长数量级的位移;④工作电流和外界温度的改变对多普勒频率测量精度的影响非常大,这使得其测量精度不够高;⑤为了不破坏激光器中已形成的稳定模式,从物体表面返回的散射光不能太强,故降低了信噪比。

8.3.3 多普勒信号处理方法

包含待测速度信息的多普勒信号是不连续的、变频和变幅的随机信号,信噪比比较小,传统的测频仪器很难满足要求。目前已发展了多种多普勒信号处理方法,如频谱分析法、频率跟踪法、计数型处理法、数字信号处理法等。

1. 频谱分析法

频谱分析方法是最早出现的 LDV 信号处理技术之一,采用中心频率可调的窄带带通滤波器匀速扫过所研究的频率范围,以分辨信号中存在的各种频率分量并依次记录下来。频谱分析法测量的是多普勒信号的功率谱,或与其等价的多普勒频率的概率密度函数。该方法要求有较长的扫描时间以保证测量的精度,故只适合于稳定的流速测量,不适宜测量湍流能量的频谱,目前该方法已用得较少。在流场比较复杂、信噪比很差的情况下,频谱分析仪可以用来帮助搜索信号。

2. 频率跟踪法

频率跟踪法能使被测信号在很宽的频带范围(如 2.25kHz ~ 15MHz)内得到均匀放大,并能实现窄带滤波,其基本原理如图 8 - 13 所示。

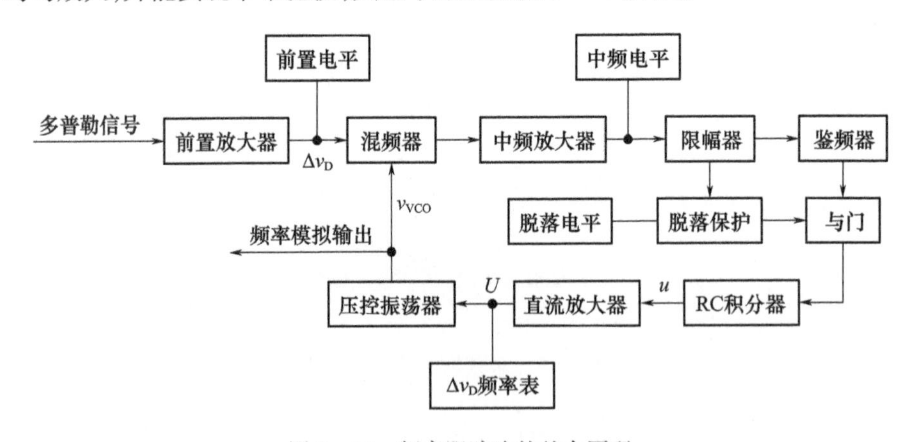

图 8 - 13 频率跟踪法的基本原理

多普勒信号先经前置放大滤波器除去低频分量和高频噪声,成为频移信号

$\Delta\nu_D$,然后与压控振荡器的输出信号 ν_{vco} 在混频器中进行混频,得到中频信号 $\nu_M = \nu_{vco} - \Delta\nu_D$。该信号经中心频率为 ν_0(ν_0 和 ν_M 大致相同)的调谐中频放大器和限幅器,经整形变成幅度相同的方波,并送入鉴频器。鉴频器给出直流分量大小正比于中频频偏($\nu_M - \nu_0$)的电压值,经 RC 积分器平滑作用后,再经直流放大器适当放大,作为控制电压反馈到压控振荡器上。只要选择合适的电路增益,反馈结果就会使压控振荡器的频率紧紧跟踪在输入的多普勒信号频率上。压控振荡器频率反映平均流速大小,其控制电压 u 反映流体的瞬时速度。为避免因多普勒信号间断所引起的信号脱落,特设计了脱落保护电路,在信号脱落时期内"冻结"压控振荡器的频率,使其能在信号重新出现时恢复频率锁定功能。

频率跟踪法现阶段应用最为广泛,频率跟踪器输出的模拟电压能给出瞬时流速和流速随时间变化过程的情况。但只有在流场中粒子浓度足够高,以致能够提供连续的多普勒信号时才能很好地工作,同时随着信噪比的降低有可能跟踪假信号。

3. 计数型处理法

计数型处理法也称为频率计数法,是近年来发展较快的一种技术。其处理系统的主体部分相当于一个高频的数字频率计,以被测信号来开启或关闭电路,以频率远高于被测信号的振荡器的输出作为时钟脉冲(常用 200 ~ 500MHz),用计数电路记录开启和关闭期间通过的脉冲数,亦即粒子穿越两束光在空间形成的多个干涉条纹所需的时间 Δt,换算出被测信号的多普勒频移,从而求出流体的运动速度,且有:

$$u = \frac{nd}{\Delta t} \tag{8-32}$$

式中:d 为条纹间隔;n 是人为设定的穿越条纹数目;Δt 为穿越 n 条条纹所用的时间。

计数型处理法测量精度高,且可送入计算机处理,得出平均速度、湍流速度、相关系数等流体参数。同时,由于它是取样和保持型仪器,没有信号脱落,非常适用于低浓度粒子或高速流体的测试。频率计数法几乎包括了所有其他方法所能适用的范围,从极低速到高超声速流体的测量,且不必人工添加散射粒子,是一种极具发展前途的测频方法。

4. 数字信号处理法

数字信号处理法利用计算机或数字信号处理器,对数字化的多普勒信号序列进行运算,从中提取出多普勒频移。按分析域的不同可分为时域分析和频域分析。目前,频域分析方法主要是对多普勒时间序列进行 FFT 频谱分析或是功率谱分析,由于多普勒信号序列的振幅、相位、出现时间以及频率变化具有随机性,直接用 FFT 分析效果一般不太好;而功率谱密度的分析方法从统计的角度出发,把傅里叶分析法和统计分析法两者结合起来,更适合于具有随机性质时间序列的频谱分析。随着计算机技术的飞速发展,数字器件速度和性能的不断提升,数字信号处理算法的不断优化,数字信号处理方法以其良好的灵活性、可靠的稳定性以及较低的成本已逐渐成为多普勒信号处理的发展方向。

而数字信号处理方法则不同,它的系统开发可以通过计算机上的软件来进行,容易实现、成本低。数字信号处理最大的缺点在于运算速度不如模拟方法快,但是随着计算机技术的飞速发展、数字器件速度、性能的不断提升,以及数字信号处理算法的不断优化,速度上的不足是可以在一定程度上得到弥补的,从目前的趋势来看,数字信号处理方法以其良好的灵活可变性、可靠的稳定性以及较低的成本已逐渐成为多普勒信号处理的发展方向。

总之,多普勒信号处理的方法虽然多,但是没有哪一种方法是十全十美的,在实际应用时,应根据被测流体的特性来选择合适的信号处理手段。表 8-3 比较了常用多普勒信号处理方法的主要特性。

表 8-3 常用多普勒信号处理方法的主要特性

方法	可否得到瞬时速度	可否接收间断信号	提取微弱信号能力	典型精度	可测信号频率上限
频谱分析法	否	可	好(费时)	1%	1GHz
频率跟踪法	可	差	好	0.5%	50MHz
计数型处理法	可	可	差	0.5%	200MHz
滤波器组分析法	可	可	很好	2% ~5%	10MHz
光子相关法	否	可	很好	1% ~2%	50MHz
数字 FFT	可	可	很好	<0.5%	150MHz

8.3.4 特点及应用

激光多普勒测速技术具有非接触测量、空间分辨率高、动态响应快、测量精度高、测量量程大、测量速度的方向灵敏性好等优点,已广泛地应用于空气动力学和流体力学,用来测量湍流、风洞、水筒、水工模型、射流元件等各场合中流体的流场分布,也适用于边界层流体和二相流的测量。近年来,已能测量亚声速、超声速喷气流的速度,故被用来研究喷气过程、燃烧过程,为燃气轮机、气缸、锅炉、原子能反应堆等方面的设计研究提供了实验数据。此外,激光多普勒测速计已从科研实验室进入了工厂现场,如测铝板、钢板的轧制速度,固体粉末输送速度,天然气输送,以及控制棉纱、纸、人造纤维的运动速度以提高产品质量。目前激光多普勒测速技术已逐渐在国民经济各部门得到了实际应用,并取到了良好的效果,该技术也正在不断地深入发展,以适应迅猛发展的科学研究与实际生产的需要。

8.4　激光准直

准直技术是借助某种直线基准,对被测对象进行直线度或可以转化为直线度量的比较测量。由于激光具有方向性好、亮度高、单色性好、相干性好等特点,近年来以激光束作为直线基准的准直方法得到了很大发展,激光准直技术在大型设备、管道、建筑物等的安装、校准和监测,以及大型机械零部件尺寸和形位误差(包括直线度、同轴度、平面度、平行度等)的测量中得到了广泛的应用。

8.4.1　常见准直方法

根据现有激光准直仪测量原理的不同,可将激光准直技术分为振幅(光强)测量法、干涉测量法和偏振测量法等,下面介绍常见的激光准直方法。

1. 振幅测量法

振幅测量型准直仪以激光束的强度中心作为直线基准,在需要准直的点上用光电探测器接收,光电探测器一般采用象限探测器或位敏探测器,如图 8－14 所示。采用倒置望远镜压缩激光束的发散角,并将四象限光电池固定在靶标上,靶标放在需要准直的工件上。当激光束照射在光电池上时,用两对象限输出电压的差值 V_x 和 V_y 就能决定光束中心的位置。若激光中心与探测器中心重合时,由于四块光电池接收相同的光能量,其差值输出电信号为零;当激光束中心与探测器中心有偏离时,将产生偏差信号。

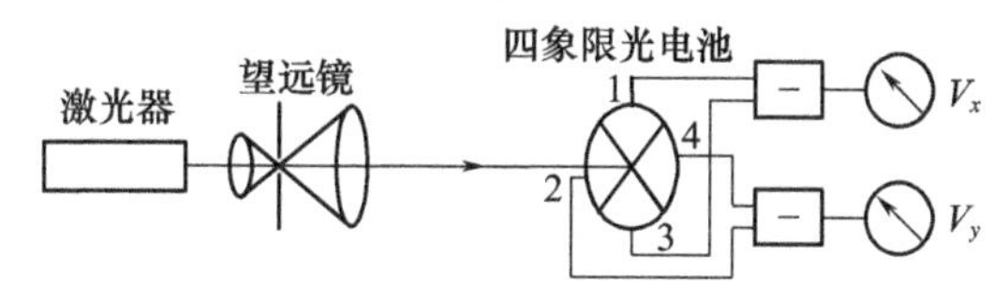

图 8－14　振幅测量法的基本原理

一般情况下，该方法比用人眼通过望远镜瞄准方便，瞄准的不确定度也有一定的提高，如在20m内的准直精度可达0.05mm、70m内的准直精度可达0.2mm，可用于飞机、舰船、机床直线度的检测等。但其准直度受到激光束漂移、光束截面上强度分布不对称、探测器灵敏度不对称，以及空气扰动造成的光斑跳动等因素的影响。

2. 菲涅耳波带片法

利用激光的相干性，采用方形菲涅耳波带片来获得准直基线，如图8-15所示。当激光束通过望远镜后，均匀地照射在波带片上，并使其充满整个波带片，则在光轴的某一位置会出现一个很细的十字叉。当将一观察屏放在该位置上，可以清晰地看到十字亮线。调节望远镜的焦距，十字亮线就会出现在光轴的不同位置上，这些十字亮线中心点的连线为一直线，可用作直线基准来进行准直测量。由于十字亮线是干涉的效果，所以具有良好的抗干扰性。同时，还可克服光强分布不对称的影响。该准直方法在3km以内的准直精度达25 μm，可以用于大型建筑的施工、开凿隧道等场合。

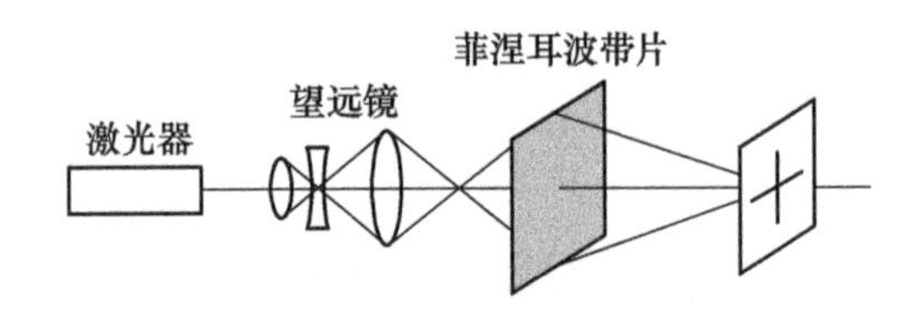

图8-15　菲涅耳波带片法的基本原理

3. 相位板法

在激光束中放置一块由4块扇形涂层组成的二维对称相位板，相邻涂层光程差为λ/2（相位差π）。在相位板后面的光束任何截面上都出现暗十字条纹。暗十字条纹的中心连线是一条直线，可用作直线基准来进行准直测量。若在暗十字中心处插一方孔，在孔后的屏幕上可观察到一定的衍射分布，如图8-16所示。假若方孔中心与光轴有偏移，那么在观察屏上的衍射图像就不对称。这

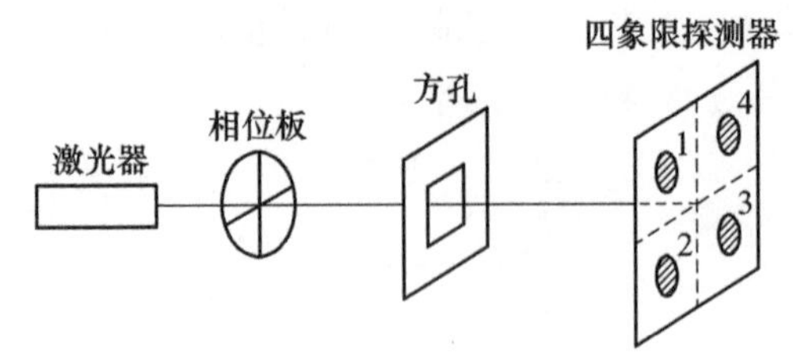

图8-16　相位板法的基本原理

些亮点强度的不对称随着方孔的偏移而增加。因此,利用四象限探测器测量屏幕上4个亮点的强度,可计算出偏移的大小和方向。

4. 双光束准直法

双光束准直法使用一个复合棱镜将光束分为两束,当激光器的出射光束漂移时,经过棱镜以后的两个光束的漂移方向相反,其能量中心即两光束的对称中心线不变,用具有双光电坐标的检测靶检测出这条中心线的相对位置,作为准直基准可以克服激光器的漂移和部分空气扰动影响。

5. 干涉测量法

干涉测量法是在以激光束作为直线基准的基础上,又以光的干涉原理进行读数来进行直线度测量的。典型的有利用双频激光干涉仪及其附件来实现大型长导轨的直线度检测。下面介绍一种光栅衍射干涉法测量直线度技术。

光栅衍射干涉法以光栅作为敏感元件,以双面反射镜组两反射面夹角的中分线为直线基准,其原理如图8-17所示。激光器发出的光束经扩束系统、分光器射向光栅,光栅的刻线方向垂直于纸面,平行于拖板的底面。入射光经光栅调制,产生各级衍射光,其中+1和-1级衍射光分别垂直投射到双面反射镜组的两个反射面上(双面反射镜组的两个反射面之间的夹角设计成与±1级衍射光之间的夹角互补)。±1级衍射光经双面反射镜组反射后,沿原路返回到光栅,再次经光栅衍射,+1级的+1级衍射光(+1,+1)与-1级的-1级衍射光(-1,-1),沿原入射光方向反向射出并产生干涉。利用光路中石英晶体的双折射性能产生偏振方向相互垂直的两路偏振光,并使这两路偏振光发生移相,两路相干光经分光器反射后投射到偏振分光器上,将偏振方向互相垂直且相移为90°的两路相干光束分开,分别由光电探测器接收。测量时,可令光栅固定在拖板上,滑板匀速地从导轨的一端移向另一端,导轨在垂直平面内的直线度偏差使滑板及光栅随之有垂直于栅线方向的上下位移,即栅线相对于双面反

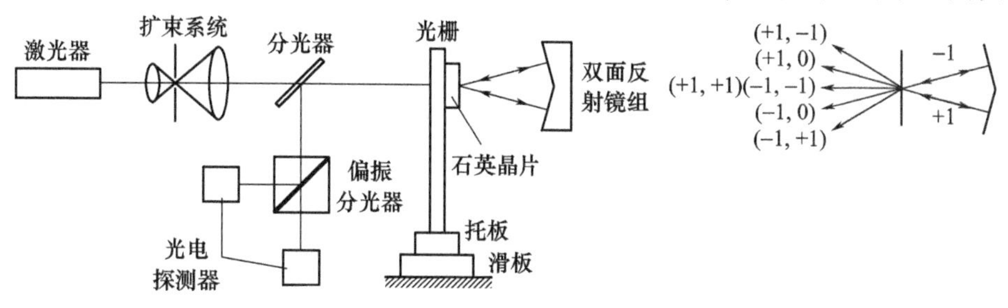

图8-17 光栅衍射干涉法的基本原理

射镜组的两反射面夹角的平分线有上下位移,于是干涉光强信号发生变化。可以证明,当光栅位移量等于一个光栅常数 d 时,光强信号有 4 个周期的变化,即干涉光强信号变化一个周期,相当于光栅上下移动 $d/4$。根据这一关系,便可测得导轨在垂直平面的直线度。该方法的测量范围为 0.1 ~8m,测量不确定度为 0.3μm/m。

8.4.2 光束漂移补偿技术

在激光准直技术中,光束漂移是产生误差、限制准直精度的主要原因。激光漂移的产生因素包括:①谐振腔反射镜支架的变形、激光器的发热及周围环境温度的变化,引起激光器毛细管弯曲或谐振腔变形,造成光束方向的漂移,可分为平行漂移和角度漂移;②固定激光发射器的调整机构存在机械位移,造成激光束缓慢的角度漂移;③空气折射率不均匀造成的激光光线弯曲;④空气扰动引起激光光线的随机抖动。

目前,激光准直仪大多采用单模(TEM_{00})输出的 He - Ne 激光器,其功率为 1 ~2mW,波长为 0.6328μm。普通的 He - Ne 激光器,光束方向稳定性为 10^{-4} ~ 10^{-6}rad;性能良好的外腔式激光器,光束方向稳定性可到 2.5×10^{-7}rad。减小激光器输出光束的漂移,可采取如下措施:①采用热稳定装置;②采用光束补偿装置;③采用隔热装置;④改进激光器的腔体结构;⑤增加毛细管的刚度;⑥选用低膨胀系数的材料。除了激光器光束方向漂移影响激光准直仪的测量精度外,激光器输出功率的不稳定及激光器的噪声也会影响准直的准确度。

为消除大气扰动的影响,多采用以下几种措施:

(1)选择空气扰动最小的时间段工作,如在早晨太阳升起之前。另外,控制外界环境也能起到一定作用,如在光束传输路程上避免有热源、温度梯度及气流等的影响。

(2)将光束用套管屏蔽,甚至将管内抽成真空。

(3)沿着激光束前进的方向以适当流速的空气流喷射。因为空气流将提高空气扰动的频率,可用时间常数比较小的低通滤波器,消除输出信号的交变成分。

(4)采用积分线路消除空气扰动的高频效应,如频率为 50 ~60Hz 的扰动。对于低频或长周期效应,可将偏差信号放大后接入自动记录仪,然后取平均值,以减小大气扰动的影响。

(5)利用光学方法消除大气扰动,采用测量偏移量并实时补偿的办法。

8.4.3 准直光束的折射

在长距离的激光准直测量中,必须考虑大气折射效应引起的光束弯曲。由于空气的密度随着高度的增加而减小,因此实际光束是向下弯曲的。如图8-18所示,实际光线的曲率是按折射率随高度变化的规律而弯曲的,即光线任何一点的曲率半径为

$$\rho = -\frac{\mathrm{d}h}{\mathrm{d}n} \tag{8-34}$$

式中:n 为空气的折射率;h 为光线上的一点距离地面的高度。

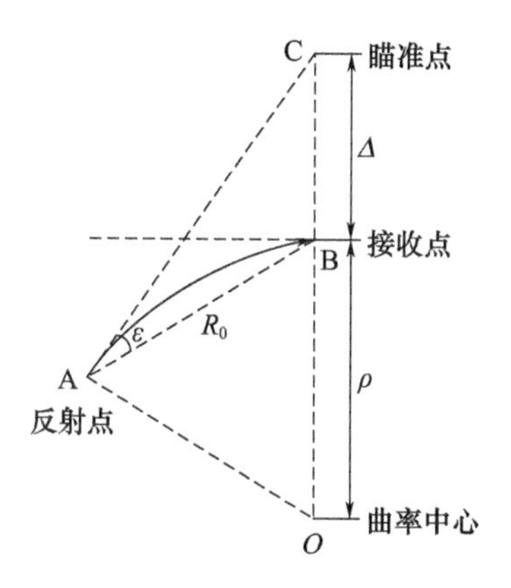

图8-18　光束折射效应示意图

由几何关系可以导出,光线实际到达的点 B 与光线瞄准点 C 的偏差:

$$\Delta = R_0\varepsilon \tag{8-35}$$

式中:R_0 为光线出射点 A 到接收点 B 的实际距离;ε为光线的偏折角。且

$$\varepsilon = -\frac{R_0}{2}\frac{\mathrm{d}n}{\mathrm{d}h} \tag{8-35}$$

为求 $\mathrm{d}n/\mathrm{d}h$,需要用到:

$$n - 1 = K\frac{p}{T} \tag{8-36}$$

式中:p 是大气压;K 是仅与波长有关的常数;T 是温度(K)。故

$$\frac{\mathrm{d}n}{\mathrm{d}h} = (n-1)\left[\frac{1}{p}\frac{\mathrm{d}p}{\mathrm{d}h} - \frac{1}{T}\frac{\mathrm{d}T}{\mathrm{d}h}\right] \tag{8-37}$$

大气压 p 可以根据流体静力学方程得到:

$$p = p_0\exp\left(-\frac{gM}{R}\int_0^h \frac{\mathrm{d}z}{T}\right) \tag{8-38}$$

式中：p_0 是海平面的气压；g 是重力加速度；M 是空气分子的重量；R 是气体常数。假设温度是均匀变化的，即 $T = T_0 - \alpha z$，则可得：

$$p = p_0 \exp\left(-\frac{h}{H}\right) \tag{8-39}$$

式中：$H = RT_0/gM$，典型值约为 8.3km，故式(8-37)可变为

$$\frac{\mathrm{d}n}{\mathrm{d}h} = -(n-1)\left[\frac{1}{H} + \frac{1}{T}\frac{\mathrm{d}T}{\mathrm{d}h}\right] \tag{8-40}$$

根据式(8-35)和式(8-40)，可以估计在 $\lambda = 0.6328\mu\text{m}$、$T = 15℃$、海平面压力(此时 $n-1 = 276 \times 10^{-6}$)、$R_0 = 10\text{km}$ 的情况下，可以得到：

$$\varepsilon = 166 + 4.8\frac{\mathrm{d}T}{\mathrm{d}h}(\mu\text{rad}) \tag{8-41}$$

对于一个典型的温度梯度 $-6.5℃/\text{km}$，$\mathrm{d}n/\mathrm{d}h = -27 \times 10^{-6}/\text{km}$，可以算得 $\varepsilon = 135\mu\text{rad}$，故观察点的实际偏移量 $\Delta = 1.35\text{m}$。

8.5 激光扫描测径

8.5.1 测量原理

激光扫描测量工件直径的基本原理如图 8-19 所示，激光束经过透镜 1 后被反射镜反射，由于同步相位马达的转动而形成扫描光束。扫描光束经过透镜 1 后变成平行的扫描光束，平行扫描光在扫描过程中被工件遮挡，光束经过透镜 2 后被位于焦平面上的探测器接收，得到一个随时间变化的光电信号。再经过后续的信号处理电路(主要包括放大器、边缘检出电路、计数器等)，就可以得出工件直径的测量值。

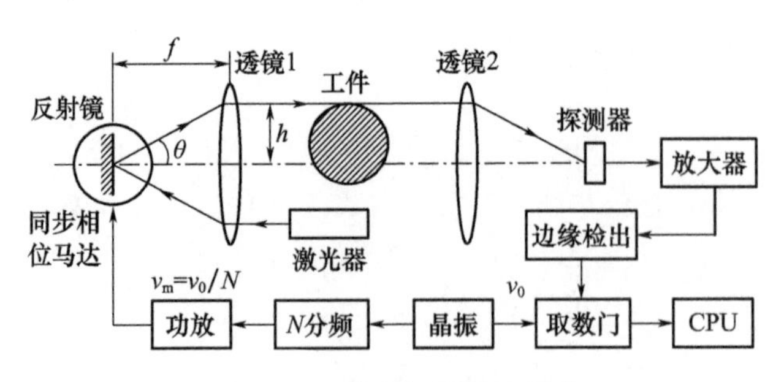

图 8-19 激光扫描测径原理

由于同步马达是匀速转动的，且转速为 ω_m，故平行扫描光束的扫描角速度 $\omega_L = 2\omega_m$，则其扫描线速度为

$$u = \omega_L f = 2\omega_m f = 4\pi\nu_m f \tag{8-42}$$

式中：f 为透镜 1 的焦距。若在扫描光束被遮挡的时间 t 内计数器的计数值为 n，晶振的时钟频率为 ν_0，分频数为 N，则被测工件直径的计算公式为

$$d = ut = 4\pi\nu_m f \frac{n}{\nu_0} = \frac{4\pi f}{N} n \tag{8-43}$$

由式(8-43)可知，根据计数器记录的工件挡光时间内的时钟脉冲数 n，就可以求得工件的直径。该激光扫描测径法的优点是非接触测量、可测运动物体。缺点是量程受透镜尺寸的限制，且存在非线性的原理误差，需要校正或采用特殊设计的 $f\theta$ 透镜来补偿。

8.5.2　性能分析

1. 非线性补偿

由图 8-19 可知：

$$h = f\tan\theta \tag{8-44}$$

显然，由于 h 和 θ 之间是非线性关系，当同步马达匀速转动时，扫描光束并非是匀速的，即

$$u = \frac{\mathrm{d}h}{\mathrm{d}t} \neq 常数 \tag{8-45}$$

为校正该非线性关系引起的原理误差，可设计一种切向校正透镜，使得：

$$h = f\theta k = K\theta \tag{8-46}$$

式中：K 和 k 为常数。此时，h 和 θ 之间是线性关系，因而扫描光束是匀速的。这种特殊设计的透镜称为 $f\theta$ 透镜。

2. 分辨率分析

从式(8-43)可以看出，直径测量的脉冲当量为

$$\frac{d}{n} = \frac{4\pi f}{N} = 4\pi f \frac{\nu_m}{\nu_0} \tag{8-47}$$

此脉冲当量代表了测量分辨率，脉冲当量越小，分辨率越高。有以下几种提高分辨率的方法：

(1)减小透镜焦距 f，但会使量程随之变小，像差变大。

(2)提高时钟频率 ν_0，但同时对后续电路的频率响应提出了更高的要求。

(3)减小马达的频率 ν_m，但马达的转速受轴承摩擦力制约。

3. 量程扩展

显然,图 8-19 所示装置的测量范围受到透镜尺寸的限制。为进一步扩展其量程,需要特别设计测量系统的光路结构。图 8-20 就是一种为扩展量程而设计的典型光路结构。只需要测量工件两边沿的大小,即测量出 d_1 和 d_2 的值,再与预先标定好的 d_0 相加,便可得出工件的直径,故图 8-20 所示装置的测径公式为

$$d = d_0 + d_1 + d_2 \tag{8-48}$$

式中:d_0 为常数,需要通过标定得到;d_1 和 d_2 通过激光扫描得到。

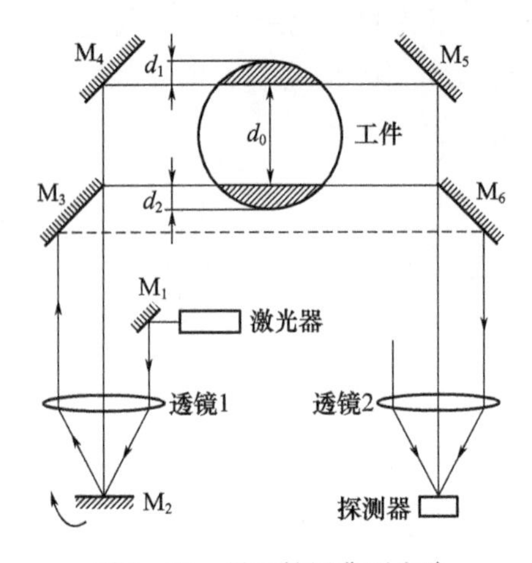

图 8-20　量程扩展典型光路

8.5.3　边缘检出

上述激光扫描测径系统的测量分辨率和精度实际上还取决于工件边缘的检测方式。激光束移过工件边缘时,探测器接收到的光强将发生变化,当接收光强下降至激光束未被遮挡时的一半,可认为找到了工件的一个边缘,计数器开始计数;随着扫描过程的进行,激光束第二次移过工件边缘,当接收光强由零增大至激光束未被遮挡时的一半,可认为找到了工件的另一个边缘,计数器停止计数,即要通过边缘检出技术给计数器提供准确的开、关门信号。目前,采用平行激光入射的半光强边缘检出法是一种较为传统的方法,具有简单易行、成本较低等优点。

1. 半光强边缘检出法

为了判断接收光强是否为半光强,必须取定一个与半光强对应的比较电平。但探测器实际接收的扫描光束光强常常由于各种漂移因素的影响而不能

保持稳定,因此直接采用半光强电平比较很难保证高的检出精度。图8－21示出了由于接收光强漂移引起边缘检出点发生偏差的情况。图中,$0.5V_0$表示与半光强所对应的比较电平,边缘检出点间距d_0即为工件直径,V_1和V_2是扫描光束光强减少和增大后的信号波形,由于比较电平取为$0.5V_0$不变,因此光强漂移后边缘检出点的间距d_1和d_2将偏离d_0值。

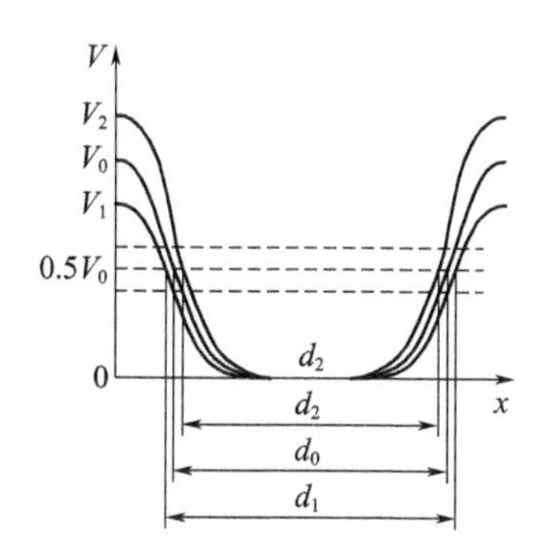

图8－21　光强漂移前后的信号波形

为了保证半光强边缘检出法能有较高的分辨率和精度,通常对探测器接收的光强信号进行两次微分(图8－22)。图8－22(a)是光电接收器在扫描光束匀速移动时接收到的信号波形;图8－22(b)是上述信号一次微分后的波形,波形峰值对应于工件的挡光边缘点;图8－22(c)是该信号二次微分后的波形,过零点对应于工件的挡光边缘点。当取二次微分波形的过零点作计数器的开关门点时,就可以消除定位光束光强漂移的影响。

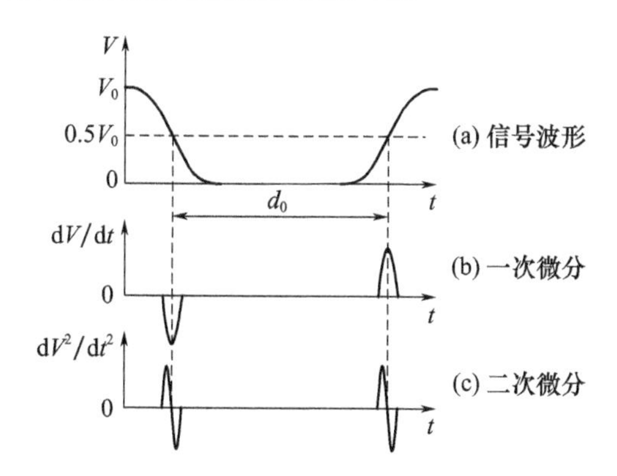

图8－22　两次微分边缘检出法

应当指出,在半光强边缘检出系统中,应注意光电探测器离工件不能太远,否则扫描光束照射工件边缘时形成的柱边衍射效应将影响测量结果。

2. 半焦斑边缘检出法

采取两次微分法虽然能提高半光强边缘检出法的检测准确度，对应扫描测径系统的分辨率和精度仍难以进一步提高，究其原因是平行光束的光斑直径较大。近年来，通过对激光半光强扫描方式进行建模和仿真分析，我们提出了一种提高半光强边缘检测灵敏度的激光半焦斑扫描法。

激光扫描柱体边缘的情况如图 8－23(a)所示(这里只考虑垂直扫描一个边缘的情况，另一个边缘的扫描模型与此相同)，图中，d 为被测柱体的直径，x 为扫描光束光轴的水平坐标，a 为扫描光束在扫描边缘处的光斑半径。扫描过程可分为以下四种情况。

(1)扫描过程中柱体未挡光($x \geqslant a$)；

(2)柱体挡光但光斑中心在柱体边缘外侧($0 \leqslant x < a$)；

(3)柱体挡光但光斑中心在柱体边缘内侧($-a < x < 0$)；

(4)光束全部被柱体挡掉($x \leqslant -a$)。

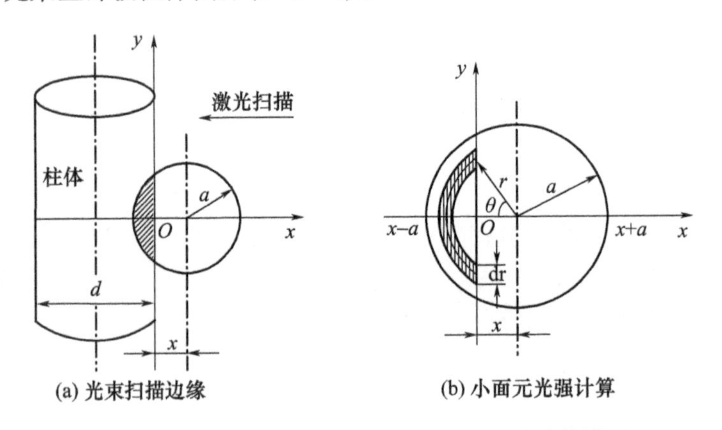

图 8－23　激光扫描柱体边缘时接收光强的计算模型

由于激光束的光强在光束横截面内呈高斯分布，所以探测器的接收光强与光斑的面积不再是简单的正比关系。高斯光束在图 8－23(b)所示小面元上的光强 $\mathrm{d}I$ 可写为

$$\mathrm{d}I = 2c_1\theta\exp\left(-\frac{2r^2}{a^2}\right)r\mathrm{d}r \tag{8-49}$$

式中：c_1 为常系数；角度 $\theta = \cos^{-1}(x/r)$；r 为小面元中心到光束横截面中心的距离。扫描光斑内的总光强为

$$I_0 = \int_0^a 2\pi c_1\exp\left(-\frac{2r^2}{a^2}\right)r\mathrm{d}r \tag{8-50}$$

经简单的理论推导,不难得到扫描过程中同上述四种情况分别对应的接收光强为：

$$
I(x)=\begin{cases}
I_0=\int_0^a 2\pi c_1\exp\left(-\frac{2r^2}{a^2}\right)r\mathrm{d}r, & x\geqslant a\\
I_0-\int_x^a 2c_1\cos^{-1}\left(\frac{x}{r}\right)\exp\left(-\frac{2r^2}{a^2}\right)r\mathrm{d}r, & 0\leqslant x<a\\
\int_{|x|}^a 2c_1\cos^{-1}\left(\frac{|x|}{r}\right)\exp\left(-\frac{2r^2}{a^2}\right)r\mathrm{d}r, & -a<x<0\\
0, & -(d-a)<x\leqslant -a
\end{cases}
\tag{8-51}
$$

利用上面已建立的激光扫描的数学模型,通过计算机对扫描过程进行仿真。当 d 一定时,改变扫描光束在边缘处的光斑尺寸 a,可得到如图8－24所示的几组斜率不同的仿真曲线。由图可知,当扫描光束在工件边缘处的光斑尺寸 a 改变时,探测器接收光强的特性曲线也相应发生变化,a 越小,曲线斜率越大。因此,对于利用半光强检出边缘的各种方法来说,a 越小,检出灵敏度越高。对于激光扫描光束而言,高斯光束的最小截面位于束腰处,因此可用透镜对激光束聚焦,以得到最小的光斑尺寸值。

激光半焦斑边缘检出法是在半光强边缘检出法的基础上,通过对激光扫描过程的理论建模和仿真计算,提出的一种新的测试方法。高斯光束在束腰处扫描柱体边缘,检出灵敏度最高。因此可以用透镜聚焦,得到焦斑尺寸作为新的束腰尺寸,光强变化率最大即检出灵敏度最高的点刚好在半焦斑处。该方法提高了激光扫描法的检出灵敏度,克服了半光强边缘检出法测量精度不高的缺点,已被应用于中小直径的测径系统,并取得了较好的效果。

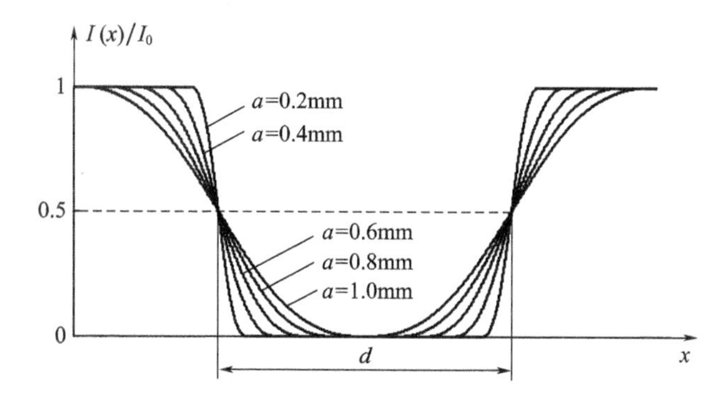

图8－24　激光扫描柱体边缘时接收光强的仿真曲线

参考文献

[1] 郭培源,付扬. 光电检测技术与应用[M]. 北京:北京航空航天大学出版社,2006.
[2] 安毓英,曾晓东. 光电探测原理[M]. 西安:西安电子科技大学出版社,2004.
[3] 张广军. 光电测试技术与系统[M]. 北京:北京航空航天大学出版社,2010.
[4] 郭培源,梁丽. 光电子技术基础教程[M]. 北京:北京航空航天大学出版社,2005.
[5] 韩丽英,崔海霞. 光电变换与检测技术[M]. 北京:国防工业出版社,2010.
[6] 浦昭邦,赵辉. 光电测试技术[M]. 北京:机械工业出版社,2009.
[7] 冯其波. 光学测量技术与应用[M]. 北京:清华大学出版社,2008.
[8] 石顺祥,刘继芳. 光电子技术及其应用[M]. 北京:科学出版社,2010.
[9] 雷玉堂. 光电信息技术[M]. 北京:电子工业出版社,2011.
[10] 高岳,王霞,王吉晖,等. 光电检测技术与系统[M]. 北京:电子工业出版社,2009.
[11] 刘承,张登伟,张彩妮. 光学测试技术[M]. 北京:电子工业出版社,2013.
[12] 范志刚,左保军,张爱红. 光电测试技术[M]. 北京:电子工业出版社,2008.
[13] 沙定国. 光学测试技术[M]. 北京:北京理工大学出版社,2010.
[14] 吕海宝. 激光光电检测[M]. 长沙:国防科技大学出版社,2000.
[15] 西尔瓦诺. 多纳特. 光电仪器:激光传感与测量[M]. 赵宏,等译. 西安:西安交通大学出版社,2006.
[16] 金国藩,李景镇. 激光测量学[M]. 北京:科学出版社,1998.
[17] 黎敏,廖延彪. 光纤传感器及其应用技术[M]. 武汉:武汉大学出版社,2012.
[18] 王玉田,郑龙江,张颖,等. 光纤传感技术及应用[M]. 北京:北京航空航天大学出版社,2009.
[19] 刘宇,朱继华,胡章芳,等. 光纤传感原理与检测技术[M]. 北京:电子工业出版社,2011.
[20] 李川. 光纤传感器技术[M]. 北京:科学出版社,2012.
[21] 赵勇. 光纤传感原理与应用技术[M]. 北京:清华大学出版社,2007.
[22] 江毅. 高级光纤传感技术[M]. 北京:科学出版社,2009.
[23] 方祖捷,秦关根,瞿荣辉,等. 光纤传感器基础[M]. 北京:科学出版社,2014.
[24] 王拥军,吴重庆,忻向军. 光纤电压传感器原理分析及其研制[J]. 仪表技术与传感器,2000,6:4-7.
[25] 张旭苹. 全分布式光纤传感技术[M]. 北京:科学出版社,2013.

[26] 李新华,梁浩,徐伟弘,等. 常用分布式光纤传感器性能比较[J]. 光通信技术,2007,5:14-18.

[27] 何青尔,李永倩,王虎,等. 时域反射型分布式光纤传感器性能比较及应用[J]. 电力系统通信,2012,33(228):34-37.

[28] 岳慧敏,代志勇,刘永智,等. BOTDR 分布式光纤传感器研究进展[J]. 激光杂志,2007,28(4):4-5.

[29] 余丽苹,刘永智,代志勇. 布里渊散射分布式光纤传感器[J]. 激光与光电子学进展,2006,43(4):24-28.

[30] 张竞文,吕安强,李宝罡,等. 基于 BOTDA 的分布式光纤传感技术研究进展[J]. 光通信研究,2010,4:25-28.

[31] 李晓娟,杨志. 布里渊分布式光纤传感技术的分类及发展[J]. 电力系统通信,2011,32(220):35-39.

[32] 江月松,唐华,何云涛. 光电技术[M]. 北京:北京航空航天大学出版社,2012.

[33] 苏俊宏,尚小燕,弥谦. 光电技术基础[M]. 北京:国防工业出版社,2011.

[34] 郝晓剑,李仰军. 光电探测技术与应用[M]. 北京:国防工业出版社,2009.

[35] 张广军. 视觉测量[M]. 北京:科学出版社,2008.

[36] 白福忠. 视觉测量技术基础[M]. 北京:电子工业出版社,2013.

[37] 郗继贵,于之靖. 视觉测量原理与方法[M]. 北京:机械工业出版社,2012.

[38] 迟健男. 视觉测量技术[M]. 北京:机械工业出版社,2011.

[39] 高宏伟. 计算机双目立体视觉[M]. 北京:电子工业出版社,2012.

[40] 徐德,谭民,李原. 机器人视觉测量与控制[M]. 北京:国防工业出版社,2011.

[41] 张学武,范新南. 视觉检测技术及智能计算[M]. 北京:电子工业出版社,2013.

[42] CUI M,ZEITOUNY M G,BHATTACHARYA N,et al. High-accuracy Long-distance Measurements in Air with a Frequency Comb Laser[J]. Opt. Lett.,2009,34(13):1982-1984.

[43] KIM J,CHEN J,ZHANG Z,et al. Long-term Femtosecond Timing Link Stabilization using a Single-crystal Balanced Cross Correlator[J]. Opt. Lett.,2007,32(9):1044-1046.

[44] KIM J,COX J A,CHEN J,et al. Drift-free Femtosecond Timing Synchronization of Remote Optical and Microwave Sources[J]. Nature Photonics,2008,2(11):733-736.

[45] LEE J Y,KIM Y J,LEE K W,et al. Time-of-flight Measurement with Femtosecond Light Pulses[J]. Nat. Photonics,2010,4(10):716-720.

[46] JOST J D,HALL J L,YE J. Continuously Tunable,Precise,Single Frequency Optical Signal Generator[J]. Opt. Express,2002,10(12):515-520.

[47] JIN J,KIM Y J,KIM Y,et al. Absolute Length Calibration of Gauge Blocks using Optical Comb of a Femtosecond Pulse Laser[J]. Opt. Express,2006,14(13):5968-5974.

[48] SCHUHLER N,SALVADé Y,LéVêQUE S,et al. Frequency-comb-referenced Two-wavelength Source for Absolute Distance Measurement[J]. Opt. Lett.,2006,31(21):3101-3103.

[49] 吴翰钟,曹士英,张福民,等. 一种光学频率梳绝对测距的新方法[J]. 物理学报,2014,63(10):100601 - 1 - 100601 - 10.

[50] 王国超,颜树华,林存宝,等. 基于飞秒光学频率梳的大尺寸精密测距综述[J]. 光学技术,2012,38(6):670 - 677.

[51] 吴翰钟,曹士英,张福民,等. 光学频率梳基于光谱干涉实现绝对距离测量[J]. 物理学报,2015,64(2):020601 - 1 - 020601 - 11.

[52] 吴学健,李岩,尉昊赟,等. 飞秒光学频率梳在精密测量中的应用[J]. 激光与光电子学进展,2012,49(3):030001 - 1 - 030001 - 10.

[53] 张涛. 基于相移法的飞秒脉冲激光绝对距离测量技术研究[D]. 天津:天津大学,2013.

[54] 许艳. 基于飞秒光频梳的绝对距离测量技术研究[D]. 武汉:华中科技大学,2012.

[55] 秦鹏,陈伟,宋有建,等. 基于飞秒激光平衡光学互相关的任意长绝对距离测量[J]. 物理学报,2012,61(24):240601 - 1 - 240601 - 7.

[56] 杨睿韬. 基于外差双光学频率梳的多波长干涉测距方法研究[D]. 哈尔滨:哈尔滨工业大学,2015.

[57] 王国超,颜树华,杨俊等. 基于飞秒光梳互相关的空间精密测距理论模型分析[J]. 光学学报,2015,35(4):0412002 - 1 - 0412002 - 9.

[58] WANG G,JANG Y S,HYUN S,et al. Absolute Positioning by Multi - wavelength Interferometry Referenced to the Frequency Comb of a Femtosecond Laser[J]. Opt. Express,2015,23(7).

[59] 王国超,魏春华,颜树华. 光梳多波长绝对测距的波长选择及非模糊度量程分析[J]. 光学学报,2014,34(4):0412002 - 1 - 0412002 - 7.

[60] 王国超,颜树华,杨俊,等. 一种双光梳多外差大尺寸高精度绝对测距新方法的理论分析[J]. 物理学报,2013,62(7):070601 - 1 - 070601 - 11.

[61] MA L,ZUCCO M,PICARD S,et al. A New Method to Determine the Absolute Mode Number of a Mode - Locked Femtosecond - Laser Comb Used for Absolute Optical Frequency Measurements[J]. IEEE J. Sel. Top. Quantum Electron,2003,9(4):1066 - 1071.

[62] HYUN S,KIM Y J,KIM Y,et al. Absolute Distance Measurement using the Frequency Comb of a Femtosecond Laser[J]. CIPR Annals Manufacturing Technology,2010,59(1):555 - 558.

[63] BITOU Y. Displacement Metrology Directly Linked to a Time Standard using an Optical - frequency - comb Generator[J]. Opt. Lett. ,2009,34(10):1540 - 1542.

[64] SALVADé Y,SCHUHLER N,LéVêQUE S,et al. High - accuracy Absolute Distance Measurement using Frequency Comb Referenced Multiwavelength Source[J]. Appl. Opt. ,2008,47(14):2715 - 2720.

[65] KIM Y J,KIM Y,CHUN B,et al. All - fiber - based Optical Frequency Generation from an Er - doped Fiber Femtosecond Laser[J]. Opt. Express,2009,17(13):10939 - 10945.

[66] GHERMAN T, ROMANINI D. Mode – locked Cavity – enhanced Absorption Spectroscopy [J]. Opt. Express, 2002, 10(19): 1033 – 1042.

[67] THORPE M, MOLL K, JONES R, et al. Broadband Cavity Ringdown Spectroscopy for Sensitive and Rapid Molecular Detection[J]. Science, 2006, 311(5767): 1595 – 1599.

[68] GOHLE C, STEIN B, SCHLIESSER A, et al. Frequency Comb Vernier Spectroscopy for Broadband, High – resolution, High – sensitivity and Dispersion Spectra[J]. Phys. Rev. Lett., 2007, 99(26): 263902.

[69] THORPE M, CLAUSEN D, KIRCHNER M, et al. Cavity – enhanced Optical Frequency Comb Spectroscopy: Application to Human Breath Analysis [J]. Opt. Express, 2008, 16(4): 2387 – 2397.

[70] ADLER F, MASLOWSKI P, FOLTYNOWICZ A, et al. Mid – infrared Fourier Transform Spectroscopy with a Broadband Frequency Comb[J]. Opt. Express, 2010, 18(21): 21861 – 21872.

[71] FOLTYNOWICZ A, MASLOWSKI P, BAN T, et al. Optical Frequency Comb Spectroscopy [J]. Faraday Discuss, 2011, 150: 23 – 31.

[72] CODDINGTON I, SWANN W, NEWBURY N. Time – domain Spectroscopy of Molecular Free – induction Decay in the Infrared[J]. Opt. Lett., 2010, 35(9): 1395 – 1397.

[73] 王晓嘉,高隽,王磊. 激光三角法综述[J]. 仪器仪表学报,2004,25(4):601 – 604.

[74] 黄战华,罗曾,李莎,等. 激光三角法大量程小夹角位移测量系统的标定方法研究[J]. 光电工程,2012,39(7):26 – 30.

[75] 张艳艳,巩轲,何淑芳,等. 激光多普勒测速技术进展[J]. 激光与红外,2010,40(11):1157 – 1162.

[76] 周健. 用于车载自主导航激光多普勒测速仪的初步研究[D]. 长沙:国防科学技术大学,2011.

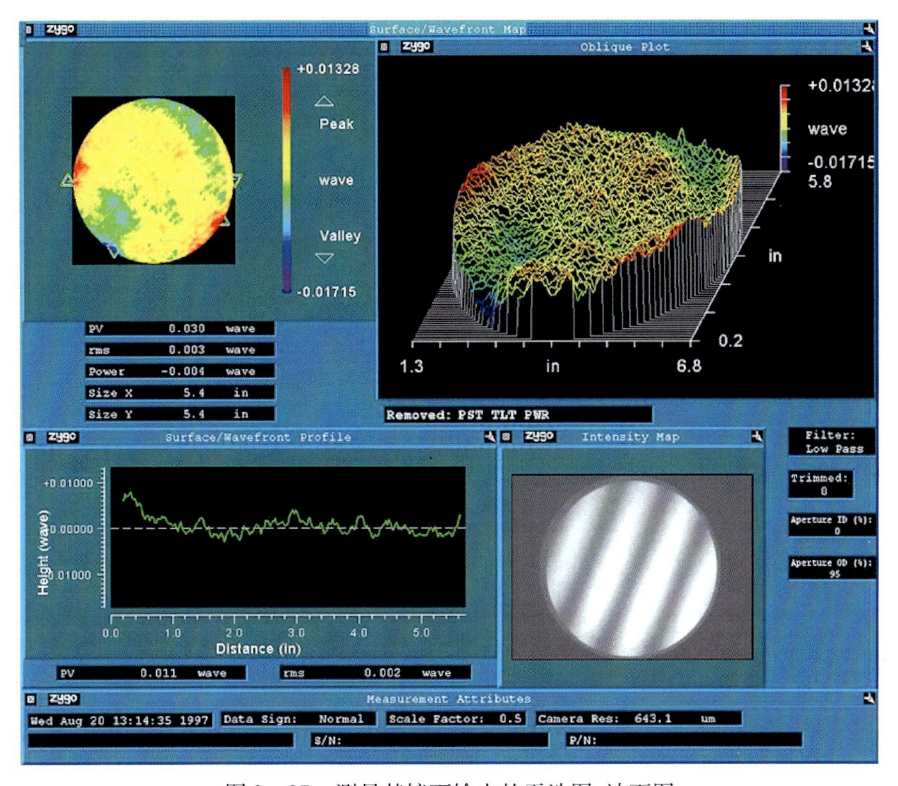

图 3－37　测量某镜面输出的干涉图、波面图

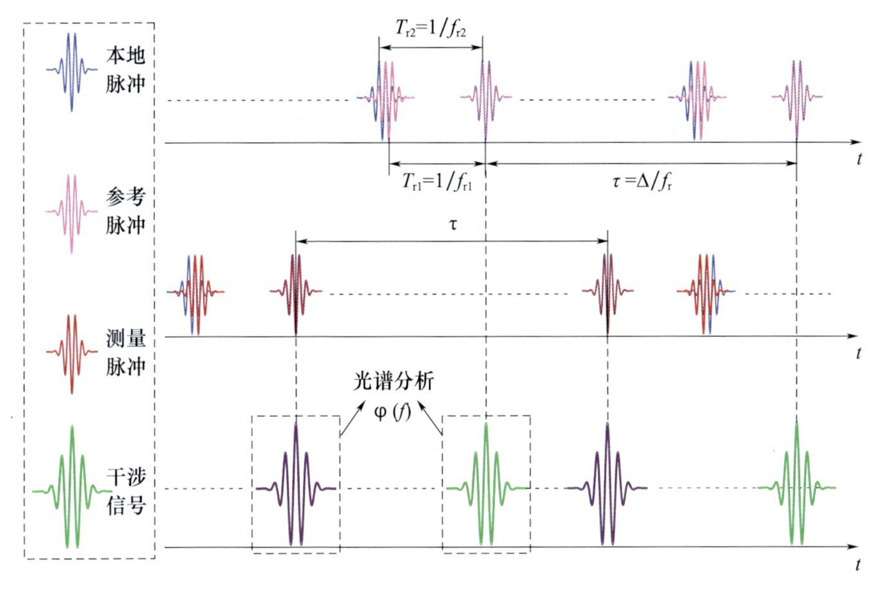

图 7－7　双光频梳干涉测量脉冲序列分析